RとShiny（シャイニー）で作るWebアプリケーション

Building Web Applications in R with Shiny

梅津雄一／中野貴広 著

C&R研究所

■権利について

- 本書に記述されている社名・製品名などは、一般に各社の商標または登録商標です。
- 本書では™、©、®は割愛しています。

■本書の内容について

- 本書は著者·編集者が実際に操作した結果を慎重に検討し、著述·編集しています。ただし、本書の記述内容に関わる運用結果にまつわるあらゆる損害・障害につきましては、責任を負いませんのであらかじめご了承ください。
- 本書についての注意事項などを4 ～ 6ページに記載しております。本書をご利用いただく前に必ずお読みください。
- 本書については2018年10月現在の情報を基に記載しています。

■サンプルについて

- 本書で紹介しているサンプルコードは、GitHubからダウンロードすることができます。詳しくは6ページを参照してください。
- サンプルコードの動作などについては、著者・編集者が慎重に確認しております。ただし、サンプルコードの運用結果にまつわるあらゆる損害・障害につきましては、責任を負いませんのであらかじめご了承ください。
- サンプルコードは、MITライセンスに基づき、利用・配布してください。

●本書の内容についてのお問い合わせについて

この度はC&R研究所の書籍をお買いあげいただきましてありがとうございます。本書の内容に関するお問い合わせは、「書名」「該当するページ番号」「返信先」を必ず明記の上、C&R研究所のホームページ（http://www.c-r.com/）の右上の「お問い合わせ」をクリックし、専用フォームからお送りいただくか、FAXまたは郵送で次の宛先までお送りください。お電話でのお問い合わせや本書の内容とは直接的に関係のない事柄に関するご質問にはお答えできませんので、あらかじめご了承ください。

〒950-3122 新潟県新潟市北区西名目所4083-6　株式会社 C&R研究所　編集部
FAX 025-258-2801
『RとShinyで作るWebアプリケーション』サポート係

PROLOGUE

データサイエンティストや機械学習エンジニアという職業は、ここ数年で人気を大きく伸ばしました。ビッグデータと呼ばれる大規模なデータから分析を行って何らかの知見を導くことは、魅力的な職業でしょう。

ただし、データサイエンティストや機械学習エンジニアが行うべきタスクは、データを使って分析することだけではありません。データ分析をする前に、そもそものデータを収集する必要があり、その後、分析しやすいように整形・加工し、可視化を行います。そしてデータ分析後は、それを社内・社外に向けたレポートを作成し、共有しなければなりません。

- **データ収集**
- **データ整形・加工**
- **可視化**
- **データ分析**
- **レポート作成と共有**

本書では、データ解析業務のうち、「共有する」ことにフォーカスを当てます。

データ分析を行うにあたり、多くの人はRもしくはPythonというプログラミング言語を使います。どちらも、データ分析やデータ整形、そして可視化を行うのに有効なライブラリが多数、存在しているため、非常に人気です。

本書は一冊を通して、Rユーザー向けに、レポート作成と共有に便利な`Shiny`というライブラリについて解説を行います。

Shinyとは、**Rでインタラクティブなwebアプリケーションを簡単に作る**ためのライブラリです。Rには、`rvest`などのWeb上のデータをスクレイピングするためのライブラリがあり、`dplyr`などのデータ整形・加工を行うライブラリがあり、`ggplot2`などの可視化に強いライブラリがあり、そしてWebアプリケーションとして共有するための`Shiny`ライブラリがあります。

データ収集、データ整形・加工、可視化、分析、そして共有。すべて兼ね備えて一人前のデータサイエンティストです。その中の最後を担う重要な業務である「共有」に向けて、読者の皆様に本書が少しでもお役立ちできれば幸いです。

2018年10月

梅津 雄一
中野 貴広

本書について

本書の構成

本書の構成は、次のようになります。

- CHAPTER 01　RとShinyの導入
- CHAPTER 02　Shinyの基礎講座
- CHAPTER 03　回帰・分類・クラスタリングを行うShinyアプリケーション
- CHAPTER 04　地図と連携させたShinyアプリケーション
- CHAPTER 05　GoogleアナリティクスAPIを使ったShinyアプリケーション
- CHAPTER 06　Shinyアプリケーションを公開する
- CHAPTER 07　Shiny Tips

CHAPTER 01では、そもそもRを使ったことがないという方に向けて、インストール方法を紹介します。同時に、Rの総合開発環境であるRStudioの導入方法も説明しています。また、Rの基本的な使い方やライブラリのインストール方法も解説しているので、R初心者の方でも十分読み進めることができます。

CHAPTER 02では、Shinyでアプリケーション制作を進める上で必要となる、最低限の知識を紹介します。ファイルの構成から、Shinyライブラリの基本的関数まで、サンプルコードを交えながら解説します。

CHAPTER 03では、回帰・分類・クラスタリングを行うShinyアプリケーションを実際に作成しながら、よく使う関数を紹介していきます。また、同時にサンプルコードを多く用意しているので、各自の環境で実行しながらShinyでのアプリケーション制作に慣れていきましょう。CHAPTER 03を読み終えた段階で、すでにオリジナルのアプリケーションを作る力が身に付いているはずです。

CHAPTER 04では、応用として地図を使ったShinyアプリケーションを作ります。CHAPTER 03までに解説した関数が多く登場するので、復習しながら読み進めてください。地図との連携部分は`leaflet`ライブラリを、また、UI部分は`shinydashboard`ライブラリを使って設計していきます。どちらもShinyとは非常に相性の良いライブラリなので、ぜひ使い方をマスターしましょう。

CHAPTER 05では、CHAPTER 04とは方向性の異なる応用として、GoogleアナリティクスのAPIを使ってShinyアプリケーションを作成します。多くのサイトで導入されているGoogleアナリティクスのデータを、API経由でShinyと連携させてみます。同時にGoogleが提供するするさまざまなAPIと連携するための認証方法も解説しています。CHAPTER 05まで学習すれば、多くのオリジナルアプリケーションが作れるようになっているでしょう。

CHAPTER 06では、実際に作ったShinyアプリケーションの公開方法について解説しています。Rユーザーへの共有方法から、Rを使っていない相手への共有方法まで含んでいます。また、その過程で、AWS(アマゾンウェブサービス)上でのR環境構築についても紹介しています。

CHAPTER 07では、CHAPTER 01からCHAPTER 06までで登場しなかったが、今後アプリケーション制作を進める上で知っておいた方がよい関数や外部ライブラリを紹介します。R Markdownとの連携や、`shinytest`ライブラリを使ったスナップショットテスト、アプリケーションの状態を保存できるブックマーク機能などを解説しています。他の章と同様に、サンプルコードを用意しているので、動作させながら挙動を確認し、自分のものとしていきましょう。

また、最後にAPPENDIXとして、主にCHAPTER 03で登場した統計・機械学習理論の解説をしています。あくまで本書を読み進める上で必要最低限の理解を目的としているため、数式はほとんど登場せずに図により直感的に説明しています。

対象読者について

本書は、主に次の読者に向けて書かれています。

- これからShinyについて勉強したい人
- Shinyを触ったことはあるが体系的に知識を身に付けたい人
- RでWebアプリケーションを制作することに興味がある人

CHAPTER 01からCHAPTER 03までで基本的な関数については押さえ、CHAPTER 04とCHAPTER 05で応用として実践的なShinyアプリケーション制作を学びます。CHAPTER 06ではアプリケーションの公開方法について学び、CHAPTER 07ではその他のTipsをまとめています。

本書を読むことで、Shinyに関する基本事項は一通り習得することができます。

対象外の内容

分析手法や`ggplot2`ライブラリなどを使った可視化手法については簡単に触れてはいますが、深くは言及していません。あくまでShinyの使い方にトピックを当てています。また、独自のパッケージ開発についても触れていません。

Shinyで用意された関数だけで、魅力的なアプリケーションを作ることができますが、複雑なものとなるとJavaScriptと組み合わせる必要が出てきます。CHAPTER 07でJavaScriptを使って、ドラッグ&ドロップでファイルを読み込む機能を紹介していますが、その他は本書では特に触れていません。

動作環境について

本書では、次の環境を対象としています。

- Windown10：R3.5.1
- Mac OS High Sierra 10.13.3：R3.5.1
- Debian 9.0：R3.4.3

ソースコードの中の▼について

本書に記載したサンプルプログラムは、誌面の都合上、1つのサンプルプログラムがページをまたがって記載されていることがあります。その場合は▼の記号で、1つのコードであることを表しています。

サンプルについて

本書で解説しているソースコードは、すべて下記のページにて閲覧・ダウンロードすることができます。

URL https://github.com/Np-Ur/ShinyBook

ソースコードについては、上記のページの中で、章ごとのディレクトに分けて収録しています。章ごとのディレクトリの中はさらにサブディレクトリに分かれています。本文中ではソースコードの上部に「サブディレクトリ/ファイル名」の形式で記載しています。

たとえば、CHAPTER 02の32ページに記載がある「01-basic/ui.R」の場合は、上記のページの「chapter02」→「01-basic」内のui.Rとなります。

CONTENTS

CHAPTER 01

RとShinyの導入

CHAPTER 02

Shinyの基礎講座

CHAPTER 03

回帰・分類・クラスタリングを行う Shinyアプリケーション

CHAPTER 04

地図と連携させたShinyアプリケーション

CHAPTER 05

GoogleアナリティクスAPIを使ったShinyアプリケーション

CHAPTER 06

Shinyアプリケーションを公開する

CHAPTER 07

Shiny Tips

APPENDIX

分析手法

参考文献

金 明哲(2014)『Rによるデータサイエンス データ解析の基礎から最新手法まで』

松村 優哉、湯谷 啓明、紀ノ定 保礼、前田 和寛(2018)
『Rユーザのための RStudio[実践]入門 ―tidyverseによるモダンな分析フローの世界―』

平井 有三(2012)『はじめてのパターン認識』

Chris Beeley(2016)『Web Application Development with R Using Shiny』

Hernan G. Resnizky(2015)
『Learning Shiny: Make the Most of R's Dynamic Capabilities and Create Web Applications With Shiny』

岡谷貴之(2015)『深層学習』

湊川 あい(2018)『 わかばちゃんと学ぶ Googleアナリティクス』

Shiny,(https://shiny.rstudio.com/)

CHAPTER 01

RとShinyの導入

本章では、RとRのIDE（統合開発環境）であるRStudioの導入と操作方法、ならびにShinyライブラリの使い方を紹介します。
もうすでにRやShinyの開発環境が整っているという方は、次章に進んでください。

Rの導入

Rとは、オープンソースのプログラミング言語で、データ処理や分析に特化しています。オープンソースなため、世界中の人が開発したさまざまなパッケージを利用することができます。RやそれらのパッケージはCRAN(The Comprehensive R Archive Network)というネットワーク上で公開されています。

早速、Rをダウンロードしましょう。下記のサイトにアクセスし、自分の環境のOSにあったインストーラーを選択しましょう。

URL https://cran.r-project.org/

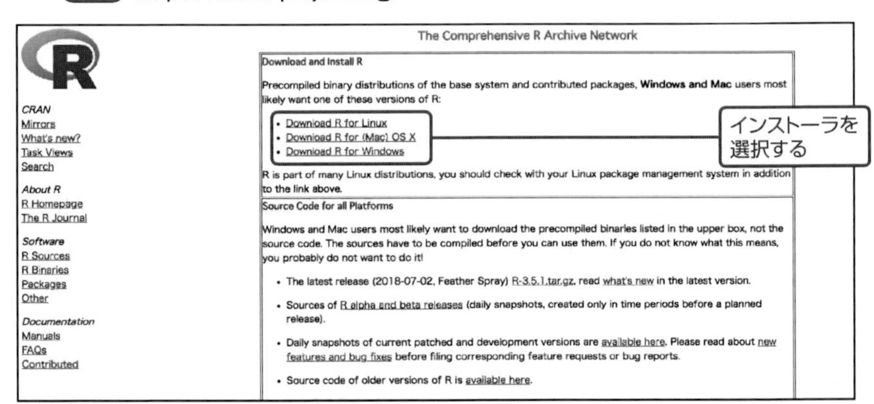

試しに「Download R for (Mac) OS X」をクリックすると、次のページに飛びます。

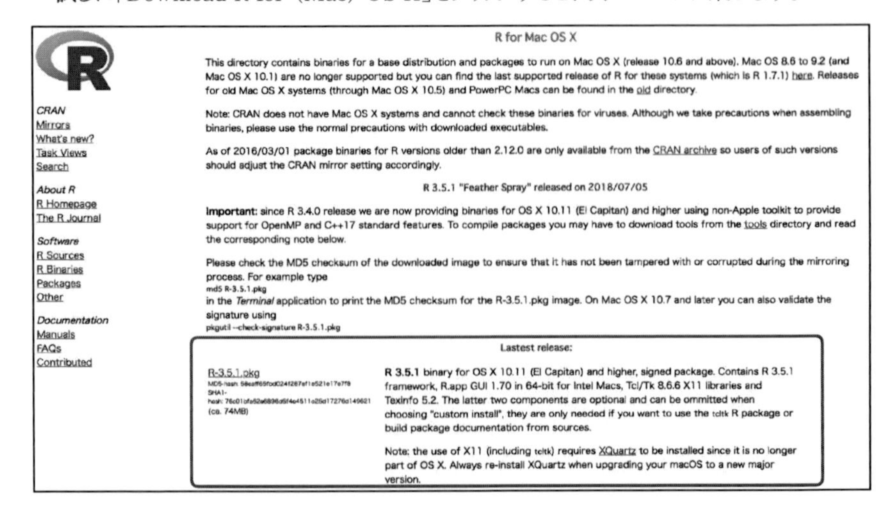

「Lastest release」以降の部分で、各versionのインストーラーをダウンロードすることができますが、基本的には最新のものを選択しましょう。

RStudioの導入

Rのインストールが完了したら、続いて統合開発環境であるRStudioを導入していきましょう。Shinyを使ったWebアプリケーション制作においてもRStudioは非常に便利なので、ぜひ、インストールしてください。

下記のサイトにアクセスしてください。

URL https://www.rstudio.com/products/rstudio/download/

RStudioもOSごとにインストーラーが異なるので、環境に合ったインストーラーを選択してダウンロードを完了させてください。

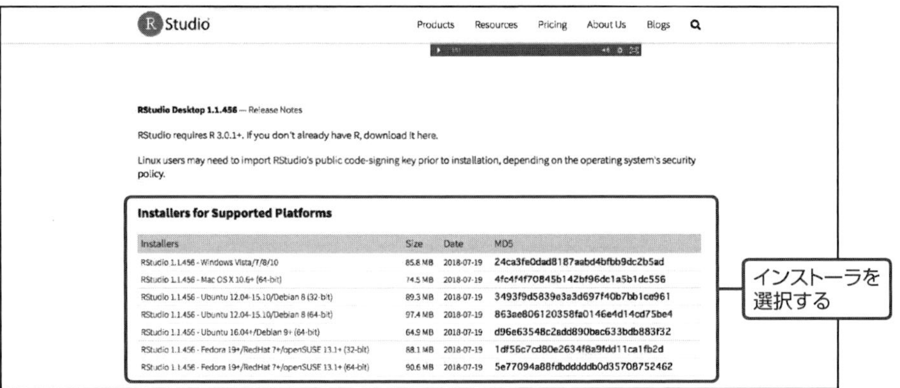

RStudioを開くと、下図のような画面が表示されます。

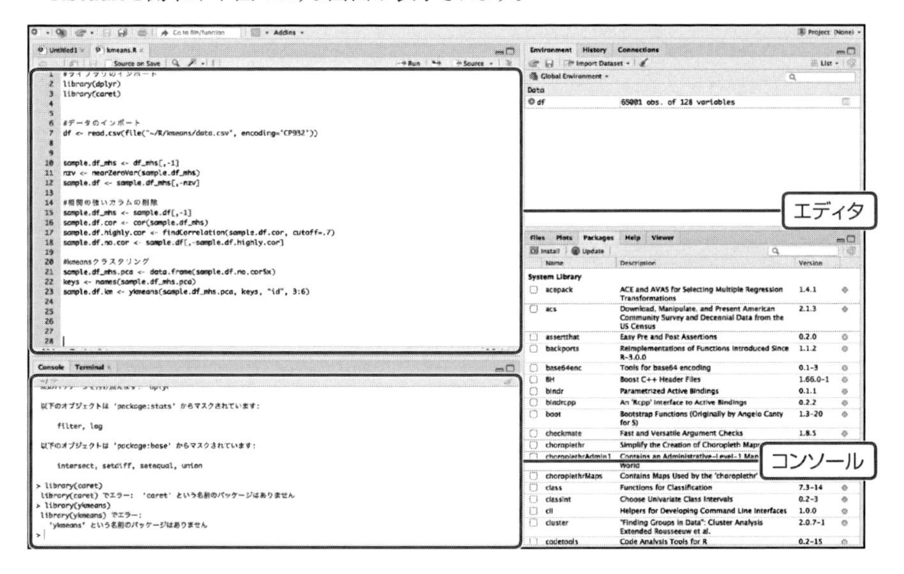

基本画面では、次の2つが表示されています。

- 左上にエディタ
- 左下にコンソール

エディタ上でコードを編集し、そのままコンソールで実行できます。

画面右側では、定義した変数を一覧で確認したり、コマンド履歴を再実行したり、ディレクトリを操作したりといったことが可能です。

さて、Rを使うための環境は整ったので、次節からはRの基本的な機能を紹介していきます。

Rの演算

本節では、Rの基本的な演算方法について紹介します。

算術演算

Rでは、次のように演算子を用いて計算することができます。

```
# 足し算
> 1 + 3
[1] 4

# 掛け算
> 4 * 5
[1] 20
```

記号	意味
+	足し算
-	引き算
*	掛け算
/	割り算
^	累乗

また、Rではさまざまな数学関数が用意されています。

```
# 平方根
> sqrt(9)
[1] 3

# 絶対値
> abs(-100)
[1] 100
```

よく使われるものを下表にまとめました。実際にRStudioを開き、コンソール上で実行させて確認しましょう。

関数	意味
sqrt()	平方根
abs()	絶対値
log()	自然対数
log10()	常用対数
cos()	コサイン
sin()	サイン
tan()	タンジェント

比較演算

比較演算は、データの値を比較する場合に使います。

```
> 3 > 8
[1] FALSE
```

比較した結果は、TRUEかFALSEが返ってきます。

比較演算子をまとめると、下表のようになります。

記号	意味
A > B	AはBより大きい
A >= B	AはB以上
A < B	AはBより小さい
A <= B	AはB以下
A == B	AはBと等しい
A != B	AはBと等しくない

データ構造

Rでは、ベクトルや行列、データフレームなど、いろいろな形式でデータを表現することができます。

ベクトル

ベクトルは、同じデータ型（文字型、数値型）の要素の集まりです。異なるデータ型のデータを持つことはできないので注意してください。

Rでは下記のように、c()でベクトルを作成することができます。

```
> data1 <- c(1, 2, 3, 4)
> data1
[1] 1 2 3 4
```

dataはオブジェクトの名前であり、「<-」を用いることで、右側に記述した内容を代入することができます。また、「<-」の代わりに「=」でも代用可能です。

ベクトル操作に関して、たとえば、次のようなことができます。

```
> data1 <- c(1, 2, 3, 4)
> data2 <- c(5, 6, 7, 8)

# ベクトル要素へのアクセス
> data1[1]
[1] 1

# ベクトル要素の追加
> data3 <- c(data1, data2)
> data3
[1] 1 2 3 4 5 6 7 8

# ベクトル要素の変換
> data1[1] <- 10
> data1
[1] 10 2 3 4

# ベクトル要素の演算
> data1 + data2
[1] 6 8 10 12
```

ベクトル要素へのアクセスは、**オブジェクト[要素番号]**でできます。なお、添字は1から始まるので注意してください。ベクトルの結合は、c()か、append()を使うことで可能です。

ベクトル要素の変更は、直接、ベクトル要素を指定して、値を代入します。ベクトル同士の演算も前節で説明した演算子を用いて行うことができ、その場合は各要素同士の計算が行われます。

行列

行列を作成するには、matrix()を用います。

```
# 行列の作成
> data1 <- matrix(1:9, nrow = 3, ncol = 3)
> data1
     [,1] [,2] [,3]
[1,]    1    4    7
[2,]    2    5    8
[3,]    3    6    9

# 各要素へのアクセス
> data1[2, 3]
[1] 8

# 行へのアクセス
> data1[2, ]
[1] 2 5 8

# 列へのアクセス
> data1[, 2]
[1] 4 5 6
```

matrix()では、nrowで行数、ncolで列数を指定することで、任意の行列を作成することできます。

各要素へのアクセスは、**オブジェクト[行番号, 列番号]**でアクセスできます。また、行、列単位での抽出も可能です。

データフレーム

データフレーム形式は、文字列や数値といった型が異なるデータを同時に扱うときに使います。データ分析を行う際には、最も使用頻度の高いデータ構造です。

```
> data1 <- c("a", "b", "c", "d")
> data2 <- c(1:4)
> df <- data.frame(data1, data2)
> df
  data1 data2
1     a     1
2     b     2
3     c     3
4     d     4

> str(df)
'data.frame':	4 obs. of  2 variables:
 $ data1: Factor w/ 4 levels "a","b","c","d": 1 2 3 4
$ data2: int  1 2 3 4
```

```
# データフレームへのアクセス
> df$data1
[1] a b c d
Levels: a b c d

> df[1, "data1"]
[1] a
```

データフレームを作成する場合は、**data.frame()**を使用します。**str()**を使うことで、データフレームの型や変数の数を調べることができます。

また、**オブジェクト$変数名**で、各変数へのアクセスができ、**オブジェクト[行番号,'変数名']**で各要素へのアクセスができます。

リスト

リストは、異なる型のデータを入れ子状にしてまとめて保存しておくことができます。

```
> data1 <- c(1, 2, 3, 4)
> data2 <- c(5, 6, 7, 8)
> list_1 <- list(data1, data2)
> list_1[1]
[[1]]
[1] 1 2 3 4

> list_1[[1]]
[1] 1 2 3 4

> list_2 <- list(v = c(0:10), mat = matrix(1:9, nrow = 3), df = data.frame(data1, data2))
> list_2$mat
     [,1] [,2] [,3]
[1,]    1    4    7
[2,]    2    5    8
[3,]    3    6    9
```

リストに対し、角括弧を二重で囲んで番号を指定すると、リストの要素を取り出すことができます。また、角括弧1つで囲んで番号を指定すると、リストとして取り出すことができます。

また、list_2オブジェクトのように、リストに変数名を置くこともでき、その場合は変数名で各要素へのアクセスが可能となります。

ファイルの入出力

Rを利用する上で必要となるのが、データファイルの読み込みとファイルの出力です。

ファイルのインポート方法はいくつかありますが、最も基本的な関数が`read.csv()`です。

```
> read.csv("ファイル名.csv", sep = "区切り文字", header = T)
```

ファイル名部分は必要であればフォルダのパスから指定します。sepでは区切り文字を与えることができ、カンマ区切りなら、「","」を指定し、タブ区切りなら「"\t"」を指定します。また、読み込むcsvファイルに列名が入っていればheaderにT、入っていない場合はFを指定します。

それに対し、ファイルの出力は`write.csv()`関数を用います。たとえば、sample_dataというデータを出力したい場合、次のように実行します。

```
> write.csv(sample_data, "ファイル名.csv", sep = "区切り文字", row.names = F)
```

保存したいデータを与えた後に、ファイル名を指定します。また、行番号を出力する場合はrow.namesにT、出力しない場合はFを指定します。

ライブラリのインストール方法

Rにはさまざまな便利なライブラリが存在し、インストールはとても簡単です。RStudioのコンソール上で、次のように実行します。

```
> install.packages("ライブラリ名", dependencies = T)
```

依存する他のライブラリも同時にインストールする場合には、dependenciesにTを与えます。

ShinyもRのライブラリの1つなので、この方法でインストールができます。RStudioのコンソール上で次のように実行しましょう。

```
> install.packages("shiny", dependencies = T)
```

可視化

データの可視化は、ただ数字の列を眺めていただけでは見えてこない情報を得ることができ、新たな知見が生まれやすくなる、とても重要な作業です。

本節では、デフォルトのプロット方法と、ggplot2というライブラリを用いたプロット方法について紹介します。

デフォルトのプロット方法

まずは、Rで最初から使えるプロット方法です。irisというデータを使って、可視化してみます。irisとは、アヤメのデータで、次の5つの列から構成されます。

- Sepal.Length：がく片の長さ
- Sepal.Width：がく片の幅
- Petal.Length：花びらの長さ
- Petal.Width：花びらの幅
- Species ：アヤメの種類

散布図を作成するには、plot()を使います。

```
# 散布図
> plot(x = iris$Sepal.Length, y = iris$Sepal.Width)
```

RStudioを使っている場合は、右下の「Plots」という場所にグラフが出力されます。

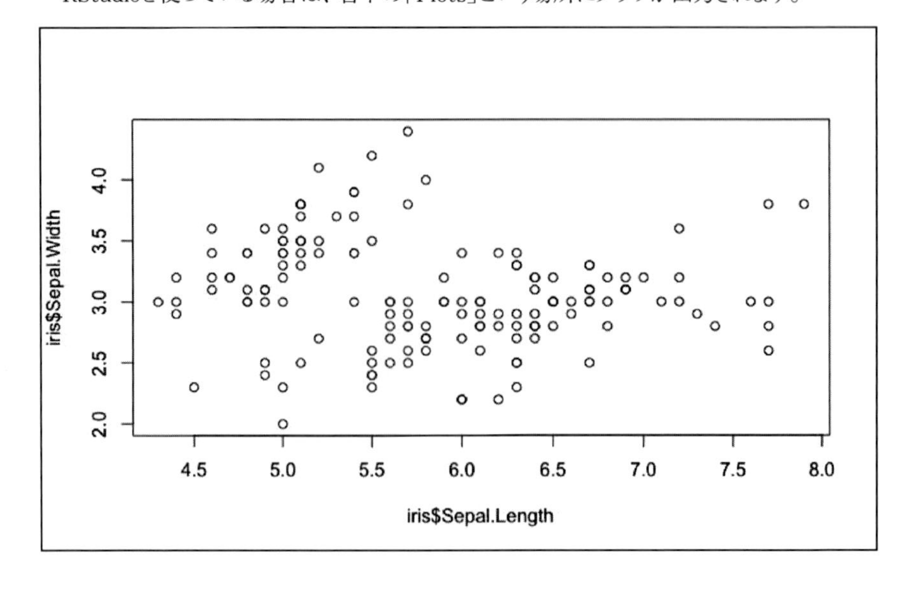

また、たとえばヒストグラムを作りたい場合は、hist()を使います。

```
# ヒストグラム
> hist(iris$Sepal.Length)
```

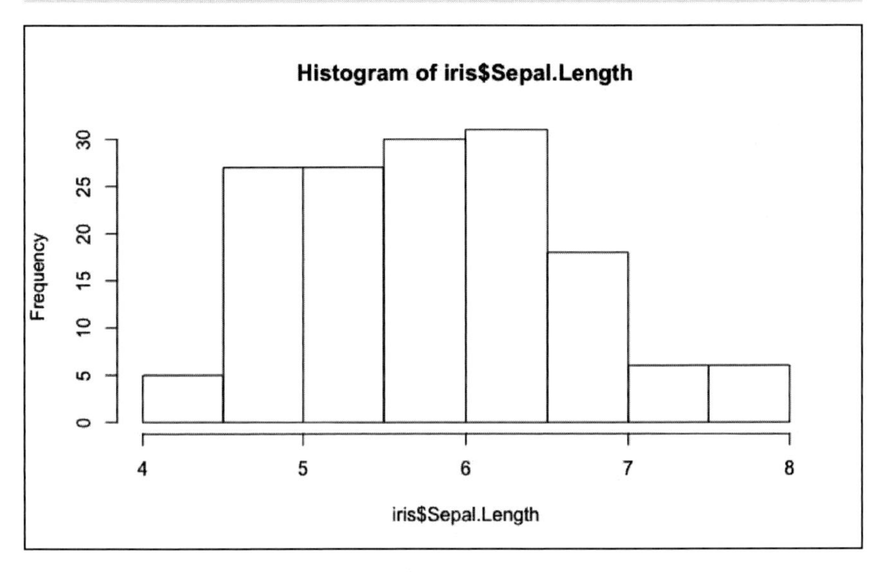

他にも、グラフによってそれぞれ次の関数を使います。

- 棒グラフを出力する場合はbarplot()関数
- 折れ線グラフを出力する場合はlines()関数
- 箱ひげ図を出力する場合はboxplot()関数

ggplot2によるプロット

前項で紹介した通り、Rのデフォルト機能を使うだけで簡単に可視化ができます。しかし、ggplot2ライブラリを使うことで、より効率的に洗練されたグラフが描けます。

まずは、ライブラリをインストールしましょう。

```
> install.packages('ggplot2', dependencies = T)
```

これで準備は完了ですので、先ほど作った散布図とヒストグラムを作成してみましょう。

```
> library(ggplot2)

> g <- ggplot()
> g <- g + geom_point(data = iris, mapping = aes(x = Sepal.Length, y = Sepal.Width,
                                                  group = Species, colour = Species))
> plot(g)
```

まず、**ggplot()**というオブジェクトを作成します。その後、グラフの種類に合わせて、**geom_~**という関数を使い分けます。散布図の場合は、**geom_point()**を使用します。各引数ですが、dataでは可視化したいデータの指定、aesでは、x軸、y軸データの選択、グループ化、色分けなどを行うことができます。

実際に作成した散布図が下図になります。

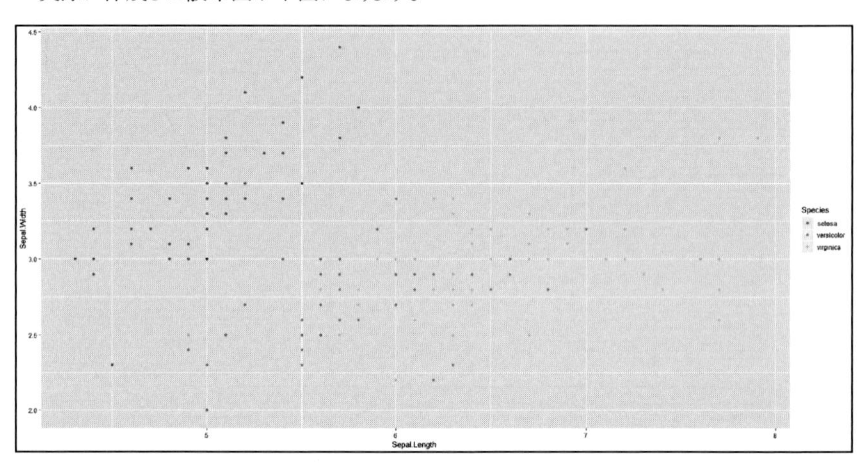

色が付いていることを抜きにして、Rデフォルトのプロット機能で作成したグラフよりも、きれいなグラフに仕上がっています。

次はヒストグラムも作成してみましょう。

```
> g <- ggplot()
> g <- g + geom_histogram(data = iris, aes(x = Sepal.Length))
> plot(g)
```

作成したヒストグラムが次ページの図です。

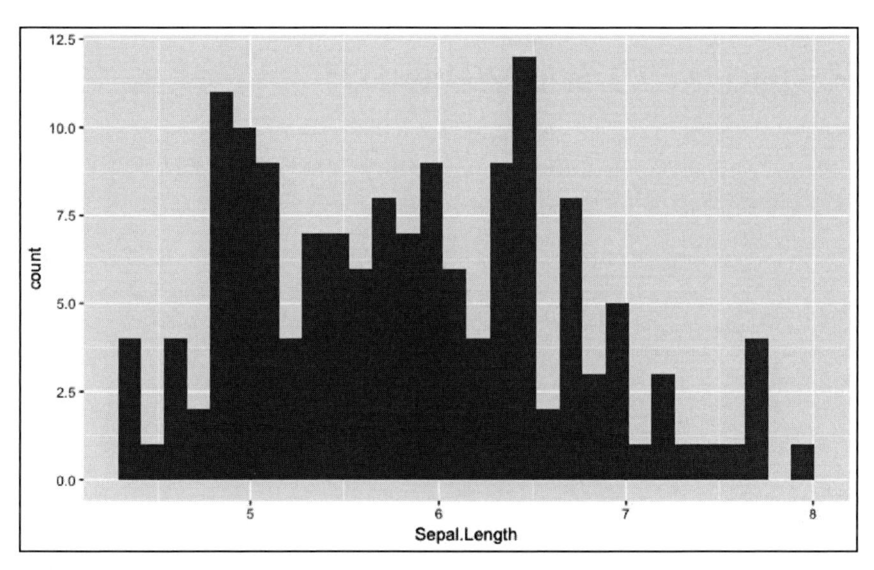

主要なグラフ形式とgeom関数の対応を下表にまとめておきます。

geom	グラフの種類
geom_point()	散布図
geom_histogram()	ヒストグラム
geom_bar()	棒グラフ
geom_line()	折れ線グラフ
geom_boxplot()	箱ひげ図

Shinyアプリでも`ggplot2`はもちろん利用することができます。主にCHAPTER 05にて、活用例を紹介します。

RStudioでのShinyの使い方

Shinyをインストールすると、RStudioの左上のスクリプト作成ボタンをクリックした際に、「Shiny Web App」というメニューが追加されます。これを選択してみましょう。

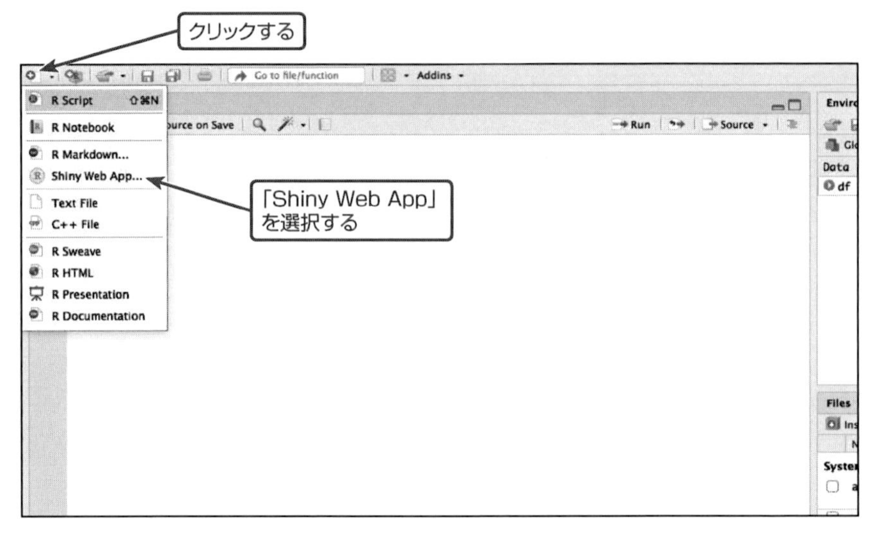

すると、次のような画面が表示されます。任意のアプリ名と作成するディレクトリの指定をしてください。

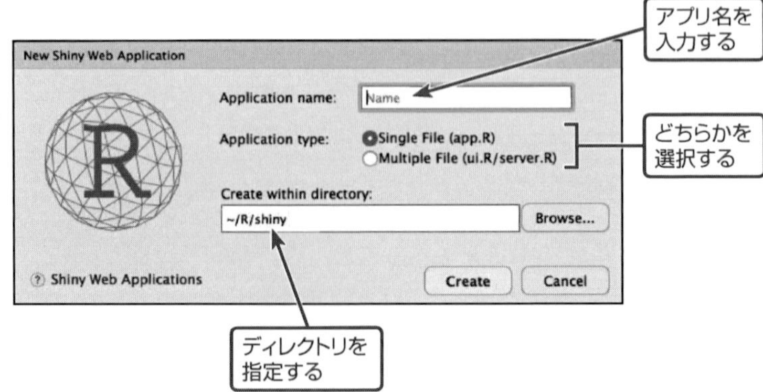

また、「Application type」で2つの選択肢があります。これは、詳しくはCHAPTER 02で解説するので、今回はとりあえず「Multiple File」の方をONにしてください。その後、「Create」ボタンをクリックすると、次の2つのサンプルファイルが生成されます。

- ui.R
- server.R

エディタの右上に「Run APP」というボタンがあるので、クリックしてみましょう。

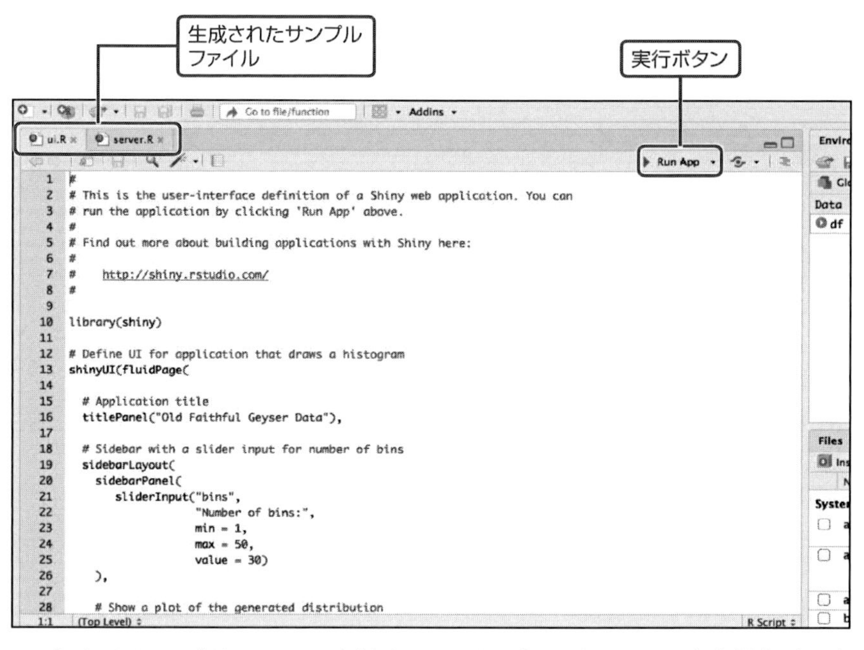

これは、Shinyアプリケーションの実行ボタンで、サンプルアプリケーションを実行すると、次のような画面が表示されます。

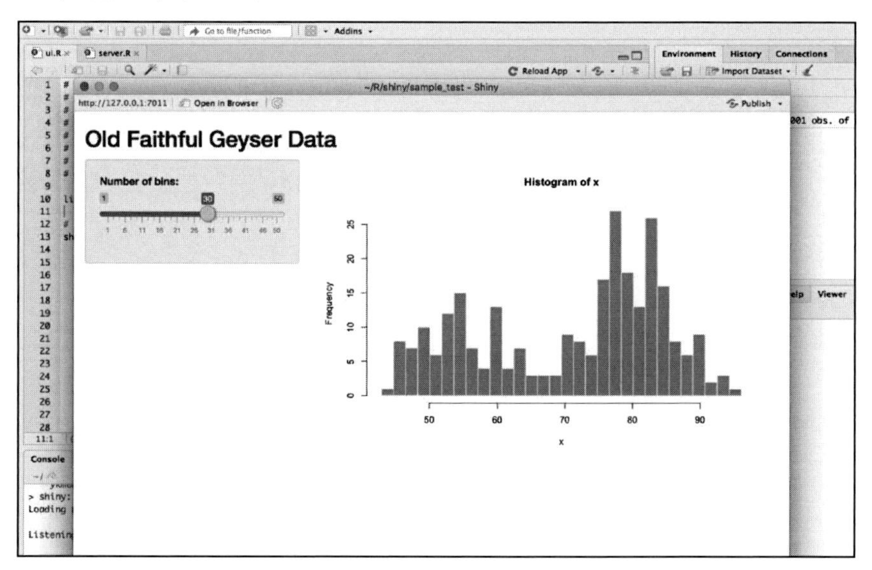

このように、コードを書いたらすぐにアプリケーションを起動することができるため、都度、確認しながら開発を進めることができます。

ちなみに「Run APP」ボタンの黒い三角形の部分をクリックすると、次の3つのオプションを選択できます。

オプション	説明
Run in Window	別windowを立ち上げて表示する
Run in Viewer Pane	RStudioのviewer部分に表示する
Run External	外部ブラウザ(Google Chromeなど)で表示する

アプリケーションの立ち上げ方の違いのみなので、好きなものを選んでください。

おわりに

以上で、環境のセットアップ方法について、一通り説明しました。
次章からは、早速、Shinyについて理解を深めていきましょう。

CHAPTER 02

Shinyの基礎講座

本章では、実際に簡単なコードを追いながら、Shinyの基本的な構造について紹介していきます。同時に、Shinyを扱う上では外せない関数についても触れていきます。Shinyの基本的な知識について学び、簡単なアプリであれば自分だけで作れる状態になることを、本章の目標とします。

Shinyとは

Shinyは、Webアプリケーションを簡単に作るためのライブラリです。R言語はCHAPTER 01で紹介した通り、データ分析に特化した言語のため、Shinyを使えばBIツールのようなWebアプリケーションであれば簡単に作ることができます。

たとえば、普段、Rユーザーで次のような課題を持っている場合、解決への1つの手段としてShinyを用いるとよいでしょう。

- 簡単なWebアプリケーションを作るために他の言語を勉強するのは面倒くさい
- 分析BIツール(モニタリングツールなど)として他の人に使ってほしい、また自分で使いたい
- Rで分析した結果を他の人にも簡単に共有したい

Shinyの特徴に次のようなことが挙げられます。

- R言語のみで書ける
- インタラクティブなグラフや表を作ることが可能
- Shinyで用意された関数を利用するだけで、柔軟にUIの設計が可能

普段、R言語に慣れ親しんでいる方にとっては、アプリケーション制作でもそのままRが使えるので、取っ付きやすいのではないでしょうか。何より、Shinyライブラリ内で便利な関数が多く用意されているので、それらを組み合わせるだけで多機能なアプリを作ることができます。

また、UI上での操作をもとに、アウトプットするグラフや表をインタラクティブに変化させることも可能です。もちろん、Shinyの枠内でできることは限られますが、データ分析用のアプリケーションに関していえば、十分な機能を含むツールを作ることができます。

次節から、Shinyで作るアプリケーションを具体的に紹介していきます。

Shinyの具体的なイメージ

これまではShinyの概要のみ紹介してきましたが、ここからは実際に画面を確認しながら、Shinyでどんなアプリケーションが作成できるのかイメージをつかんでいきましょう。

CHAPTER 01で、Shinyアプリケーションを新規作成しましたが、そのときのヒストグラムアプリを再び実行してみてください。

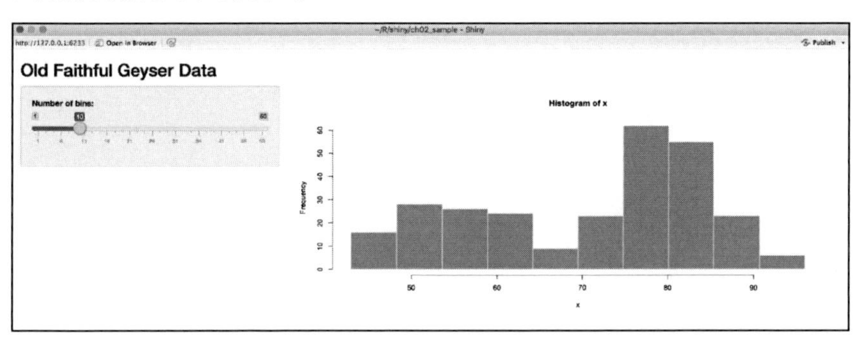

上図が、アプリの起動画面になります。このアプリは、データのヒストグラムを作成・可視化することができます。画面左側にあるスライダーを動かすことで、ヒストグラムの階級幅を変えられる仕様になっています。

上図では、ビン数を10に設定していますが、たとえば30に設定した場合は下図のように変化します。

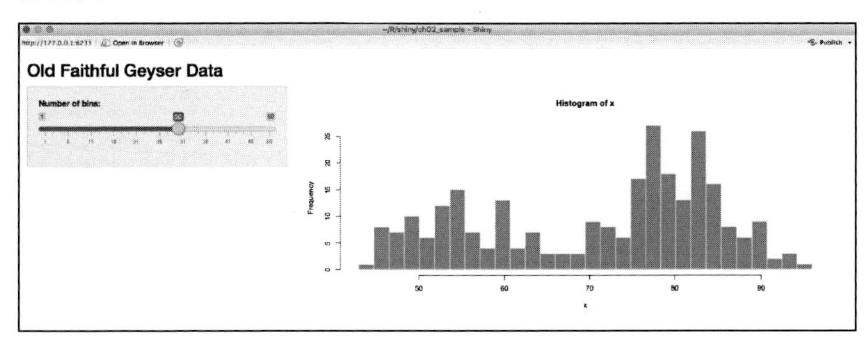

ビン数を30にしたことによって、ヒストグラムが細かくなっていることがわかります。このように、スライダーで値を変更すると、即座にそれを反映した結果を表示することができます。

今回のサンプルアプリは単純にヒストグラムを表示する機能しかありませんが、たとえばこれをもとに、散布図など、グラフの種類を増やしたり、扱うデータをローカルファイルからインポートしてみたり、いろいろ工夫することによって充実したアプリになるでしょう。

そういった機能を実現するために必要なShiny関数の使い方やテクニックに関しては、CHAPTER 03以降で紹介していきます。

Shinyの構造

本節では、Shinyの基本的な構造について紹介していきます。Shinyを動かすためには、ui.Rとserver.Rという2つのファイルが必要になります。app.Rという単一ファイルだけでも可能ですが、ソースコードが煩雑になりやすいため、本書では2つのファイルに分けて管理することを推奨します。

それぞれのファイルの役割に関して簡単に説明すると、まずui.Rでは、アプリケーションのUIを設計するためのコードを記述します。

たとえば、次のようなUIの設計はすべてui.Rの中で記述します。

- チェックボックスを作ってユーザーに選択させる
- テキスト入力フォームを作る
- 画面左側にはクロス集計の結果、右側にはヒストグラムを表示する
- タブを作って画面を切り替える

そして、もう1つのserver.Rでは、UI側で適切な情報を表示するために、データをどのように処理するかについてコードを記述します。

たとえば、次のような処理です。

- 記述統計量の計算
- ヒストグラムなどのグラフ作成
- 機械学習を使って予測処理

例として、前節で紹介したヒストグラムアプリがどのように動いているのか、実際のコードを見ていきましょう。

SAMPLE CODE 01-basic/ui.R

```
library(shiny)

shinyUI(fluidPage(

  # アプリのタイトル
  titlePanel("Old Faithful Geyser Data"),

  # スライダーの設定
  sidebarLayout(
    sidebarPanel(
      sliderInput("bins",
                  "Number of bins:",
                  min = 1,
                  max = 50,
```

```
                value = 30)
    ),

    # ヒストグラムの表示の部分
    mainPanel(
      plotOutput("distPlot")
    )
  )
))
```

SAMPLE CODE 01-basic/server.R

```
library(shiny)

shinyServer(function(input, output) {

  output$distPlot <- renderPlot({

    # uiから受け取ったbins情報をもとに階級幅の生成
    x <- faithful[, 2]
    bins <- seq(min(x), max(x), length.out = input$bins + 1)

    # ヒストグラムの生成
    hist(x, breaks = bins, col = 'darkgray', border = 'white')
  })
})
```

それぞれのコードが何をやっているかはいったん置いておいて、ソースコードの量がとても少ないと感じた方が多いのではないでしょうか。JavaScriptやHTMLをわざわざ書かなくても、Shinyを利用するだけで、これだけの記述で簡単なWebアプリが作れるのです。

ここからは、それぞれのコードがどのような処理をしているのか説明していきます。

まず、アプリの挙動をおさらいします。UI上のスライダーでビンの数(bins)を変更すると、それに応じてヒストグラムが変化するというものでした。この動きが2つのファイル間でどのように行われているか分解してみると、次の処理が裏で走っています。

1 UI側でビンの数を受け取る(ui.R)
2 ステップ1で受けとった情報を使って、ヒストグラムを作成(server.R)
3 ステップ2で作ったヒストグラムをUIに反映(ui.R)

このような、UIから受け取る可変的な情報をserver.R側で処理して、その結果を再びUIに戻すという流れは、Shinyでは定番です。この一連の流れを常に意識してアプリを作ることになります。

それぞれのステップで行われていることと、ファイル内の記述の対応関係を詳しく確認しましょう。

1の『UI側でビンの数を受け取る(ui.R)』という部分は、ui.Rの次の部分に該当します。

```
sliderInput("bins",
            "Number of bins:",
            min = 1,
            max = 50,
            value = 30)
)
```

sliderInput()は、入力方法の指定を行っており、文字通りスライダーによる入力を指定してます。入力方式に関しては、Shinyでさまざまなものが用意されているので、後ほど紹介しますが、たとえば、**sliderInput()**の代わりに**textInput()**とすると、テキスト入力ができるようになり、**checkboxInput()**とすると、チェックボックス入力が可能となります。

sliderInput()内の"bins"という部分は変数名を定義しており、"bins"という変数の中にユーザーが入力した情報が格納されます。

この変数がserver.R側に渡るので、その変数をどう処理するのかを書いていきます。server.Rでは、次の部分で"bins"という変数の情報を受け取っています。

```
output$distPlot <- renderPlot({

  # uiから受け取った"bins"情報をもとにビンの数を指定
  x    <- faithful[, 2]
  bins <- seq(min(x), max(x), length.out = input$bins + 1)

  # ヒストグラムの生成
  hist(x, breaks = bins, col = 'darkgray', border = 'white')

})
```

上記スクリプトの5行目に、**input$bins**という記述がありますが、ここでui側から送られてくる"bins"変数を受け取っています。この**input$bins**(UI側でスライダーから指定された値)をもとに、ヒストグラムのビンの数を決めています。

input$bins**のように、**input$変数名(ui.Rで定義したもの)という形式で、UIからの情報を扱うことができるので、覚えておきましょう。

また、上記のように作成したヒストグラムを、**output$distPlot <-renderPlot({...})**というように、**output$distPlot**に渡しています。

この"distPlot"は、先ほどの"bins"と同様に変数名です。ここに処理した結果を格納して、今度はserver.Rからui.R側に変数を渡します。**output$変数名**(server.Rで定義したもの)という形でui.Rに変数を渡すことができるので、こちらも覚えておきましょう。

renderPlot({})に関しては別節で詳しく説明しますが、この段階では何らかのグラフに関する処理をしてその結果を返している、とだけ認識しておいてください。

さて、output$distPlotにヒストグラムの結果が保存されているということを頭の片隅において、もう一度、ui.Rに戻ってみましょう。

```
mainPanel(
  plotOutput("distPlot")
)
```

ui.R内の一番最後の部分にplotOutput("distPlot")という記述があります。"distPlot"はserver.Rで定義している変数ですが、それを使ってUI側に結果を反映しています。plotOutput()についても後ほど詳しく説明しますが、文字通りグラフを描写する関数です。

このように、ヒストグラムアプリは次のような構造になっていることがわかります。

- ui.Rでビンの数を決める
- server.Rでビンの数に応じてヒストグラムを生成
- server.Rで作成されたヒストグラムをもとにui.Rで表示

ui.R、server.Rでそれぞれの処理結果を何かしらの変数名、今回の例でいうところの"bins"や"distplot"のように定義して、相互にやり取りしているわけです。Shinyアプリを作る上で基本的な作法になりますので、覚えておきましょう。

app.Rの場合

また、冒頭でも触れましたが、app.Rという単一ファイルでもアプリを動かすことも可能です。

SAMPLE CODE 02-single-file/app.R

```
library(shiny)

# uiを定義
ui <- shinyUI(fluidPage(

  titlePanel("Old Faithful Geyser Data"),

  sidebarLayout(
    sidebarPanel(
      sliderInput("bins",
                  "Number of bins:",
                  min = 1,
                  max = 50,
                  value = 30)
    ),

    mainPanel(
      plotOutput("distPlot")
    )
  )
))
```

```
# serverを定義
server <- shinyServer(function(input, output) {

  output$distPlot <- renderPlot({
    x    <- faithful[, 2]
    bins <- seq(min(x), max(x), length.out = input$bins + 1)

    hist(x, breaks = bins, col = 'darkgray', border = 'white')
  })
})

# アプリの実行
shinyApp(ui = ui, server = server)
```

app.Rの中身を見ると、先ほど使用していたui.R、server.Rのコード内容とまったく変わらないことがわかると思います。

```
ui < shinyUI(~)
server < shinyServer(~)
shinyApp(ui = ui, server = server)
```

UIに関する記述は**shinyUI()**関数を使い、serverに関する記述は**shinyServer({})**関数を使うという点は、2つのファイル（ui.Rとserver.R）を使う場合も単一のファイル（app.R）の場合も同様です。

app.Rを使う場合は、それぞれをuiやserverという変数に入れた上で、最後に**shinyApp()**関数に渡す処理を追加する必要があります。

コードの記述量が少ない場合は、app.Rの単一ファイルでもいいかもしれません。しかし、前述した通り、記述量が増えてくると煩雑になってくるので、基本的にはserver.Rとui.Rと分けてコードを書くようにしましょう。

本節では、Shinyの基本構造について説明しました。途中に出てきた**renderPlot({})**や**plotOutput()**については、次節で紹介していきます。

reactiveな出力

本節では、前節で軽く紹介したplotOutput()やrenderPlot({})などの基本的なShiny関数に関して、深掘りして理解を深めていきましょう。

Shinyアプリでは、UI上で何か操作を行い、それに応じてアウトプットを動的に変化させることができます。この**動的にアウトプットを変化させる**ために必要なのが、plotOutput()やrenderPlot({})といった関数になります。

さて他にどのような関数があるのか見ていきましょう。基本的な関数を一覧にまとめました。

出力形式	ui.Rで使う関数	server.Rで使う関数
テーブル	tableOutput	renderTable
データテーブル	dataTableOutput	renderDataTable
HTML	htmlOutput、uiOutput	renderUI
画像	imageOutput	renderImage
グラフ	plotOutput	renderPlot
テキスト	textOutput、verbatimTextOutput	renderText、renderPrint

出力形式に応じて、使用する関数が異なります。そして基本的には、出力形式に応じてui.Rで使うもの、server.Rで使うものはセットで決まっています。

たとえば、画像を表示させたい場合、ui.R上ではimageOutput()を使い、server.RではrenderImage({})を使います。上記表の対応関係は頻繁に出てくるので、ぜひ覚えておきましょう。

これら、render~({})関数は、関数内に用いる変数がui.Rで更新されると、すべての処理が再実行されます。

つまり、renderPlot({})やrenderTable({})内に無駄な処理を書いてしまうと、処理負荷が大きくなってしまいます。

具体的にコードを見てみましょう。

```
output$plot<- renderPlot({
  x1 = input$number_x
  y1 = input$number_y
  z1 = input$number_z

  x2 = x1 * 10
  y2 = y1 * z1
  plot (x2, y2)
})
```

このコードは、ui側から、number_x、number_y、number_zという変数名でそれぞれ値を受け取り、その値をもとに計算した結果をプロットする処理です。

さて、ここで試しに、input$number_xの値を変更させるとどうなるでしょうか。前ページのコードでは、input$number_xの値だけ変更したとしても、`renderPlot({})`内の処理がすべて再実行されてしまいます。つまり、`y2 = y1 * z1`の部分は、inputの値が変わってないため再度、計算する必要がないにもかかわらず、再計算してしまっているのです。

したがって、この`render~({})`内に計算負荷の大きいコードを書くと、毎回、その負荷が大きい処理を繰り返し実行してしまうため、アプリが重たくなる原因になります。

具体的な解決策ですが、`reactive()`関数や`isolate()`関数を使ってこの問題を回避することができます。

reactive()関数

無駄な再計算を防ぐために、`reactive()`関数がよく使われます。

```
data <- reactive({
  return(iris[, input$number])
})
```

たとえば、上記のように使うことで、処理結果を変数(この例では"data")に返すことができます。この処理された結果は、メモリ内に保存されるようになっており、`reactive({...})`の処理内容に変化がなければ再実行されません。

この例では、`input$number`に変化がない限りは再計算されず、メモリに保存された値を呼び出します。これをうまく使うと、計算負荷を減らすことができます。

実際に、ソースコードを改善させてみましょう。まずは駄目なコード事例です。

SAMPLE CODE 03-reactive-before/ui.R

```
library(shiny)

shinyUI(fluidPage(
  titlePanel("Old Faithful Geyser Data"),

  sidebarLayout(
    sidebarPanel(
      sliderInput("bins",
                  "Number of bins:",
                  min = 1,
                  max = 50,
                  value = 30),
      selectInput("color", "select color",
                  c("red", "blue", "green", "black"))
    ),

    mainPanel(
```

```
      plotOutput("distPlot")
    )
  )
))
```

SAMPLE CODE 03-reactive-before/server.R

```
shinyServer(function(input, output) {
  output$distPlot <- renderPlot({
    x = faithful[, 2]
    bins <- seq(min(x), max(x), length.out = input$bins + 1)

    hist(faithful[, 2], breaks = bins, col = input$color, border = 'white')
  })
})
```

立ち上げて動作を確認してみましょう。

こちらのコードは先ほどから例に出している、ヒストグラム表示アプリを少しアレンジしたものです。ui.Rに次の部分を加えることで、ビンの数に加えて、ヒストグラムの色を選択できるようにしています。

```
selectInput("color", "select color",
            c("red", "blue", "green", "black"))
```

さて、server.Rに注目してみましょう。

```
shinyServer(function(input, output) {
  output$distPlot <- renderPlot({
    x <- faithful[, 2]
    bins <- seq(min(x), max(x), length.out = input$bins + 1)

    hist(faithful[, 2], breaks = bins, col = input$color, border = 'white')
  })
})
```

上記のコードでは、renderPlot内で次の3つの処理を行っています。

1 データのインポート(x <- faithful[,2])

2 binsを可変的に動かす処理(bins <- seq〜)

3 色を指定してヒストグラムの生成(hist〜)

たとえば、ここで、ui側でヒストグラムの色を変えたときの処理がどうなるか考えてみましょう。

3の処理のみ行われればよいはずが、1と2の処理も同時に動いてしまいます。

そこで、色を変更する部分とビンの数をもとに階級幅を計算する部分を、reactive()関数を使うことで独立させてみましょう。

reactive()関数を使って少しだけコードを変えてみると、次のようになります。

SAMPLE CODE 04-reactive-after/server.R

```
shinyServer(function(input, output) {

  bins <- reactive({
    x = faithful[, 2]
    return (seq(min(x), max(x), length.out = input$bins + 1))
  })

  output$distPlot <- renderPlot({
    hist(faithful[, 2], breaks = bins(), col = input$color, border = 'white')
  })
})
```

上記のように、`bins <- reactive({...})`という部分で、binsの計算処理を書いています。なお、呼び出す際は`bins()`のように、カッコを付ける必要があります。

前述した通り、これによって階級幅の計算結果はメモリに保存されるようになり、`input$bins`に変更がなければ再計算されることはありません。

よって、`input$color`が変更されても階級幅の計算が行われないため、負荷が軽減されます。

isolate()関数

`reactive()`関数に続き、無駄な処理負荷を軽減する方法として、`isolate()`を紹介します。

`render~({})`関数では、関数内のinput要素がどれか1つでも変更されると、処理が回ってしまいますが、たとえば、複数のinput要素がある場合に、**特定のinput要素が変更された場合にのみ**処理を再実行させたいことがあります。

そのような場合に、`isolate()`関数を使います。`isolate()`でinput要素を囲んでおくと、その値が変化しても処理が再実行されません。

たとえば、次のように、`input$color`の部分を`isolate()`で囲むことによって、UI上で色を変更したとしても、表示は変わりません。

SAMPLE CODE 05-isolate/server.R

```
shinyServer(function(input, output) {

  output$distPlot <- renderPlot({

    x <- faithful[, 2]
    bins <- seq(min(x), max(x), length.out = input$bins + 1)

    hist(faithful[, 2], breaks = bins, col = isolate(input$color), border = 'white')
  })
})
```

前ページのコードの場合は、`input$bins`が変更されたときに限り、`renderPlot({})`内の処理が再実行されます。複数のinput要素があり、表示を変化させるトリガーを制限したい場合には、`isolate()`を活用しましょう。

今回のサンプル例ではもともとの処理の負担がそこまで大きくないため、`reactive()`や`isolate()`を使っても処理負荷は大きくは改善しません。

しかし、大規模データを扱う際や複雑な処理を行う場合などは、処理負荷は大きく変わってくるので、意識しながらコードを書くようにしましょう。

UIをカスタマイズする

本節では、UIをどのようにカスタマイズしていくかについて紹介します。ShinyにおけるUI設計は、大きく分けて次の要素で考えます。

- Page
- Layout
- Panel

Pageは、文字通りページ全体の設定になります。ナビゲーションバーを配置するかどうかや、画面幅に合わせてレイアウトを変更するページにするかどうか、といった設定ができます。

次にLayoutですが、Pageの中で、ざっくりと、どのようにウィジェットを配置するかを決めるための設定です。Layoutを制御することで、サイドバーを作ったり、画面全体を半分に分割して左右で異なった動きにするといったことが可能になります。

Panelは、特定の用途に合わせて、Layoutにより構成されたエリアをさらに細かく区切ります。

UI設計 - Page

基本的なPageを構成するための関数を紹介します。

関数	説明
fluidPage	ウィンドウサイズに応じて、連続的にレイアウトを変えることが可能なページを設定する
fixedPage	ウィンドウサイズがある閾値(724px・940px・1170px)をまたがない限り、配置が固定されるようなページを設定する
navbarPage	ナビゲーションバーを配置したページを設定する

作成したいUIイメージに合わせて、適切なものを選択しましょう。よく使われるのは、`fluidPage`と`navbarPage`です。

下図は、navbarPageを使ったサンプル画面です。このようにアプリ上部にナビゲーションバーを作ることができます。

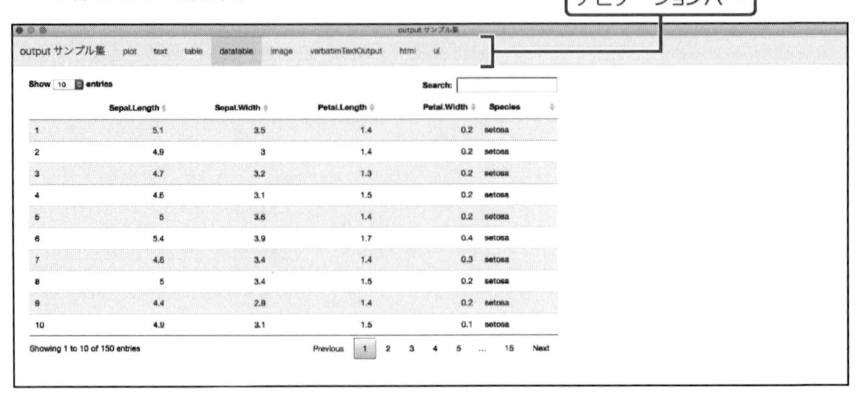

UI設計 - Layout

次に、Layoutに関してです。よく使われるLayoutに、**sidebarLayout**があります。これを使うことでサイドバーの領域とメイン領域の2つに分けることができます。

ShinyはBootstrapというCSSが最初から盛り込まれています。Bootstrapでは、ページ全体を12に分けるグリッドという考え方があるのですが、**sidebarLayout**を使うと、デフォルトで左側のグリッド4つ分と、右側のグリッド8つ分に分割することができます。

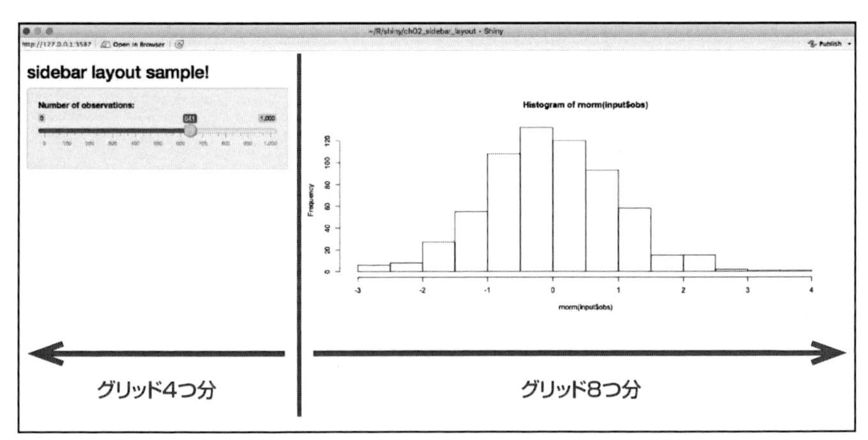

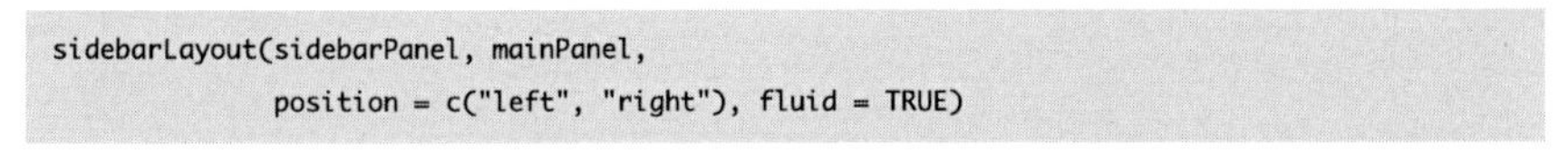

```
sidebarLayout(sidebarPanel, mainPanel,
              position = c("left", "right"), fluid = TRUE)
```

併用して使われるのは次で説明する、**sidebarPanel**と**mainPanel**になります。右側にsidebarを作りたい場合は、**position**で"right"を指定します。また、**fluid=True**とすることで、ウィンドウサイズに応じてレイアウトを動的に変更することが可能です。

レイアウト作成において、さらに柔軟に構成を制御したい場合は、**fluidRow()**、**column()**関数もよく使われます。**fluidRow()**では行を作成し、**column()**では行に列を作成します。

そして前述したBootstrapをもとに、細かくグリッドを指定することでができ、列幅を柔軟に変更することが可能です。

たとえば、次の例では、列幅を均等に3分割するようにして表示しています。

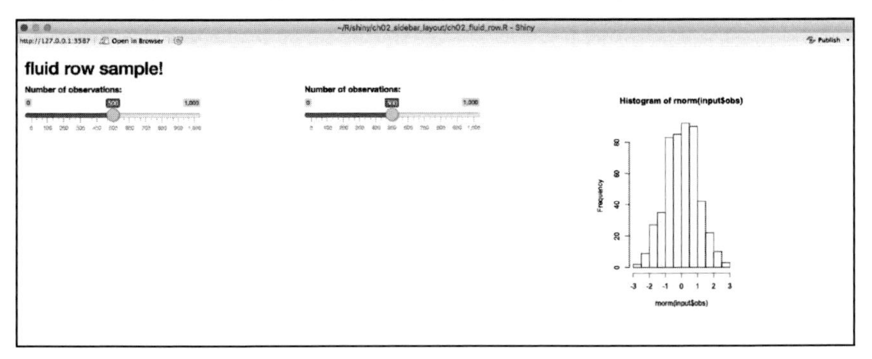

SAMPLE CODE 06-fluidRow/ui.R

```
library(shiny)

shinyUI(fluidPage(
  titlePanel("fluid row sample!"),
  fluidRow(
    column(4,
           sliderInput("obs_1",
                       "Number of observations:",
                       min = 0,
                       max = 1000,
                       value = 500)
    ),
    column(4,
           sliderInput("obs_2",
                       "Number of observations:",
                       min = 0,
                       max = 1000,
                       value = 500)
    ),
    column(4,
           mainPanel(
             plotOutput("distPlot")
           )
    )
  )
))
```

SAMPLE CODE 06-fluidRow/sever.R

```
library(shiny)

shinyServer(function(input, output) {
  output$distPlot <- renderPlot({
    hist(rnorm(input$obs_1))
  })
})
```

上記コードを見ると、fluidRowの中で**column()**を使い、それぞれ何グリッド分列幅を使うのか指定していることがわかります。

今回の例では均等に3分割したいため、12÷3=4ということで、それぞれ4を指定してます。

```
fluidRow(
  column(4,
         ~~),
  column(4,
         ~~),
```

▼

```
  column(4,
         ~~)
)
```

同様に、次のように記述すれば、真ん中だけ広く左右が狭いUIを作ることができます。

```
fluidRow(
  column(2,
         ~~),
  column(8,
         ~~),
  column(2,
         ~~)
)
```

UI設計 - Panel

Panelでよく使う関数に、次の関数が挙げられます。

関数	説明
absolutePanel	座標を指定してその位置にパネルを生成する。他のパネルに重ねて表示できる
tabsetPanel	タブを持つパネルを生成する。tabPanelと一緒に使われる
tabPanel	tabsetPanelで生成されるパネル内にタブを生成する
sidebarPanel	sidebarLayoutと同時に使われるパネル。サイドバーを生成し、画面幅12グリッドのうち、デフォルト4グリッド分の幅を取る
mainPanel	sidebarLayoutと同時に使われるパネル。メインの出力部分のパネルを生成し、デフォルトで8グリッド分の幅を取る
conditionalPanel	条件を指定し、それを満たすときのみパネルを表示する
navlistPanel	navbarPageと類似するが、上部ではなく左辺パネル上にナビゲーションリストを作成する
wellPanel	背面がグレーのパネルを生成する

特定のLayoutと相性が良くセットで使われるPanelというのが大体、決まっています。

まとめると、UIを設計する上でのソースコードの構造は次のようになります。

```
shinyUI({
  # 1.ページの設定
  fluidPage(...)({ # またはnavbarPage など
    # 2.レイアウトの指定
    sidebarLayout(...)({ # または fluidRowで個別にグリッド指定
      # 3.panelなどを配置
      mainPanel(...) # または tabsetPanelなど
    })
  })
})
```

UIインプット

Shinyでは、UI上で入力を行うためのさまざまなwidgetが用意されています。よく使われるものを下表にまとめました。

widge	用途
checkboxGroupInput	複数のチェックボックスを作成する
checkboxInput	1つのチェックボックスを作成する
dateInput	日付を入力する
dateRangeInput	日付の範囲を選択できるようにする
numericInput	数値を入力する
selectInput	あらかじめ用意したリストの中から選択する
sliderInput	スライダーで値を入力する
textInput	テキストを入力する

実際にUI上では、次のように表示されます。

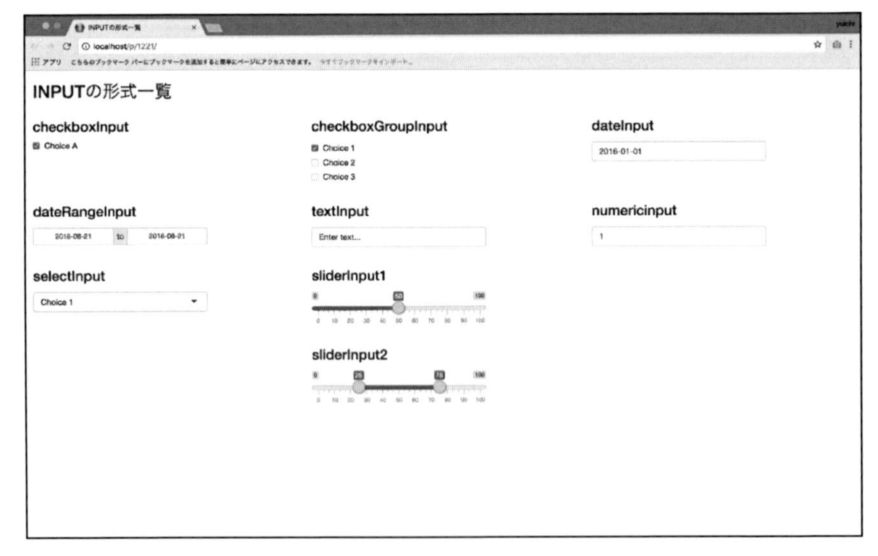

8つのInputウィジェットのサンプル例になりますが、これらを組み合わせるだけでもユーザーにさまざまな入力形式を指定することができます。

今回、使ったコードは次の通りです。

SAMPLE CODE 07-ui-widget/ui.R

```
library(shiny)

shinyUI(fluidPage(
  titlePanel("INPUTの形式一覧"),
```

```
fluidRow(
  column(4,
         h3("checkboxInput"),
         checkboxInput("checkbox",
                       "Choice A",
                       value = TRUE)),

  column(4,
         checkboxGroupInput("checkboxGroupInput",
                            h3("checkboxGroupInput"),
                            choices = list("Choice 1" = 1,
                                           "Choice 2" = 2,
                                           "Choice 3" = 3),
                            selected = 1)),
  column(4,
         dateInput("date",
                   h3("dateInput"),
                   value = "2016-01-01"))
),

fluidRow(
  column(4,
         dateRangeInput("dateRangeInput", h3("dateRangeInput"))),


  column(4,
         textInput("text", h3("textInput"),
                   value = "Enter text...")),

  column(4,
         numericInput("num",
                      h3("numericinput"),
                      value = 1))
),

fluidRow(
  column(4,
         selectInput("select", h3("selectInput"),
                     choices = list("Choice 1" = 1, "Choice 2" = 2,
                                    "Choice 3" = 3, "Choice 4" = 4), selected = 1)),

  column(4,
         sliderInput("sliderInput1", h3("sliderInput1"),
                     min = 0, max = 100, value = 50),
         sliderInput("sliderInput2", h3("sliderInput2"),
                     min = 0, max = 100, value = c(25, 75))
  )
```

```
  )
))
```

SAMPLE CODE 07-ui-widget/server.R

```
shinyServer(function(input, output) {})
```

前節でも解説した、fluidPageを設定しています。また、`fluidRow()`関数と`column()`関数を使って、3行3列に各widegetを配置するようにしています。

```
fluidPage(
  # 1行目
  fluidRow(
    column(4,...),
    column(4,...),
    column(4,...)
  ),
  # 2行目
  fluidRow(
    column(4,...),
    column(4,...),
    column(4,...)
  ),
  # 3行目
  fluidRow(
    column(4,...),
    column(4,...),
    column(4,...)
  )
)
```

`fluidRow()`関数は何度も使用することができ、その数だけ行方向にLayoutが作られます。今回は3回、使用して、3行分を作成しています。

また、本来はuiから受け取ったinput情報をserver側で処理するコードを書く必要がありますが、今回はserver側では何の処理も設定していないため、入力を行っても何も動作しません。

さて、各widgetの引数について説明していきます（主要な引数のみ紹介しています）。

チェックボックス

チェックボックスを作るwidgetは主に3つです。

1つのチェックボックスを作成したい場合は、checkboxInput()を用います。

```
checkboxInput(inputId, label, value = FALSE, width = NULL)
```

引数	説明
inputId	server.Rで値を受け取るために必要なID
label	checkboxの横に表示する選択肢の名前。NULLの場合はラベルは付かず、空白になる
value	初期状態の設定で、TRUEかFALSEをとり、TRUEなら初めからチェックが入った状態で表示される
width	幅の変更

複数のチェックボックスを作成したい場合は、checkboxGroupInput()もしくはradioButtons()を用います。

```
checkboxGroupInput(inputId, label, choices = NULL, selected = NULL,
                   inline = FALSE, width = NULL, choiceNames = NULL, choiceValues = NULL)

radioButtons(inputId, label, choices = NULL, selected = NULL,
             inline = FALSE, width = NULL, choiceNames = NULL, choiceValues = NULL)
```

引数	説明
inputId	server.Rで値を受け取るために必要なID
label	チェックボックスのラベル(タイトル)。NULLの場合はラベルは付かず、空白になる
choices	選択肢の設定。内部で処理される選択肢の値と、ユーザーに表示させる名前を個別に設定可能
selected	初期値の設定
inline	TRUEかFALSEをとり、TRUEなら水平にチェックボックスを表示され、FALSEなら垂直に表示される
width	幅の変更
choiceNames、choiceValues	choicesを使わない場合、個別に選択肢名と選択肢の返り値を設定する

checkboxGroupInput()は複数の選択をチェックすることができますが、radioButtons()では、1つの選択肢しかチェックできないので、ユースケースに応じて使い分けましょう。

日付

日付を入力値として扱いたい場合は、dateInput()もしくは、dateRangeInput()を用います。

```
dateInput(inputId, label, value = NULL, min = NULL, max = NULL,
          format = "yyyy-mm-dd", startview = "month", weekstart = 0,
          language = "en", width = NULL, autoclose = TRUE)
```

引数	説明
inputId	server.Rで値を受け取るために必要なID
label	ラベル(inputのタイトル)
value	初期値。フォーマットは"yyyy-mm-dd"で指定する
startview	はじめにクリックしたとき、月単位で表示するか、年単位で表示するかの違い。デフォルトでは、"month"だが、"year"などに変更可能
format	表示形式の指定。デフォルトでは、"yyyy-mm-dd"
min、max	最小、最大の日付を設定する
weekstart	週はじめの指定。0(Sunday)から6(Saturday)の範囲
language	言語設定。日本語指定の場合は"ja"
width	幅の設定
autoclose	TRUEにすると、日付を選択したらすぐに選択画面が閉じる

```
dateRangeInput(inputId, label, start = NULL, end = NULL, min = NULL,
               max = NULL, format = "yyyy-mm-dd", startview = "month", weekstart = 0,
               language = "en", separator = "to", width = NULL, autoclose = TRUE)
```

引数	説明
inputId	server.Rで値を受け取るために必要なID
label	ラベル(inputのタイトル)
start	開始日の初期値。フォーマットは"yyyy-mm-dd"で指定
end	終わり日の初期値。フォーマットは"yyyy-mm-dd"で指定
startview	はじめにクリックしたとき、月単位で表示するか、年単位で表示するかの違い。デフォルトでは、"month"だが、"year"などに変更可能
format	表示形式の指定。デフォルトでは、"yyyy-mm-dd"
min、max	最小、最大の日付を設定する
weekstart	週はじめの指定。0(Sunday)から6(Saturday)の範囲
separator	開始日と終わり日のつなぎ方。UI上の表示方法の指定で、デフォルトでは"to"
language	言語設定。日本語指定の場合は"ja"
width	幅の設定
autoclose	TRUEにすると、日付を選択したらすぐに選択画面が閉じる

数値

数値を入力値として扱う場合は、`numericInput()`や`sliderInput()`を使用します。

```
numericInput(inputId, label, value, min = NA, max = NA, step = NA,
             width = NULL)
```

引数	説明
inputId	server.Rで値を受け取るために必要なID
label	ラベル(inputのタイトル)
value	初期値
min	最小値の設定
max	最大値の設定
step	フォーム中に表示される上下ボタンを1回クリックしたときにどれだけの値を変化させるか
width	幅の設定

```
sliderInput(inputId, label, min, max, value, step = NULL, round = FALSE,
            ticks = TRUE, animate = FALSE, width = NULL)
```

引数	説明
inputId	server.Rで値を受け取るために必要なID
label	ラベル(inputのタイトル)
min	スライダーの最小値
max	スライダーの最大値
value	初期値。範囲指定することも可能
step	値の動く範囲を指定する
round	TRUEにすると、整数値に四捨五入する
ticks	FALSEにすると、目盛り表示を消す
animate	TRUEにすると、アニメーションでスライドを動かせる
width	幅の設定

`sliderInput()`では、valueで`c(10,20)`などと指定することで、スライダー上で値の範囲選択ができるようになります。

テキスト

テキストの入力widgetは、`textInput()`で作ることができます。

```
textInput(inputId, label, value = "", width = NULL)
```

引数	説明
inputId	server.Rで値を受け取るために必要なID
label	ラベル(inputのタイトル)
value	初期値
width	幅の設定

選択肢

49ページで紹介したcheckboxInput()を使うとユーザーに選択させることができますが、選択肢が多すぎると表示がズラッと並んでしまいUI的によくありません。そのような場合は、selectInput()を使うことで、選択肢を隠した状態で表示することができます。

例を示します。下図が最初の状態です。

INPUTの形式一覧
checkboxInput
Choice A
checkboxGroupInput
Choice 1
Choice 2
Choice 3
dateInput
2016-01-01
dateRangeInput
2016-08-21 to 2016-08-21
textInput
Enter text...
numericinput
1
selectInput
Choice 1
sliderInput1
sliderInput2

「Choice 1」という箇所をクリックすると、選択肢が表示されます。

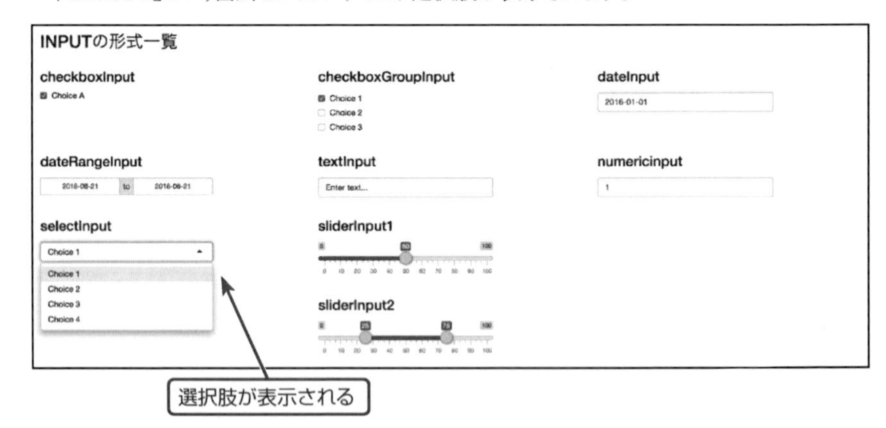


```
selectInput(inputId, label, choices, selected = NULL, multiple = FALSE, width = NULL)
```

引数	説明
inputId	server.Rで値を受け取るために必要なID
label	ラベル(inputのタイトル)
choices	選択肢の設定。内部で処理される選択肢の値と、ユーザーに表示させる名前を個別に設定可能
selected	初期値
multiple	複数選択を可能にするかどうか
width	幅の設定

また、選択肢が多くなった場合には、ある選択肢を選んだら次の候補の選択肢を表示するといったような階層構造にするなどの工夫をするといいでしょう。

CSS／JavaScript／画像の設定

本節では、UIの見た目をよりよくするために、CSSやJavaScriptをShinyで活用する方法について紹介します。

これまでも見てきましたが、Shinyでは次の2つのファイルから構成されます。

- ui.R
- server.R

この2つのファイルを同ディレクトリに配置することで、R側でShinyアプリケーションとして認識してくれます。

もし、CSSファイルやJavaScriptファイル、画像などを用いたい場合は、ui.R・server.Rファイルと同じディレクトリに、「www」というディレクトリを作り、その下に配置します。

◉shinyディレクトリ

```
ui.R
server.R
www/
 ├sample.css
 ├sample.js
 └sample.jpg
```

▌画像の導入方法

まずは画像の導入方法についてです。下図のように画像を挿入してみましょう。これまでと同様に、ヒストグラム生成のサンプルコードを使います。

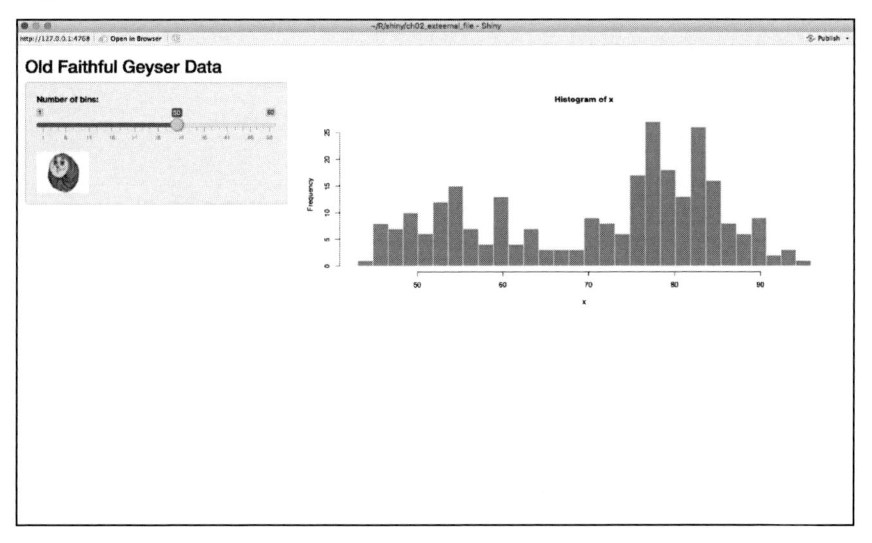

まずui.R、server.Rと同じ階層に「www」ディレクトリを作成します。作成できたら、使用したい画像をsample.jpgという名前にして「www」ディレクトリの下に移動させましょう。

画像が設置できたら、ui.Rを次のように変更します。

SAMPLE CODE 08-add-image/ui.R

```
library(shiny)

shinyUI(fluidPage(

  titlePanel("Old Faithful Geyser Data"),

  sidebarLayout(
    sidebarPanel(
      sliderInput("bins",
                  "Number of bins:",
                  min = 1,
                  max = 50,
                  value = 30), # カンマを追加
      img(src = "sample.jpg", height = 70, width = 90) # この1行を追加
    ),

    mainPanel(
      plotOutput("distPlot")
    )
  )
))
```

ui.Rで画像を表示する際は、次のように書きます。

```
img(src = "ファイル名", height = "高さ", width = "幅")
```

HTMLをよく書く人にとっては、馴染みのある書き方です。

ui.Rを書き換えて、アプリケーションを再実行し、画像が表示されていれば完了です。

CSSファイルの導入方法

次はCSSファイルを導入していきましょう。下図のようなイメージで背景を変えてみます。

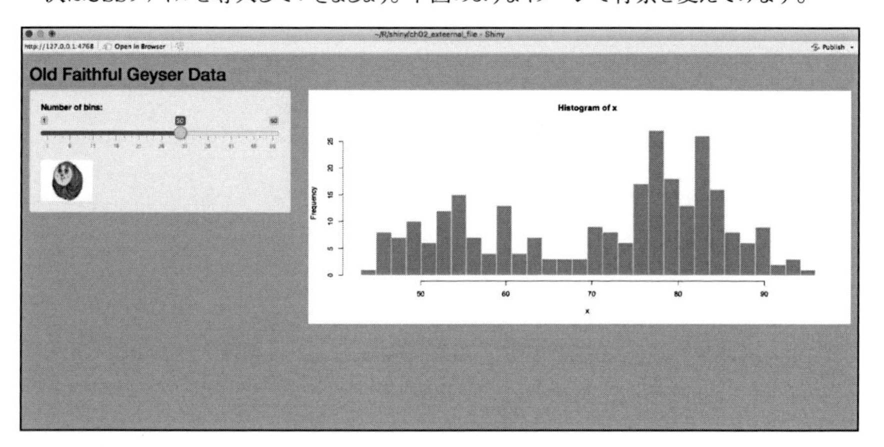

まず、先ほど作った「www」ディレクトリに下に、styles.cssという名前で次の内容のCSSファイルを配置します。

SAMPLE CODE 09-add-CSS/www/styles.css

```
body {
  background-color:#b0c4de;
}
```

これは背景の色を変更する設定です。

次に、ui.Rを編集し、上記のCSSファイルを読み込むための設定を追加します。

SAMPLE CODE 09-add-CSS/ui.R

```
library(shiny)

shinyUI(fluidPage(
  tags$head(tags$link(rel = "stylesheet", type = "text/css", href = "styles.css")), # ここを追加
  titlePanel("Old Faithful Geyser Data"),

  sidebarLayout(
    sidebarPanel(
      sliderInput("bins",
                  "Number of bins:",
                  min = 1,
                  max = 50,
                  value = 30),
      img(src="sample.jpg", height = 70, width = 90)
    ),

    mainPanel(
      plotOutput("distPlot")
```

```
    )
  )
))
```

HTMLで外部のCSSファイルを読みたい場合は、次のようにheadタグ内に書きます。

```
<link rel="stylesheet" type="text/css" href="style.css">
```

Shinyの場合は、次のように記述することでCSSファイルを読み込むことができます。

```
tags$head(tags$link(rel = "stylesheet", type = "text/css", href = "styles.css"))
```

JavaScriptの導入方法

最後にJavaScriptの導入方法を紹介します。基本的な流れは画像ファイルやCSSファイルのときと一緒です。サンプルとして、「赤」「青」「緑」「リセット」という文字リンクをクリックすると、背景色が変わるアプリケーションを作ってみます。

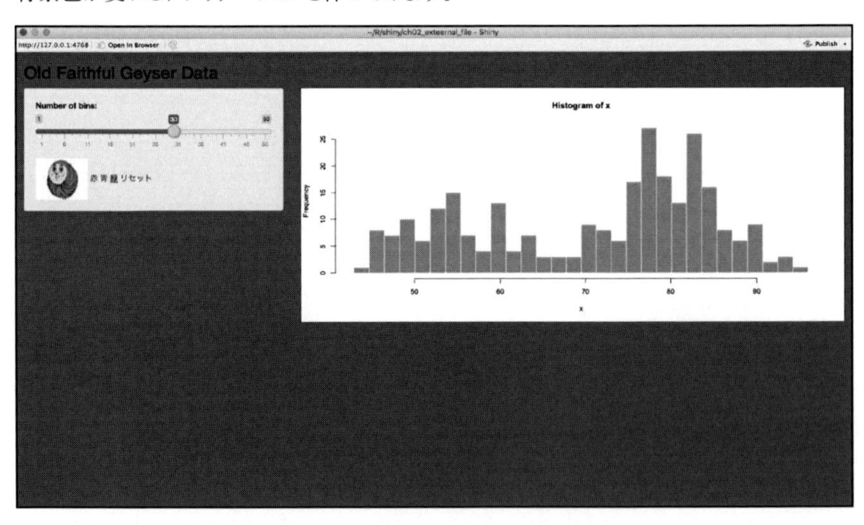

まずは、CSSファイルと同様に、「www」ディレクトリ下に、color_change.jsという名前で次の内容のJavaScriptファイルを配置します。

SAMPLE CODE 10-add-JavaScript/www/color_change.js

```
function changeBG(color) {
  document.body.style.backgroundColor = color;
}
```

これは、changeBGという関数が呼ばれたときに、その引数に従って背景色を変更する処理を意味しています。シンプルなので、JavaScriptに馴染みがなくても、コードを読めば何となくやりたいことがわかるかと思います。

次にui.Rを次のように修正します。

SAMPLE CODE 10-add-JavaScript/ui.R

```
library(shiny)

shinyUI(fluidPage(
  tags$head(tags$link(rel = "stylesheet", type = "text/css", href = "styles.css"),
          tags$script(src = "color_change.js")), # 追加
  titlePanel("Old Faithful Geyser Data"),

  sidebarLayout(
    sidebarPanel(
      sliderInput("bins",
                  "Number of bins:",
                  min = 1,
                  max = 50,
                  value = 30),
      img(src="sample.jpg", height = 70, width = 90),
      # 以下追加
      a(href = "javascript:changeBG('red')", "赤"),
      a(href = "javascript:changeBG('blue')", "青"),
      a(href = "javascript:changeBG('green')", "緑"),
      a(href = "javascript:changeBG('#b0c4de')", "リセット")
    ),

    mainPanel(
      plotOutput("distPlot")
    )
  )
))
```

まず、先ほどCSSファイルと同様に、次の記述を追加することで、外部のJavaScriptファイルを呼び出すことができます。

```
tags$script(src = "color_change.js")
```

後はクリックしたときに、作成したchangeBG関数が呼び出されるように、次のコードを追加します。

```
a(href = "javascript:changeBG('red')", "赤"),
a(href = "javascript:changeBG('blue')", "青"),
a(href = "javascript:changeBG('green')", "緑"),
a(href = "javascript:changeBG('#b0c4de')", "リセット")
```

「赤」という文字をクリックしたときにはredという引数、「青」という文字をクリックしたときにはblueという引数を渡すという、非常にシンプルな処理です。

本節では、CSS、JavaScript、画像の導入方法について紹介しました。UIを独自でカスタマイズしたい場合は、本節で紹介した内容を参考にしてみてください。

global.R

Shinyでは、server.Rとui.R以外にも、global.Rというファイルをよく活用します。global.Rで書かれたコードは、server.Rとui.Rが読み込まれる前に呼ばれます。使用する場合は、server.Rやui.Rと同じディレクトリ内に配置しましょう。

うまく利用すると、ui.Rとsever.Rのソースコードをとてもスッキリ書くことができます。たとえば、独自の関数をglobal.Rで定義してserver.R内で使用したり、データの読み込み処理をglobal.R内で書いてserver.Rで参照したり、といった活用をよく行います。

おわりに

本章では、Shinyの基本的な構造やShinyの特徴であるreactiveな動作、そしてUIの設計方法について学びました。

この時点での知識だけでも、簡単なWebアプリケーションであれば作成できる力は身に付いているはずです。

次章からは、データ分析や可視化を行うShinyアプリケーションを作成しながら、Shiny関数の使い方や便利なライブラリについて、さらに詳しく学んでいきます。

CHAPTER 03

回帰・分類・クラスタリングを行うShinyアプリケーション

本章では、ブラウザ上で回帰・分類・クラスタリング、そして可視化を行えるようなShinyアプリケーションを作成します。

完成アプリケーションのイメージ

まずは、アプリケーションイメージを先にお見せします。下記のURLで完成版を公開しているので、いろいろと試しながらこれから作るアプリケーションのイメージをつかんでみてください。

URL https://np-ur-test.shinyapps.io/chapter3/

上部にナビゲーションバーがあり、それぞれ次のページに遷移することができます。

- Home
- Shinyとは？(Shinyについて説明を行うページ)
- 可視化(データを選択して可視化を行うページ)
- 回帰(データを選択して回帰を行うページ)
- 分類(データを選択してクラス分類を行うページ)
- クラスタリング(データを選択してクラスタリングを行うページ)
- その他(著者プロフィールを表示するページ)

◉Home

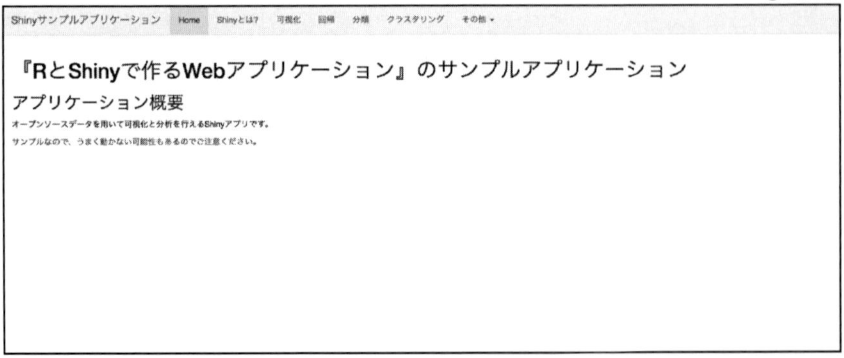

Shinyサンプルアプリケーション Home Shinyとは? 可視化 回帰 分類 クラスタリング その他

『RとShinyで作るWebアプリケーション』のサンプルアプリケーション

アプリケーション概要

オープンソースデータを用いて可視化と分析を行えるShinyアプリです。

サンプルなので、うまく動かない可能性もあるのでご注意ください。

◉Shinyとは?

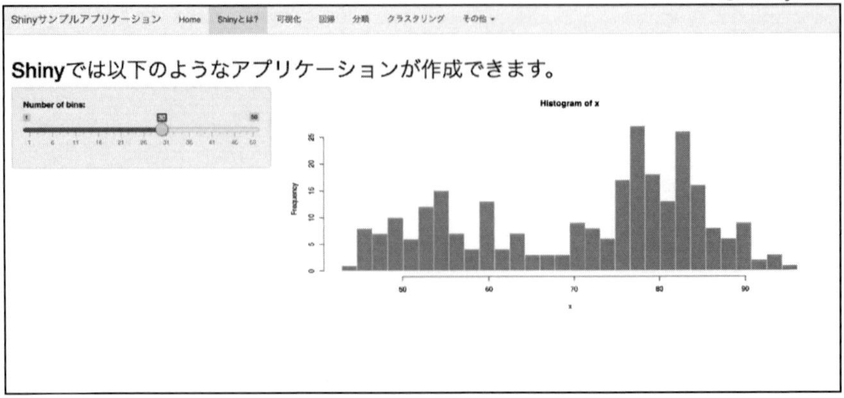

Shinyサンプルアプリケーション Home Shinyとは? 可視化 回帰 分類 クラスタリング その他

Shinyでは以下のようなアプリケーションが作成できます。

Number of bins:

Histogram of x

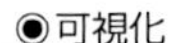

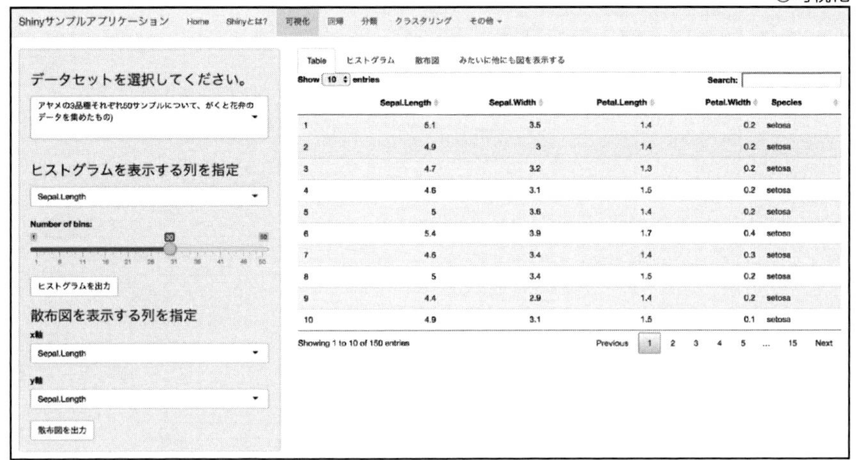

◉回帰

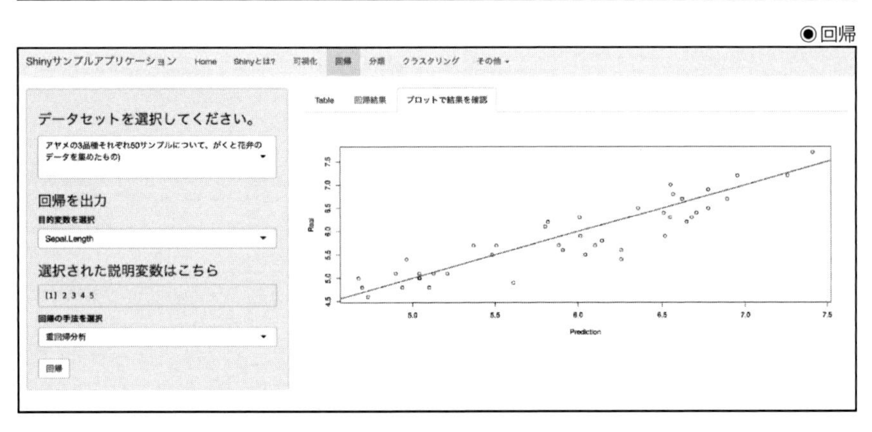

◉分類

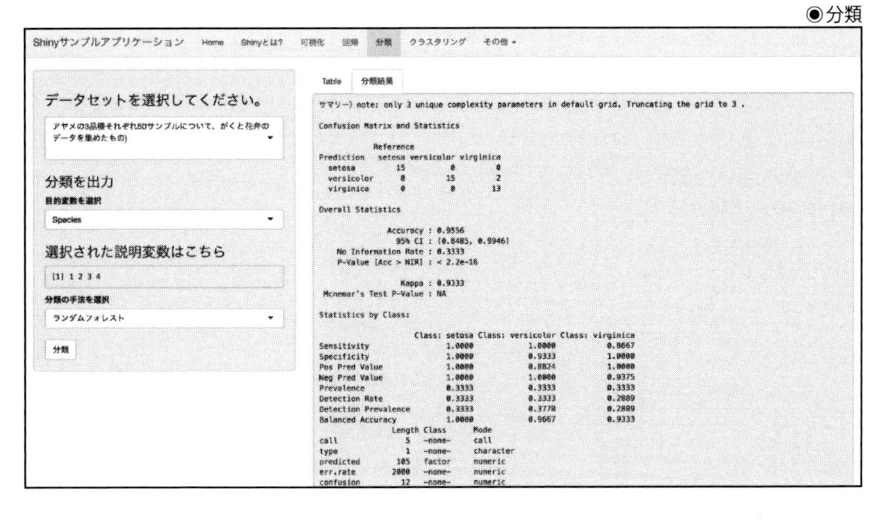

01 02 03 CHAPTER 回帰・分類・クラスタリングを行うShinyアプリケーション 04 05 06 07 APPENDIX

◉クラスタリング

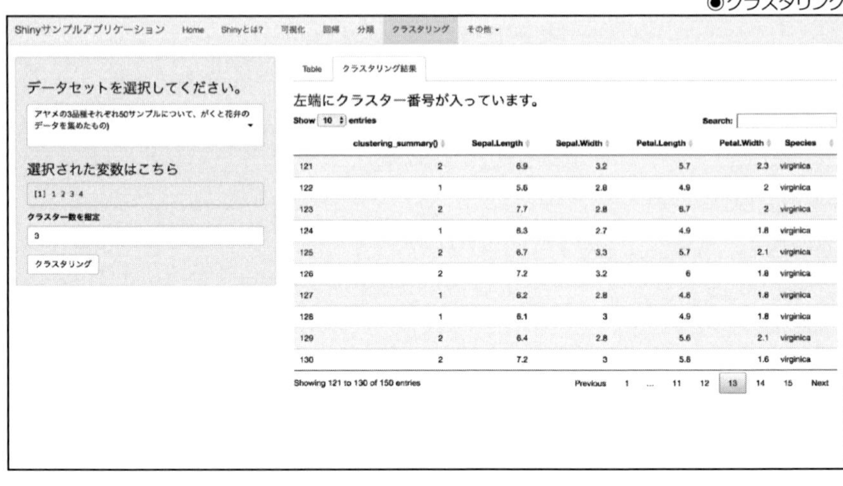

	clustering_summary()	Sepal.Length	Sepal.Width	Petal.Length	Petal.Width	Species
121	2	6.9	3.2	5.7	2.3	virginica
122	1	5.6	2.8	4.9	2	virginica
123	2	7.7	2.8	6.7	2	virginica
124	1	6.3	2.7	4.9	1.8	virginica
125	2	6.7	3.3	5.7	2.1	virginica
126	2	7.2	3.2	6	1.8	virginica
127	1	6.2	2.8	4.8	1.8	virginica
128	1	6.1	3	4.9	1.8	virginica
129	2	6.4	2.8	5.6	2.1	virginica
130	2	7.2	3	5.8	1.6	virginica

◉その他

Shinyサンプルアプリケーション Home Shinyとは? 可視化 回帰 分類 クラスタリング その他

https://github.com/Np-Ur/ShinyBook

さまざまなデータ分析手法がありますが、理論を学ぶだけではなく実際に試すことで深い理解をすることができます。本アプリケーションを使うことで、可視化や分析結果を見ながら、「ではこの分析手法を試したらどうか?」「説明変数を増やしてみたらどうか?」という思考をすぐに実行に移すことができます。

分析手法

本章で作成するアプリケーションでは、いくつかの回帰手法・クラス分類手法・クラスタリング手法を試すことができます。本節では、アプリケーション内で使用する分析手法についてそれぞれ簡単に解説を行います。

回帰手法

回帰とは、1つ以上の連続な変数を、説明または予測することを指します。たとえば、未来における株価の動きを予測したり、不動産価格にどんな要素が影響しているのか推定する際に用いられます。

本アプリケーションでは、代表的な手法として次の手法を用いています。各手法については、APPENDIXにて簡単に説明しています。

- 線形回帰
- ランダムフォレスト(回帰)
- ニューラルネットワーク(回帰)

クラス分類手法

クラス分類とは、与えられたデータをもとに、対象をあらかじめ指定された有限個の離散カテゴリーの1つに割り当てることを指します。たとえば、選挙の立候補者を当選・落選のどちらかに分類したり、メールをスパムメールと正常メールに分類したりする際に用いられます。

本アプリケーションでは、代表的な手法として次の手法を用いています。各手法については、APPENDIXにて簡単に説明しています。

- ランダムフォレスト(分類)
- ニューラルネットワーク(分類)

クラスタリング

クラスタリングとは、ある規則に従ってデータ同士の類似度を計算し、似ているデータを1つのグループにまとめる手法を指します。たとえば、さまざまなWebサイトのアクセスログをもとに似ているサイト同士をグルーピングしたり、ECサイトでの購買情報をもとに似ているユーザー同士をグルーピングしたりする際に用いられます。

本アプリケーションでは、代表的な手法としてK平均法を用いています。K平均法については、APPENDIXにて簡単に説明しています。

caretライブラリ

紹介した手法をRで使うために、`caret`ライブラリをインストールしておきましょう。さまざまな手法をまるっと含み、テストデータを使った検証も簡単にできる、とても便利なライブラリです。

```
> install.packages('caret', dependencies = TRUE)
```

UIの全体設計

本節では、UI部分の大枠を作りながら、使用する関数を同時に紹介していきます。
本節で新しく紹介する関数は下記の通りです。

- navbarPage
- tabPanel
- tabsetPanel
- titlePanel
- headerPanel

また、下記の外部ライブラリを利用します。

- shinythemes

ナビゲーションバー

まずは、ナビゲーションバーを作成していきましょう。

ナビゲーションバーとは、下画像の画面上部にあるようなもので、クリックすることで各ページに遷移することができます。

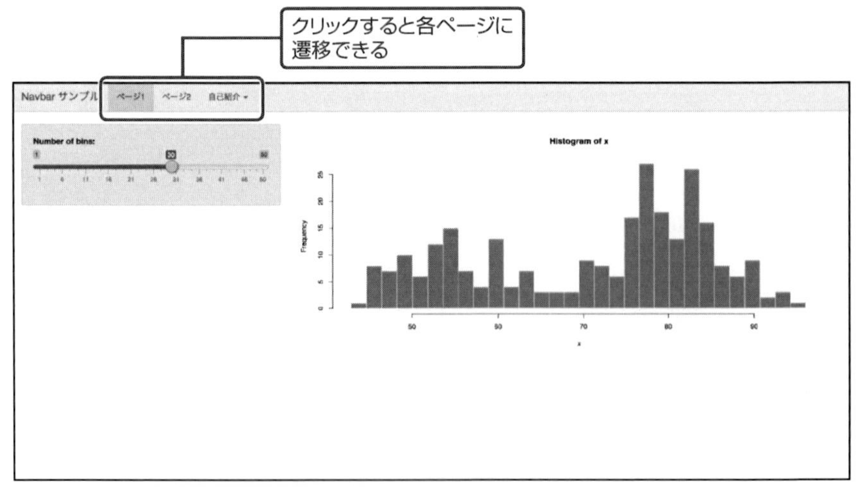

なお、一番右のリンクはドロップダウンメニューとなっていて、クリックするとさらにメニューが下に表示されるようになっています。

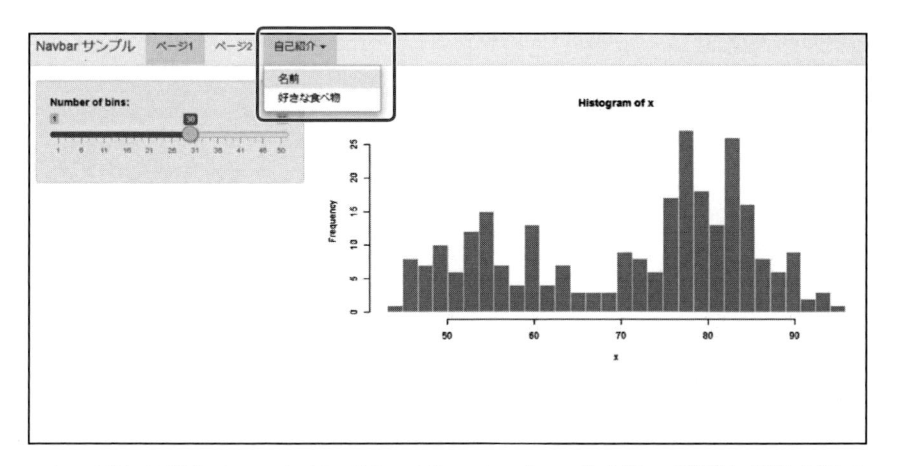

このようなナビゲーションバーは、Shinyでは**navbarPage()**を使って簡単に実装することができます。

navbarPage()の基本形は、次のように、**tabPanel()**を重ねて各ページを表現していきます。

```
navbarPage("全体のタイトル",
  tabPanel("各ページのタイトル1"),
  tabPanel("各ページのタイトル2")
)
```

また、**tabPanel()**の代わりに、**navbarMenu()**を用いることで、ドロップダウンメニューも作ることができます。

SAMPLE CODE 01-navbar/ui.R

```
library(shiny)

shinyUI(navbarPage("title",
                   tabPanel("subtitle1",
                            h1("1つ目のページ")),
                   tabPanel("subtitle2",
                            h1("2つ目のページ")),
                   navbarMenu("subtitle3",
                              tabPanel("subsubtitle1",
                                       h1("ドロップダウンメニュー1つ目のページ")),
                              tabPanel("subsubtitle2",
                                       h1("ドロップダウンメニュー2つ目のページ")))
))
```

SAMPLE CODE 01-navbar/server.R

```
library(shiny)
shinyServer(function(input, output) {})
```

server.R、ui.Rともに非常にシンプルなコードですが、この状態で一度、Shinyアプリを立ち上げてください。ナビゲーションバーの各リンクをクリックしながら挙動を確認してみましょう。

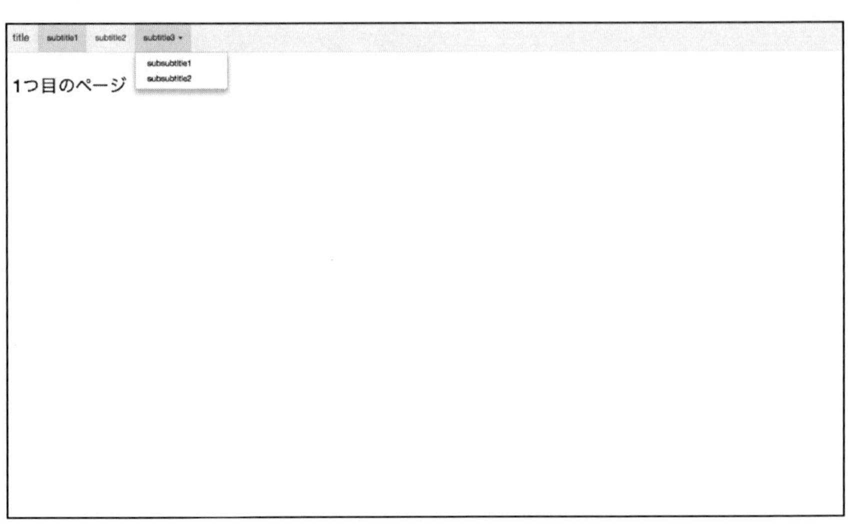

また、ナビゲーションバーで管理している各ページに共通のヘッダーやフッターを与えたい場合は、headerオプションとfooterオプションが用意されているのでそちらを用いてください。

SAMPLE CODE 02-navbar-option/ui.R

```
library(shiny)

shinyUI(navbarPage("title",
                   tabPanel("subtitle1",
                            h1("1つ目のページ")),
                   tabPanel("subtitle2",
                            h1("2つ目のページ")),
                   navbarMenu("subtitle3",
                              tabPanel("subsubtitle1",
                                       h1("ドロップダウンメニュー1つ目のページ")),
                              tabPanel("subsubtitle2",
                                       h1("ドロップダウンメニュー2つ目のページ"))),
                   header = h2("header test"), footer = h3("footer test"))
)
```

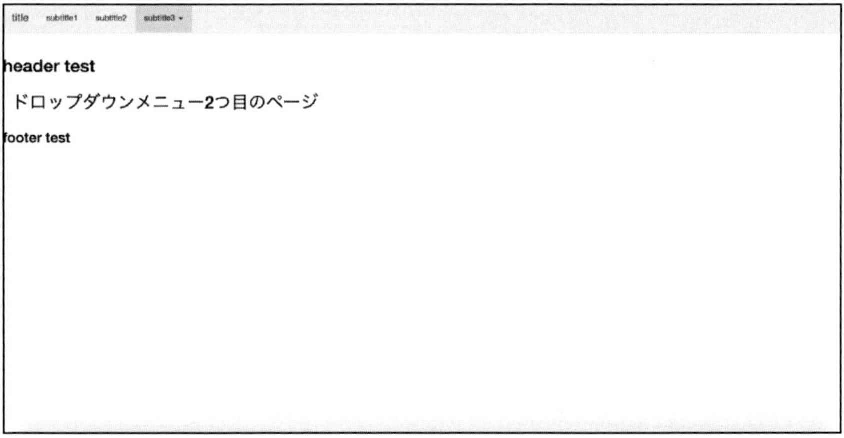

title subtitle1 subtitle2 subtitle3 ▾

header test

2つ目のページ

footer test

title subtitle1 subtitle2 subtitle3 ▾

header test

ドロップダウンメニュー2つ目のページ

footer test

ページを遷移しても、ヘッダーとフッターが変わっていないことを確認してください。

デフォルトのタブはページ上部にあり、テキスト量が多い場合にスクロールしていくと見えなくなってしまいます。常に固定して表示させたい場合は、`position`オプションを使いましょう。次の3つから選択することができます。

- static-top
- fixed-top
- fixed-bottom

何も指定しなければ`static-top`として扱われます。`fixed-top`を指定するとページ上部に固定表示され、`fixed-bottom`を指定するとページ下部に固定表示されます。

次ページのサンプルコードでは、`fixed-bottom`を指定しています。

SAMPLE CODE 03-navbar-position/ui.R

```
library(shiny)

shinyUI(navbarPage("title",
                   tabPanel("subtitle1",
                            h1("1つ目のページ")),
                   tabPanel("subtitle2",
                            h1("2つ目のページ")),
                   navbarMenu("subtitle3",
                              tabPanel("subsubtitle1",
                                       h1("ドロップダウンメニュー1つ目のページ")),
                              tabPanel("subsubtitle2",
                                       h1("ドロップダウンメニュー2つ目のページ"))),
                   position = "fixed-bottom"
))
```

navbarPage()の使用方法を大体つかめたところで、本題のアプリケーション作成に入りましょう。

SAMPLE CODE 04-app-version1.0/ui.R

```
library(shiny)

shinyUI(
  navbarPage("Shinyサンプルアプリケーション",
             tabPanel("Home",
                      h1("『RとShinyで作るWebアプリケーション』のサンプルアプリケーション"),
                      h2("アプリケーション概要"),
                      p("オープンソースデータを用いて可視化と分析を行えるShinyアプリです。"),
                      helpText("サンプルなので、うまく動かない可能性もあるのでご注意ください。")),
             tabPanel("Shinyとは?",
                       h1("Shinyでは以下のようなアプリケーションが作成できます。")),
             tabPanel("可視化"),
             tabPanel("回帰"),
             tabPanel("分類"),
             tabPanel("クラスタリング"),
             navbarMenu("その他",
                        tabPanel("About",
                                 h2("私の名前はNp-Urです。")),
                        tabPanel("ソースコード",
                                 a(href="https://github.com/Np-Ur/ShinyBook",
                                   p("https://github.com/Np-Ur/ShinyBook"))))
  )
)
```

SAMPLE CODE 04-app-version1.0/server.R

```
library(shiny)

shinyServer(function(input, output) {})
```

この段階で一度、アプリケーションを立ち上げ、ナビゲーションバーが機能していることを確認しましょう。

まだ触れていない関数がいくつか登場したので、紹介します。

まず、Homeタグの中で、**helpText()**を使っています。これは、文字色を少しグレーにさせ、いかにも注意書きのようなデザインでテキストを表示してくれる関数です。

h1()、**a()**、**p()**は、HTMLタグ関数という1つのグループであり、他にも多くの仲間たちがいます。詳しくは次項にて解説していきます。

HTML要素

細かくUIを設計したい場合は、HTMLタグ関数を用いると便利です。HTMLタグ関数の使い方は、Webサイトを作るときに使われるHTMLタグとほとんど一緒です。

たとえば、次のHTMLを表現したいとします。

```
<p>段落</p>
<h1>大見出し</h1>
<h2>中見出し</h2>
<a href="www.rstudio.com">Rstudioへのリンク</a>
```

その場合、Shinyでは次のように書きます。

```
p("段落")
h1("大見出し")
h2("中見出し")
a(href="www.rstudio.com", "Rstudioへのリンク")
```

Shinyの方が、少しだけ簡単に記述ができるのがわかります。

これまでHTMLを書いたことがない方に向けて、よく使うHTMLタグとその使い方・概要を下記にまとめたので確認してください。

Shiny関数	概要
p	段落を表現する
h1、h2、h3、h4、h5、h6	h1～h6まであり、それぞれ見出しを表現する。h1～h6の順で重要度が高く、同じくこの順で(特別にCSSでデザインを変更しなければ)文字サイズが大きい
a	リンクを生成する
br	空行を挿入する
div	ブロックレベルでHTML要素をグループ化する。グループ化した対象に特別なCSSでデザイン変更する際などに用いる。
span	インラインレベルでHTML要素をグループ化する。グループ化した対象に特別なCSSでデザイン変更する際などに用いる
img	画像を表示する
strong	テキストを太字にして強調する

```
# Shinyでの使用例
p("pを使うと、段落を構成します。")
# HTML5での表現方法
<p>pを使うと、段落を構成します。</p>

# Shinyでの使用例
h1("大きな見出しを作ります。")
# HTML5での表現方法
<h1>大きな見出しを作ります。</h1>

# Shinyでの使用例
a(href = "https://www.rstudio.com/", "Rstudio")
# HTML5での表現方法
<a href="https://www.rstudio.com/">Rstudio</a>

# Shinyでの使用例
br()
# HTML5での表現方法
<br>

# Shinyでの使用例
div("divで囲んでブロックレベルでグループ化しています。")
# HTML5での表現方法
<div>divで囲んでグループ化しています。</div>

# Shinyでの使用例
span("spanで囲んでインラインレベルでグループ化しています。")
# HTML5での表現方法
<span>spanで囲んでインラインレベルでグループ化しています。</span>
```

```
# Shinyでの使用例
img(src = "sample_image.png", width = 200)
# HTML5での表現方法
<img src="sample_image.png" width="200">

# Shinyでの使用例
strong("太字に強調されます")
# HTML5での表現方法
<strong>太字に強調されます</strong>
```

ここでせっかくなので、上記のHTMLタグ関数を用いて簡単なShinyアプリケーションを作ってみましょう。

SAMPLE CODE 05-html/ui.R

```
library(shiny)

shinyUI(fluidPage(

  titlePanel("タイトルです。"),

  sidebarLayout(
    sidebarPanel(
    h1("h1タグを使って大見出し"),
    div("div関数を使っています。",
        br(),
        "改行を入れています。",
        p("p関数で段落を作っています。")
        )
    ),
    mainPanel(
      h2("h2タグを使って見出し"),
      h3("h3タグを使って見出し"),
      h4("h4タグを使って見出し"),
      h5("h5タグを使って見出し"),
      h6("h6タグを使って見出し"),
      a(href = "https://www.rstudio.com/", "Rstudioへのリンク"),
      p("普通のテキスト。",
      strong("強調されたテキスト"))
      )
    )
  )
)
```

SAMPLE CODE 05-html/server.R

```
library(shiny)

shinyServer(function(input, output) {})
```

これを実行すると、下図のように表示されるはずです。

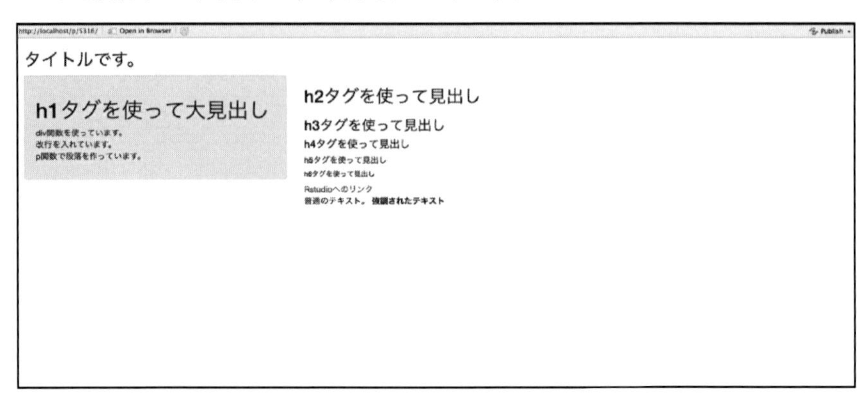

▶ テキストの出力を制御する関数

HTMLタグ関数のサンプルコードでは、構成として、CHAPTER 02で紹介した`fluidPage()`に`sidebarLayout()`、そして`titlePanel()`を使っています。`titlePanel()`関数を使うと、アプリケーションのタイトルを表現するのに適したPanelが作られます。

似たPanelに、`headerPanel()`があります。こちらもページのタイトル要素を作成することができます。違いとして、`headerPanel()`では裏でh1タグが呼ばれ、`titlePanel()`ではh2タグが呼ばれているようで、その影響で`headerPanel()`の方が文字が大きく表示されます。

複数のタグを持つページの作成

64ページでは、`navbarPage()`を使って複数ページへのリンクを持つナビゲーションバーを作成しました。それと若干似ているのですが、本項では1つのページ内で複数のタブを持ち、表示を柔軟に切り替えるための、`tabsetPanel()`を紹介します。

下図のようなイメージです。

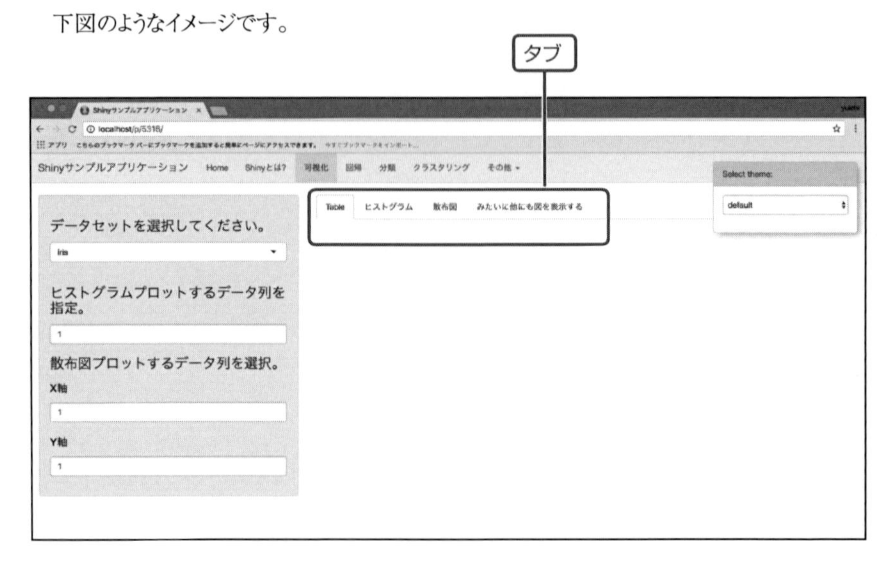

まずは、サンプルコードを紹介します。

SAMPLE CODE 06-tabsetPanel/ui.R

```
library(shiny)

shinyUI(
  fluidPage(
    titlePanel("タイトル"),

    sidebarLayout(
      sidebarPanel(
        sliderInput("bins",
                    "Number of bins:",
                    min = 1, max = 50, value = 30)
        ),

      mainPanel(
          tabsetPanel(type = "tabs",
                      tabPanel("Plot", plotOutput("distPlot")),
                      tabPanel("Table", tableOutput("table"))
                      )
          )
      )
    )
)
```

SAMPLE CODE 06-tabsetPanel/server.R

```
library(shiny)

shinyServer(function(input, output) {

  output$distPlot <- renderPlot({

    x <- faithful[, 2]
    bins <- seq(min(x), max(x), length.out = input$bins + 1)

    hist(x, breaks = bins, col = 'darkgray', border = 'white')
  })

  output$table <- renderTable({
    faithful[, 2]
  })
})
```

実行すると、mainPanel部分にPlotタブとTableタブが表示されています。タブをクリックして、切り替えられることを試してみてください。

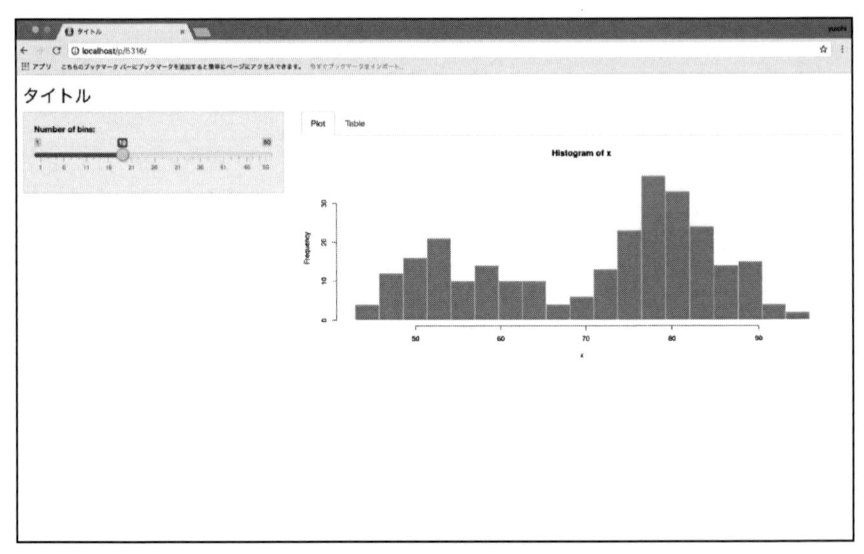

実装方法はとてもシンプルで、タブを使いたい場所で次のように書きます。

```
tabsetPanel(type = "tabs",
  tabPanel("subtitle1", ...),
  tabPanel("subtitle2", ...)
)
```

次の項目がタブの名前として表示されます。

- subtitle1
- subtitle2

そして、「...」という部分に、各タブで表示したい内容を具体的に記述します。

```
tabsetPanel(type = "tabs",
  tabPanel("subtitle1", h2("テキスト")),
)
```

グラフやテーブルでなく、テキストのみを表示することも、もちろん可能です。

なお、「type = "tabs"」という箇所は、「type = "pills"」と書くこともできます。pillsにすると、タブの形式が次のように変化します。

01 02 CHAPTER 03 回帰・分類・クラスタリングを行うShinyアプリケーション 04 05 06 07 APPENDIX

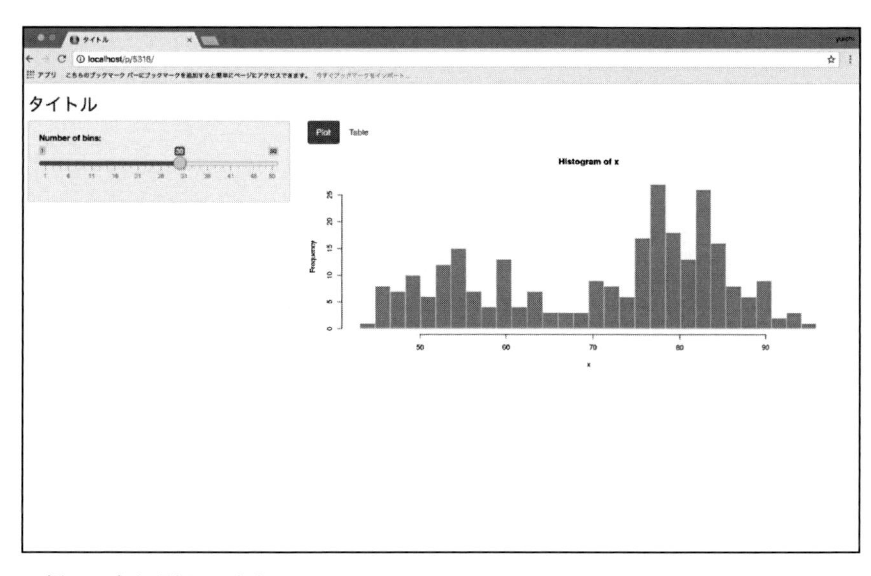

好みの方を選択してください。

versoin1.0に、`tabsetPanel()`を加えて、version1.1として更新しましょう。

SAMPLE CODE 07-app-version1.1/ui.R

```
library(shiny)
library(shinythemes)

shinyUI(
  navbarPage("Shinyサンプルアプリケーション",
             tabPanel("Home",
                      h1("『RとShinyで作るWebアプリケーション』のサンプルアプリケーション"),
                      h2("アプリケーション概要"),
                      p("オープンソースデータを用いて可視化と分析を行えるShinyアプリです。"),
                      helpText("サンプルなので、うまく動かない可能性もあるのでご注意ください。")),

             tabPanel("Shinyとは?",
                       h1("Shinyでは以下のようなアプリケーションが作成できます。"),
                       sidebarLayout(
                         sidebarPanel(
                           sliderInput("bins_shiny",
                                       "Number of bins:",
                                       min = 1,
                                       max = 50,
                                       value = 30)
                         ),
                         mainPanel(
                           plotOutput("distPlot_shiny")
                         )
```

```
          )
        ),

        tabPanel("可視化", sidebarLayout(
          sidebarPanel(),
          mainPanel(
            tabsetPanel(type = "tabs",
                        tabPanel("Table"),
                        tabPanel("ヒストグラム"),
                        tabPanel("散布図"),
                        tabPanel("みたいに他にも図を表示する")
            )
          )
        )),

        tabPanel("回帰", sidebarLayout(
          sidebarPanel(),
          mainPanel(
            tabsetPanel(type = "tabs",
                        tabPanel("回帰結果"),
                        tabPanel("プロットで結果を確認")
            )
          )
        )),

        tabPanel("分類", sidebarLayout(
          sidebarPanel(),
          mainPanel(
            tabsetPanel(type = "tabs",
                        tabPanel("分類結果"),
                        tabPanel("プロットで結果を確認")
            )
          )
        )),

        tabPanel("クラスタリング", sidebarLayout(
          sidebarPanel(),
          mainPanel(
            tabsetPanel(type = "tabs",
                        tabPanel("クラスタリング結果"),
                        tabPanel("プロットで結果を確認")
            )
          )
        )),

        navbarMenu("その他",
                   tabPanel("About",
```

```
                    h2("私の名前はNp-Urです。")),
           tabPanel("ソースコード",
                    a(href="https://github.com/Np-Ur/ShinyBook",
                      p("https://github.com/Np-Ur/ShinyBook"))
           )
      )
  )
)
```

SAMPLE CODE 07-app-version1.1/server.R

```
library(shiny)

shinyServer(function(input, output) {
  output$distPlot_shiny <- renderPlot({
    x    <- faithful[, 2]
    bins <- seq(min(x), max(x), length.out = input$bins_shiny + 1)
    hist(x, breaks = bins, col = 'darkgray', border = 'white')
  })
})
```

ここで一度、実行してみましょう。各タブの中身や、細かいUIはこの後の節にて作っていきますが、大枠はここまでで出来上がりです。

shinythemesライブラリ

Shinyに最初から用意されている関数を使うだけでも、ある程度、見栄えの良い画面を作ることができます。それだけでは物足りない、という場合は、オリジナルのCSSファイルを用意したり、外部のライブラリを使う必要があります。

本項では、Shinyのデザインをカスタマイズするときに便利な、`shinythemes`というライブラリの紹介をします。

`shinythemes`とは、Shinyを使う上で便利なCSSをいろいろと用意してくれているライブラリです。shinythemesが提供しているCSSテーマには、次のような種類があります。

- cerulean
- cosmo
- cyborg
- darkly
- flatly
- journal
- lumen
- paper
- readable
- sandstone
- simplex
- slate
- spacelab
- superhero
- united
- yeti

作りたいShinyアプリケーションのイメージに合ったCSSを読み込むだけで、簡単に良いデザインになります。

まずは、`shinythemes`ライブラリをインストールしましょう。Rコンソール上で、次のコマンドを実行してください。

```
> install.packages("shinythems")
```

▶ デザイン選択に便利なthemeSelector関数

「cerulean」や「cosmo」など、shinythemesが提供してくれるCSSの種類を紹介しましたが、名前だけではそれぞれがどんなCSSなのかわかりません。

そこで、ライブラリに含まれるthemeSelector()関数を利用して、それぞれのテーマがどんなデザインなのか確認してみましょう。

これまで紹介した、navbarPanelとtabsetPanelを含むサンプルコードを使って、themeSelectorを試してみます。

SAMPLE CODE 08-themeSelector/ui.R

```
library(shiny)
library(shinythemes)

shinyUI(
  tagList(shinythemes::themeSelector(),
          navbarPage("shinythmes サンプル",
                     tabPanel("ページ1", sidebarLayout(
                       sidebarPanel(
                         sliderInput("bins",
                                     "Number of bins:",
                                     min = 1, max = 50, value = 30)
                       ),
                       mainPanel(
                         tabsetPanel(type = "tabs",
                                     tabPanel("Plot", plotOutput("distPlot")),
                                     tabPanel("Table", tableOutput("table"))
                         )
                       )
                     )),
                     tabPanel("ページ2",
                              h2("テキスト")),
                     navbarMenu("自己紹介",
                                tabPanel("名前", h2("私の名前はNp-Urです。")),
                                tabPanel("好きな食べ物", h2("私は寿司が好きです。"))
                     )
          )
  )
)
```

SAMPLE CODE 08-themeSelector/server.R

```
library(shiny)

shinyServer(function(input, output) {

  output$distPlot <- renderPlot({
    x <- faithful[, 2]
```

▼

```
    bins <- seq(min(x), max(x), length.out = input$bins + 1)
    hist(x, breaks = bins, col = 'darkgray', border = 'white')
  })

  output$table <- renderTable({
    faithful[, 2]
  })
})
```

ui.Rファイルの5行目に、次の箇所があります。

```
  tagList(shinythemes::themeSelector(),
```

ここで、themeSelectorを使う宣言をしています。先ほどのコードを実行すると、右上に「Select theme」というウィジェットが表示されているはずです。

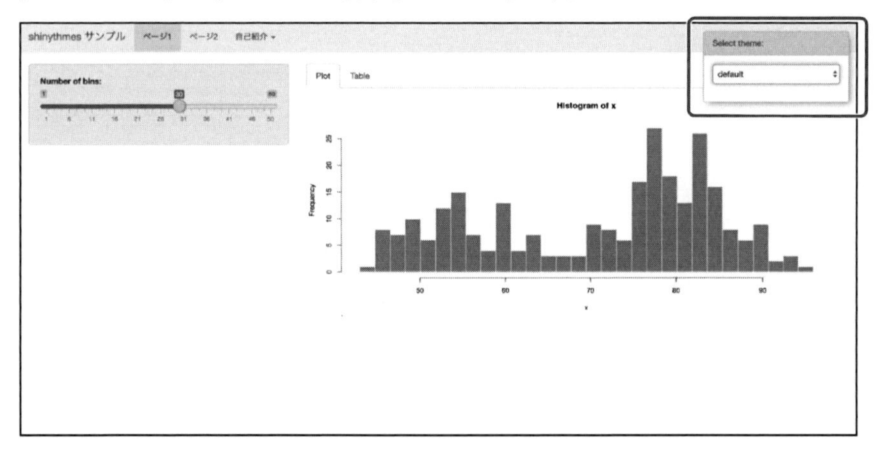

アプリを立ち上げたときは「default」テーマが選択されているので、別のテーマを選んでみてください。たとえば、「superhero」というテーマを選ぶと次のように見た目が変化します。

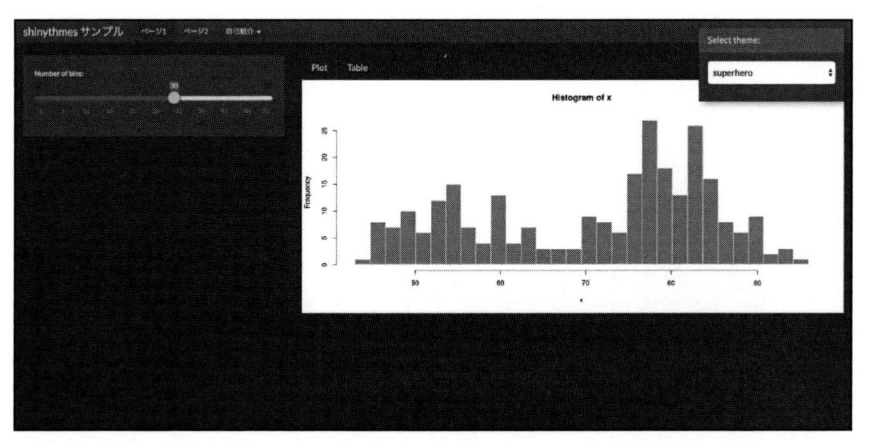

他にも「cerulean」というテーマを選ぶと、次のようになります。

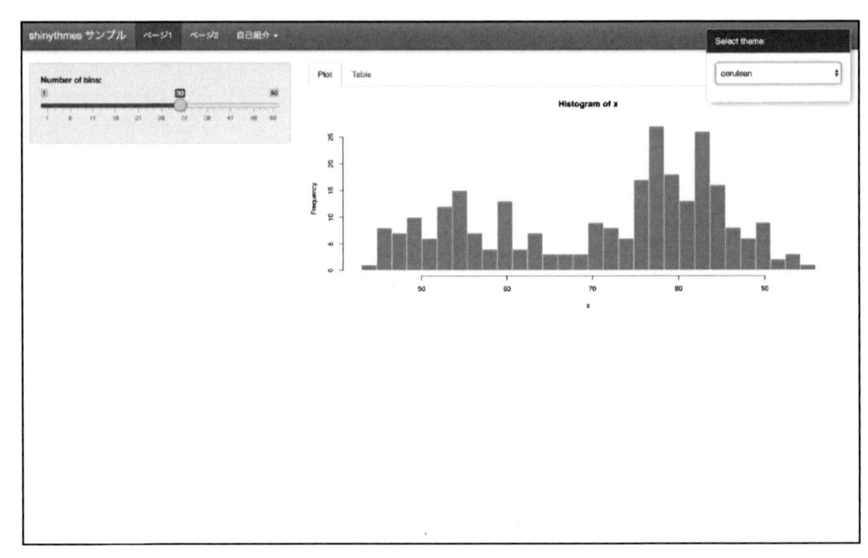

いろいろと試してみて、作りたいアプリケーションに合うテーマを選びましょう。

試した結果、たとえば、このアプリには「cerulean」を適用したいという場合は、ui.Rを次のように変更してください。

SAMPLE CODE 09-cerulean/ui.R

```
library(shiny)
library(shinythemes)

shinyUI(
  # tagList(shinythemes::themeSelector(),
  navbarPage("shinythmes サンプル",
             theme = shinytheme("cerulean"), # 追加箇所
             tabPanel("ページ1", sidebarLayout(
               sidebarPanel(
                 sliderInput("bins",
                             "Number of bins:",
                             min = 1, max = 50, value = 30)
               ),
               mainPanel(
                 tabsetPanel(type = "tabs",
                             tabPanel("Plot", plotOutput("distPlot")),
                             tabPanel("Table", tableOutput("table"))
                 )
               )
             )),
```

```
            tabPanel("ページ2",
                     h2("テキスト")),
            navbarMenu("自己紹介",
                       tabPanel("名前",
                                h2("私の名前はNp-Urです。")
                       ),
                       tabPanel("好きな食べ物", h2("私は寿司が好きです。"))
            )
  )
)
```

もとのコードの5行目をコメントアウトし、7行目に次の記述を追加しています。

```
theme = shinytheme("cerulean"),
```

これを実行すると、次のようなアプリが立ち上がります。

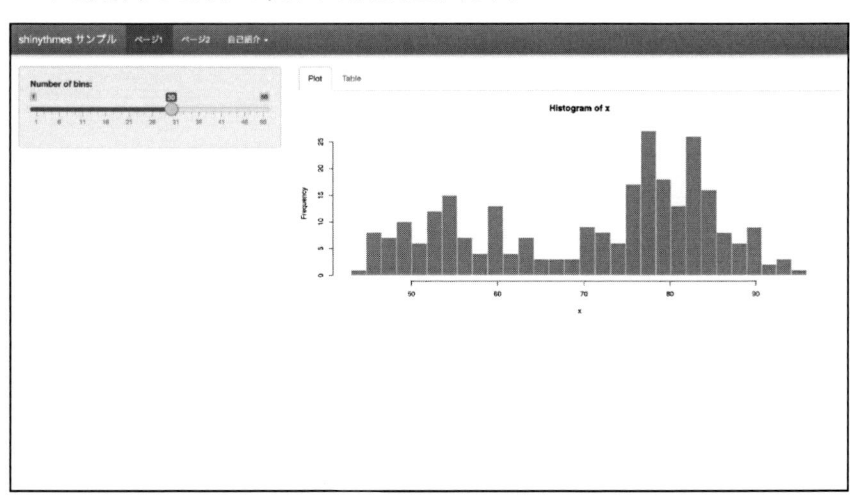

CSSの扱いに慣れている方は、自身でいろいろと書いていくのがよいですが、Rユーザーの多くの方はそこまで馴染みがないでしょう。

shinythemesなどのライブラリに任せて、ある程度のところまでデザインしつつ、細かいところだけ自身でCSSを書くというのが進めやすいかもしれません。

なお、本章のこれから紹介する部分では、特にshinythemesなどを用いてデザインしていませんが、読者の皆様は、気に入ったテーマを適用した状態で読み進めてください。

「可視化」ページの実装

本節では、「可視化」ページの実装を進めながら、使用する関数を同時に紹介していきます。本節で紹介する関数は、次の通りです。

- selectInput
- tableOutput
- renderTable
- radioButtons
- renderText
- textOutput
- numericInput
- updateSelectInput
- observe
- actionButton
- submitButton
- eventReactive
- observeEvent
- isolate
- clickopts
- dblclickOpts
- brushOpts
- hoverOpts
- brushedPoints
- nearPoints
- renderPrint
- verbatimTextOutput

また、次の外部ライブラリとその関数を利用します。

- DT
  - DT::renderDataTable
  - DT::dataTableOutput

データ選択フォーム

まずは、可視化したいデータを選択するためのフォームを作成しましょう。今回は、Rに事前準備されている、次のデータを用いることにします。

データ	説明
iris	アヤメの3品種それぞれ50サンプルについて、がくと花弁のデータを集めたもの
titanic	タイタニックが沈没した際の、乗客データ
infert	自然流産と人工流産のその後の不妊症の比較データ
Boston	ボストン近郊の不動産価格のデータ
spam	メールをスパムと正常なものに分けたデータ。kernlabライブラリに含まれる
airquality	ニューヨークの大気状態を観測したデータ

複数の選択肢から1つを選ばせるフォームを作る場合、`selectInput()`が適しています。概要はCHAPTER 02にて説明しましたが、もう少し詳しく説明します。

次のサンプルコードを動かしてみましょう。

SAMPLE CODE 10-selectInput/ui.R

```
library(shiny)

shinyUI(fluidPage(

  titlePanel("selectInputの例"),
```

```
  sidebarLayout(
    sidebarPanel(
       selectInput("selectInputId",
                   "何か選択してください。",
                   choices = c("東京" = "Tokyo",
                               "茨城" = "Ibaraki",
                               "群馬" = "gumma")
                   )
    ),
    mainPanel(
      textOutput("text")
    )
  )
))
```

SAMPLE CODE 10-selectInput/server.R

```
library(shiny)

shinyServer(function(input, output) {

  output$text <- renderText({
    paste("あなたが選択したのは", input$selectInputId, "です。")
  })
})
```

次の中から選んだワードをもとに、テキストが表示されています。

- 東京
- 茨城
- 群馬

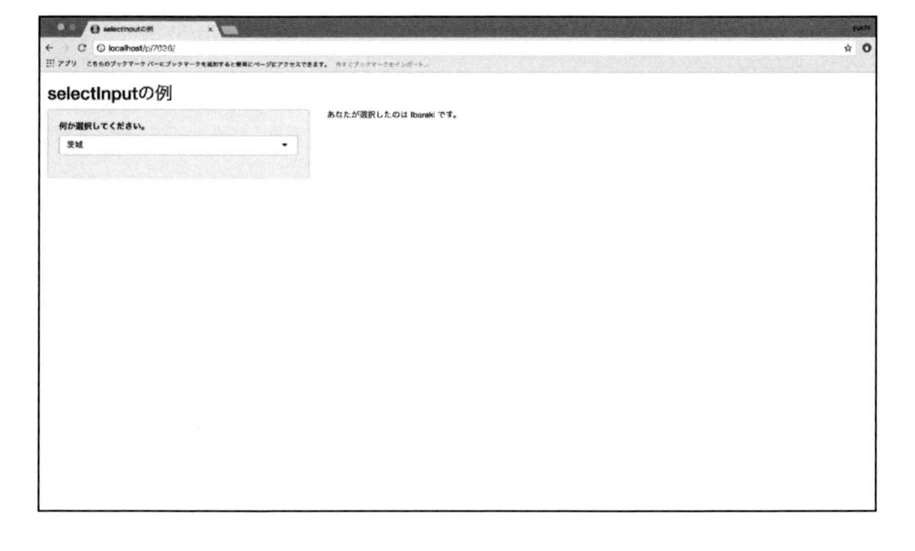

```
selectInput("selectInputId",
            "何か選択してください。",
            choices = c("東京" = "Tokyo",
                        "茨城" = "Ibaraki",
                        "群馬" = "Gumma")
            )
```

"selectInputId"は、input変数のidに該当します。このidはsever.R側で用います。続いて、"何か選択してください。"がラベルに該当し、画面に表示されます。

最も重要な選択肢ですが、choices変数に、c("東京" = "Tokyo", ...)のように与えてあげます。"東京"の方は実際に選択肢として表示される内容です。それに対し"Tokyo"の方は、東京が選択された際にserver.R側にてinput$selectInputId変数に格納される値です。

同様に、茨城が選択されれば、input$selectInputIdには"Ibaraki"が格納され、群馬が選択されれば"Gumma"が格納されます。

複数選択することを許可したい場合は、multipleオプションを使います。また、はじめから何か選択している状態で画面表示したい場合は、selectedオプションを使います。

```
selectInput("selectInputId",
            "何か選択してください。",
            choices = c("東京" = "Tokyo",
                        "茨城" = "Ibaraki",
                        "群馬" = "Gumma"),
            multiple = TRUE,
            selected = "Tokyo"
            )
```

また、今回テキストを出力しているため、server.R側ではrenderText({})を使い、ui.R側ではtextOutput()を使っています。CHAPTER 02で学習した内容ですが、ここで復習しておきましょう。

それでは、selectInput()を使って、本アプリケーションにデータを選択する処理を追加してみましょう。version1.1ですでに説明した部分については、省略しています。ソースコード全体を確認したい場合は、次のURLを参照してください。

URL https://github.com/Np-Ur/ShinyBook

SAMPLE CODE 11-app-version2.0/ui.R

```
library(shiny)
library(shinythemes)

shinyUI(
  navbarPage("Shinyサンプルアプリケーション",
             tabPanel("Home",
             # ...
```

```
      # 途中省略
      ),
      tabPanel("可視化", sidebarLayout(
        sidebarPanel(
          # 下記部分を追加
          selectInput("selected_data_for_plot",
                      label = h3("データセットを選択してください。"),
                      choices = c("アヤメのデータ" = "iris",
                                  "不妊症の比較データ" = "infert",
                                  "ボストン近郊の不動産価格データ" = "Boston",
                                  "スパムと正常メールのデータ" = "spam",
                                  "ニューヨークの大気状態データ" = "airquality",
                                  "タイタニックの乗客データ" = "titanic"),
                      selected = "iris")
        ),
        mainPanel(
          tabsetPanel(type = "tabs",
                      tabPanel("Table",
                               tableOutput("table_for_plot")),
                      tabPanel("ヒストグラム"),
                      tabPanel("散布図"),
                      tabPanel("みたいに他にも図を表示する")
          )
        )
      )),
      # ...
      # 途中省略
  )
)
```

SAMPLE CODE 11-app-version2.0/server.R

```
library(shiny)
library(MASS)
library(kernlab)
data(spam)

shinyServer(function(input, output) {
  output$distPlot <- renderPlot({
    x    <- faithful[, 2]
    bins <- seq(min(x), max(x), length.out = input$bins + 1)
    hist(x, breaks = bins, col = 'darkgray', border = 'white')
  })

  data_for_plot <- reactive({
    switch(input$selected_data_for_plot,
           "iris" = iris,
```

```
            "infert" = infert,
            "Boston" = Boston,
            "spam" = spam,
            "airquality" = airquality,
            "titanic" = data.frame(lapply(data.frame(Titanic),
                                   function(i){rep(i, data.frame(Titanic)[, 5])}))
     )
  })

  output$table_for_plot <- renderTable({
    data_for_plot()
  })
})
```


こちらを実行すると、可視化ページでデータを選択でき、選択されたデータをもとにデータテーブルが表示されます。

それぞれのデータの詳しい情報は、RStudioのコンソール上で次のようにデータの前に「?」を付けて実行すると、表示してくれます。どの列が何を意味しているのか確認しておきましょう。

```
> ?iris
```

```
> ?Titanic
```

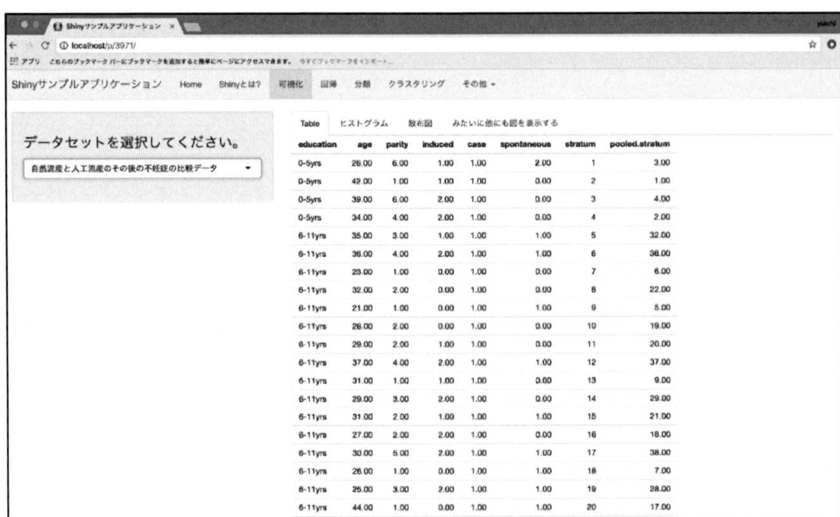

education	age	parity	induced	case	spontaneous	stratum	pooled.stratum
0-5yrs	26.00	6.00	1.00	1.00	2.00	1	3.00
0-5yrs	42.00	1.00	1.00	1.00	0.00	2	1.00
0-5yrs	39.00	6.00	2.00	1.00	0.00	3	4.00
0-5yrs	34.00	4.00	2.00	1.00	0.00	4	2.00
6-11yrs	35.00	3.00	1.00	1.00	1.00	5	32.00
6-11yrs	36.00	4.00	2.00	1.00	1.00	6	36.00
6-11yrs	23.00	1.00	0.00	1.00	0.00	7	6.00
6-11yrs	32.00	2.00	0.00	1.00	0.00	8	22.00
6-11yrs	21.00	1.00	0.00	1.00	1.00	9	5.00
6-11yrs	28.00	2.00	0.00	1.00	0.00	10	19.00
6-11yrs	29.00	2.00	1.00	1.00	0.00	11	20.00
6-11yrs	37.00	4.00	2.00	1.00	1.00	12	37.00
6-11yrs	31.00	1.00	1.00	1.00	0.00	13	9.00
6-11yrs	29.00	3.00	2.00	1.00	0.00	14	29.00
6-11yrs	31.00	2.00	1.00	1.00	1.00	15	21.00
6-11yrs	27.00	2.00	2.00	1.00	0.00	16	18.00
6-11yrs	30.00	5.00	2.00	1.00	1.00	17	38.00
6-11yrs	26.00	1.00	0.00	1.00	1.00	18	7.00
6-11yrs	25.00	3.00	2.00	1.00	1.00	19	28.00
6-11yrs	44.00	1.00	0.00	1.00	1.00	20	17.00

ui.Rの次の箇所で、データを選択するフォームを選択しています。

```
selectInput("selected_data_for_plot",...)
```

選択された値は、selected_data_for_plotというidにてsever.Rに渡り、次のコードにて処理されます。

```
data_for_plot <- reactive({
  switch(input$selected_data_for_plot,
         "iris" = iris,
         "infert" = infert,
         "Boston" = Boston,
         "spam" = spam,
         "airquality" = airquality,
         "titanic" = data.frame(lapply(data.frame(Titanic),
                                function(i){rep(i, data.frame(Titanic)[, 5])}))
         )
})
```

"iris"が選択されればirisを読み込み、"infert"が選択されればinfertを読み込みます。なお、Titanicデータは読み込み時のデータ形式が少し特殊なので処理を加えています。

また、spamデータは`kernlab`というライブラリの読み込みが必要なので、server.Rの3行目〜4行目に次のコードを追加しています。

```
library(kernlab)
data(spam)
```

まだ`kernlab`ライブラリをインストールしていない場合は、Rコンソール上で次のコマンドを実行してインストールしておきましょう。

```
> install.packages("kernlab")
```

そして、生成されたデータは次の箇所でデータテーブルをui.R側に渡しています。

```
output$table_for_plot <- renderTable({
  data_for_plot()
})
```

データテーブルを出力するため、server.R側では`renderTable({})`を使い、ui.R側では`tableOutput()`を使っています。

DTライブラリ

データテーブルを表示する場合は、Shinyが提供するデフォルトの関数よりも、DTというライブラリが可視性がよくオススメです。Rコンソール上で次のコマンドを実行しておきましょう。

```
> install.packages("DT")
```

ui.R version 2.0の先頭に、`library(DT)`を追加し、`tableOutput()`部分を`DT::dataTableOutput()`に変更します。server.R version 2.0の先頭にも`library(DT)`を追加し、`renderTable({})`の部分を`DT::renderDataTable({})`に変更してください。

SAMPLE CODE 12-app-version2.1/ui.R

```
library(shiny)
library(shinythemes)
library(DT)

shinyUI(
  navbarPage("Shinyサンプルアプリケーション",
             tabPanel("Home",
                 # ...
                 # 途中省略
             ),
             tabPanel("可視化", sidebarLayout(
               sidebarPanel(
                 selectInput("selected_data_for_plot",
                             label = h3("データセットを選択してください。"),
                             choices = c("アヤメのデータ" = "iris",
                                         "不妊症の比較データ" = "infert",
                                         "ボストン近郊の不動産価格データ" = "Boston",
                                         "スパムと正常メールのデータ" = "spam",
                                         "ニューヨークの大気状態データ" = "airquality",
                                         "タイタニックの乗客データ" = "titanic"),
                             selected = "iris")
               ),
               mainPanel(
                 tabsetPanel(type = "tabs",
                             tabPanel("Table",
                                      DT::dataTableOutput("table_for_plot")),
                             tabPanel("ヒストグラム"),
                             tabPanel("散布図"),
                             tabPanel("みたいに他にも図を表示する")
                 )
               )
             )),
             # ...
             # 途中省略
  )
)
```

SAMPLE CODE 12-app-version2.1/server.R

```
library(shiny)
library(MASS)
library(kernlab)
library(DT)
data(spam)

shinyServer(function(input, output) {
  # ...
  # 途中省略
  output$table_for_plot <- DT::renderDataTable({
    data_for_plot()
  })
})
```

これを実行すると、次のようなテーブル画面が表示されます。

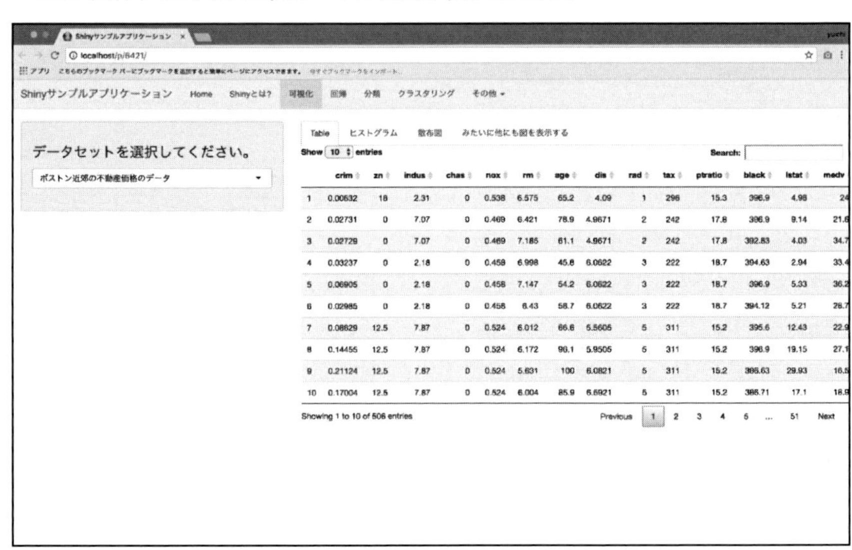

	crim	zn	indus	chas	nox	rm	age	dis	rad	tax	ptratio	black	lstat	medv
1	0.00632	18	2.31	0	0.538	6.575	65.2	4.09	1	296	15.3	396.9	4.98	24
2	0.02731	0	7.07	0	0.469	6.421	78.9	4.9671	2	242	17.8	396.9	9.14	21.6
3	0.02729	0	7.07	0	0.469	7.185	61.1	4.9671	2	242	17.8	392.83	4.03	34.7
4	0.03237	0	2.18	0	0.458	6.998	45.8	6.0622	3	222	18.7	394.63	2.94	33.4
5	0.06905	0	2.18	0	0.458	7.147	54.2	6.0622	3	222	18.7	396.9	5.33	36.2
6	0.02985	0	2.18	0	0.458	6.43	58.7	6.0622	3	222	18.7	394.12	5.21	28.7
7	0.08829	12.5	7.87	0	0.524	6.012	66.6	5.5605	5	311	15.2	395.6	12.43	22.9
8	0.14455	12.5	7.87	0	0.524	6.172	96.1	5.9505	5	311	15.2	396.9	19.15	27.1
9	0.21124	12.5	7.87	0	0.524	5.631	100	6.0821	5	311	15.2	386.63	29.93	16.5
10	0.17004	12.5	7.87	0	0.524	6.004	85.9	6.5921	5	311	15.2	386.71	17.1	18.9

機能としては、次のようなものがあります。

- 検索窓から検索ができる
- 表示する件数が変えられる
- ある列に沿って昇順・降順といった表示に変更することができる

とても優れたUIを表示してくれていますが、オプションを指定することでさらに便利なデータテーブル表示をしてくれます。オプションについては、CHAPTER 07にて詳しく説明します。

ヒストグラムを表示する

ここまでで、可視化したいデータを選択して、テーブル表示ができるようになりました。本項では、本題の可視化を行っていきます。

手始めとして、シンプルにヒストグラムを表示させてみましょう。すべての列をヒストグラム表示することは可視性が悪いので、列番号から指定できるとよいでしょう。

整数値を入力させる場合は、`numericInput()`を使います。たとえば、irisデータをもとに、列を指定してヒストグラム表示をする場合、次のようなソースコードになります。

SAMPLE CODE 13-numericInput/ui.R

```
library(shiny)

shinyUI(fluidPage(

  titlePanel("numericInput"),

  sidebarLayout(
    sidebarPanel(
      numericInput("numericInput_data",
                   "irisデータでヒストグラムを表示する列番号",
                   min = 1,
                   max = 5,
                   value = 1),
      sliderInput("sliderInput_data",
                  "Number of bins:",
                  min = 1,
                  max = 50,
                  value = 30)
    ),

    mainPanel(
      plotOutput("plot")
    )
  )
))
```

SAMPLE CODE 13-numericInput/server.R

```
library(shiny)

shinyServer(function(input, output) {

  output$plot <- renderPlot({
    x <- iris[, input$numericInput_data]
    bins <- seq(min(x), max(x), length.out = input$sliderInput_data + 1)
    hist(x, breaks = bins, col = 'darkgray', border = 'white')
  })
})
```

実行すると、次のようなアプリケーションが立ち上がります。列番号を変更すると表示が変わることを確認してください。

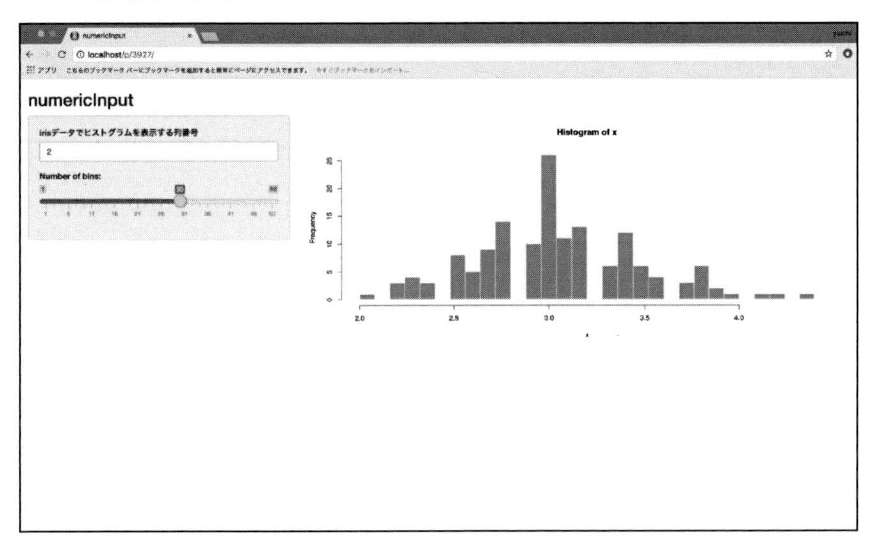

numericInput()では、minとmaxで入力できる範囲を指定することができます。今回はirisが5列からなるため、1〜5の範囲のみ入力できるようにしています。

この実装は、irisのような列数が少ないデータであれば問題ありませんが、列数が多いと可視化したい列の番号を数えるのが大変で、非常に不便です。そこで、列番号ではなく列の名前で選択できるようにしてみましょう。

本章でも紹介した、selectInput()を使って列名から選択できるようにしたいのですが、データそれぞれに対して列名を選択させるフォームを用意するのは時間がかかりますし、フォームが多くて可視性が悪くなります。

そこで、updateSelectInput()という、selectInput()の内容自体(ラベルや選択肢)を柔軟に更新できる便利な関数を用いましょう。

まずは、updateSelectInput()を使った簡単なサンプルコードを紹介します。

SAMPLE CODE 14-updateSelectInput/ui.R

```
library(shiny)

shinyUI(fluidPage(

  titlePanel("updateSelectInput"),

  radioButtons("input_radio_button", "Input radioButtons",
               c("Tokyo", "Gumma", "Ibaraki"), selected = "Tokyo"),
  selectInput("choices", "Select input",
              c("Tokyo", "Gumma", "Ibaraki"))
))
```

SAMPLE CODE 14-updateSelectInput/server.R

```
library(shiny)

shinyServer(function(input, output, session) {
  observe({
    if (input$input_radio_button == "Tokyo") {
      choiceList = c("Shinjuku", "Shibuya", "Shinagawa")
    } else if (input$input_radio_button == "Gumma") {
      choiceList = c("Maebashi", "Takasaki", "Kiryu")
    } else {
      choiceList = c("Mito", "Tsuchiura", "Tsukuba")
    }

    updateSelectInput(session, "choices",
                      label = "Select input label",
                      choices = choiceList)
  })
})
```

実行すると、ラジオボタンでTokyoを選択した場合は東京の地名が、Gummaを選択した場合は群馬の地名が、`selectInput()`の選択肢として表示されています。

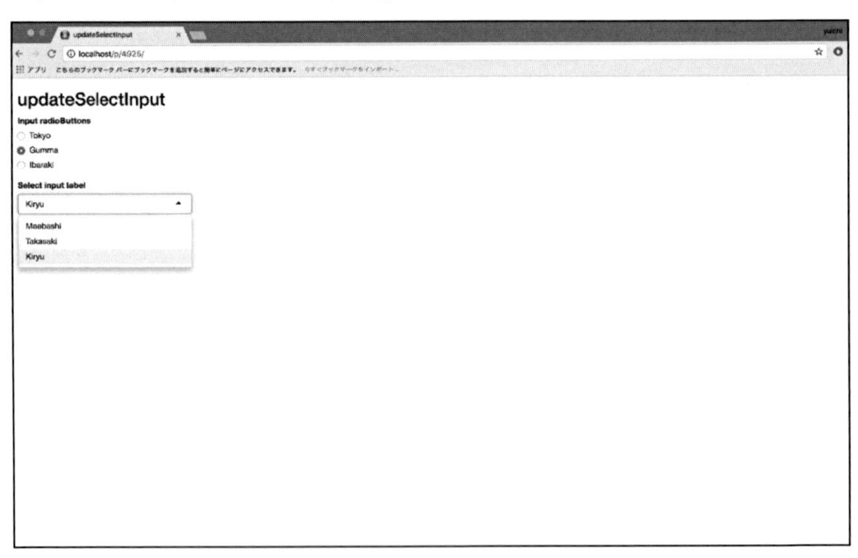

なお、ui.Rの`radioButtons()`は、ラジオボタン形式で選択させるフォームを作ることができます。`selectInput()`と使い方はよく似ていますが、こちらは複数選択はできず、どれか1つのみ選択させたい場合に使われます。

server.Rの3行目で、次のように、引数に`session`を取っている点に注意しましょう。

```
shinyServer(function(input, output, session) {
```

これは、セッション情報を取得しており、updateSelectInput()を使う際に必要な変数です。

server.Rでは、input$input_radio_buttonにラジオボタンで選択された情報が入っているため、その情報をもとに、choiseList変数を更新しています。そして、updateSelectInput()の中で、choicesに渡しています。

updateSelectInput()は、1つ目の引数にsession、2つ目の引数に更新したいselectInput()のid、3つ目以降にラベルや選択肢などの更新したい項目を必要に応じて渡してあげます。

selectInputのように入力を行う関数には、それぞれ対応するupdate〜関数が存在します。

- updateCheckboxGroupInput
- updateCheckboxInput
- updateDateInput
- updateDateRangeInput
- updateNumericInput
- updateRadioButtons
- updateSelectInput
- updateSliderInput
- updateTextInput

どれも使い方は同様で、1つ目の引数にsession、2つ目の引数に更新したいinputのid、3つ目以降に更新したい項目を必要に応じて渡すことで機能します。

なお、observe({...})ですが、「...」に含まれるinput要素が更新されるたびに、関数の中身が再実行されます。CHAPTER 02で紹介した、reactive({})と似ています。違いとして、reactive{{}}は何らか値を返しますが、observe({})の場合は値を返しません。

```
# 値を返す
x <- reactive({
 input$a
})

# 値は返さない
observe({
 input$a
})
```

updateSelectInput()を使って、version2.1のui.Rとserver.Rに、ヒストグラム出力機能を追加しましょう。

SAMPLE CODE 15-app-version2.2/ui.R

```
library(shiny)
library(shinythemes)
library(DT)

shinyUI(
  navbarPage("Shinyサンプルアプリケーション",
             tabPanel("Home",
                 # ...
                 # 途中省略
             ),
             tabPanel("可視化", sidebarLayout(
               sidebarPanel(
                 selectInput("selected_data_for_plot",
                             label = h3("データセットを選択してください。"),
                             choices = c("アヤメのデータ" = "iris",
                                         "不妊症の比較データ" = "infert",
                                         "ボストン近郊の不動産価格データ" = "Boston",
                                         "スパムと正常メールのデータ" = "spam",
                                         "ニューヨークの大気状態データ" = "airquality",
                                         "タイタニックの乗客データ" = "titanic"),
                             selected = "iris"),
                 selectInput("select_input_data_for_hist",
                             "ヒストグラムを表示する列番号",
                             choices = colnames(iris)),
                 sliderInput("slider_input_data",
                             "Number of bins:",
                             min = 1,
                             max = 50,
                             value = 30)
               ),
               mainPanel(
                 tabsetPanel(type = "tabs",
                             tabPanel("Table",
                                      DT::dataTableOutput("table_for_plot")),
                             tabPanel("ヒストグラム", plotOutput("histgram")),
                             tabPanel("散布図"),
                             tabPanel("みたいに他にも図を表示する")
                 )
               )
             )),
         # ...
         # 途中省略
  )
)
```

SAMPLE CODE 15-app-version2.2/server.R

```
library(shiny)
library(MASS)
library(kernlab)
library(DT)
data(spam)

shinyServer(function(input, output, session) {
  output$distPlot_shiny <- renderPlot({
    x    <- faithful[, 2]
    bins <- seq(min(x), max(x), length.out = input$bins_shiny + 1)
    hist(x, breaks = bins, col = 'darkgray', border = 'white')
  })

  data_for_plot <- reactive({
    data <- switch(input$selected_data_for_plot,
                   "iris" = iris,
                   "infert" = infert,
                   "Boston" = Boston,
                   "spam" = spam,
                   "airquality" = airquality,
                   "titanic" = data.frame(lapply(data.frame(Titanic),
                                          function(i){rep(i, data.frame(Titanic)[, 5])}))
    )
    updateSelectInput(session, "select_input_data_for_hist", choices = colnames(data))
    return(data)
  })

  output$histgram <- renderPlot({
    tmpData <- data_for_plot()[, input$select_input_data_for_hist]
    x <- na.omit(tmpData)
    bins <- seq(min(x), max(x), length.out = input$slider_input_data + 1)
    hist(x, breaks = bins, col = 'darkgray', border = 'white')
  })

  output$table_for_plot <- DT::renderDataTable({
    data_for_plot()
  })
})
```

1つ目の`selectInput()`で選択されたデータセットをもとに、2つ目の`selectInput()`が更新され、その選択に応じてヒストグラムが表示されます。

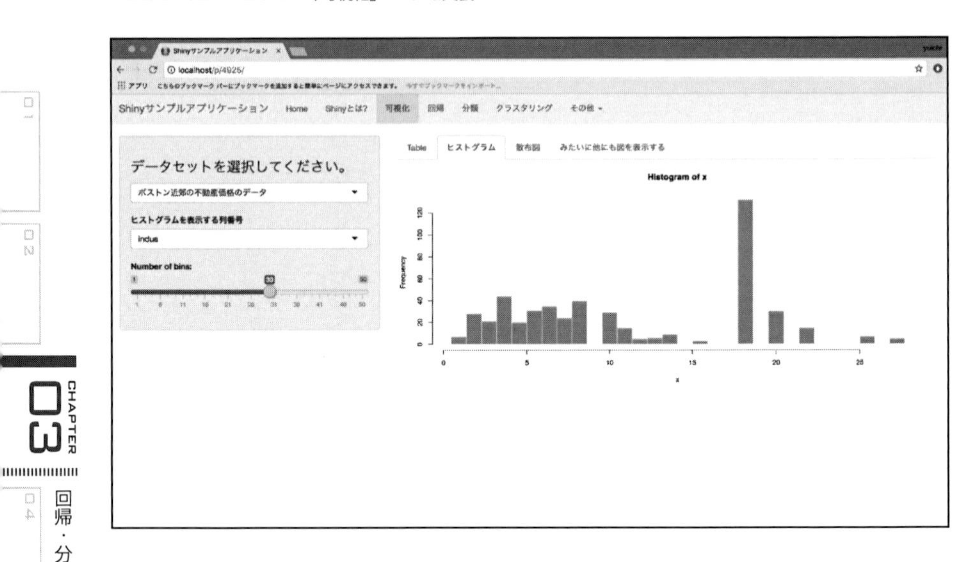

actionButtonで出力のタイミングを制御する

これまでのShinyアプリケーションでは、**render～**関数を使っていたため、inputの値を変更したタイミングで出力要素も自動で変化していました。

しかし、毎回、変化する必要はなく、特定のトリガーでのみ出力を変えた方が操作性が良いということもあります。

そのような場合は、**actionButton()**を使います。まずはサンプルコードを実行しイメージをつかみましょう。

SAMPLE CODE 16-actionButton/ui.R

```
library(shiny)

shinyUI(fluidPage(

  titlePanel("actionButton"),

  sidebarLayout(
    sidebarPanel(
       sliderInput("bins",
                   "Number of bins:",
                   min = 1, max = 50, value = 30),
       actionButton("do", "プロットを実行")
    ),

    mainPanel(
       plotOutput("distPlot")
    )
  )
))
```

SAMPLE CODE 16-actionButton/server.R

```
library(shiny)

shinyServer(function(input, output) {
  x <- faithful[, 2]


  bins <- eventReactive(input$do, {
    seq(min(x), max(x), length.out = input$bins + 1)
  })

  output$distPlot <- renderPlot({
    hist(x, breaks = bins(), col = 'darkgray', border = 'white')
  })
})
```

実行すると、ヒストグラムが出力されていない状態で画面表示されます。

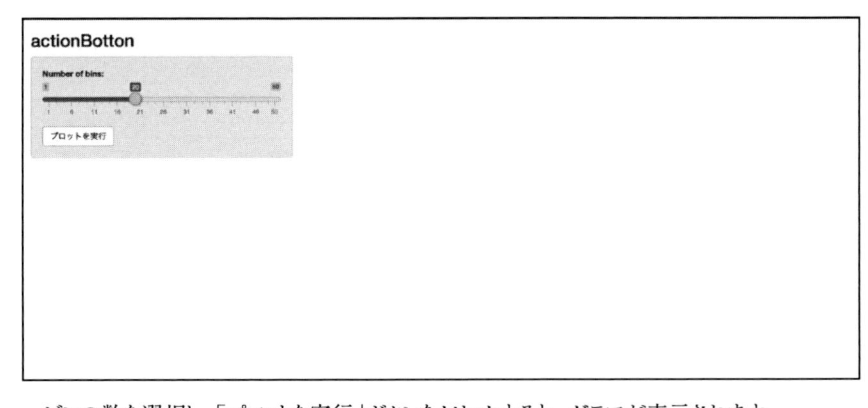

ビンの数を選択し、「プロットを実行」ボタンをクリックすると、グラフが表示されます。

また、一度、表示された後も、ビンの数を更新してもグラフは更新されず、「プロットを実行」ボタンをクリックしてはじめて更新されます。

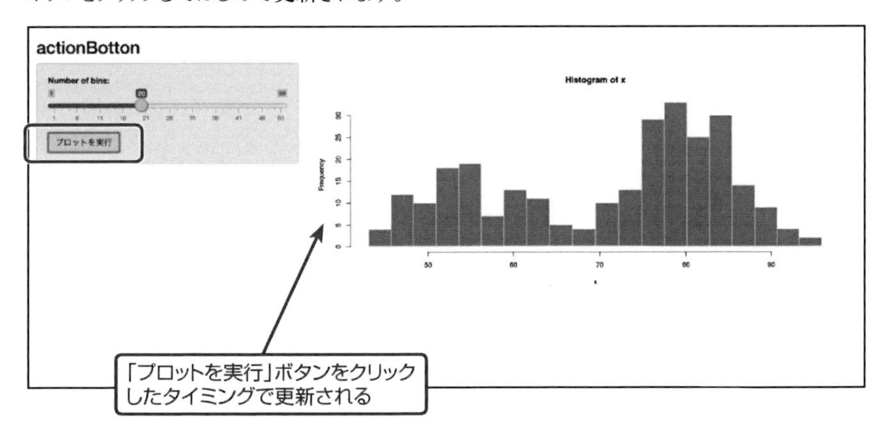

```
actionButton("do", "プロットを実行")
```

"do"はinput変数のidに該当します。このidはsever.R側で用います。続いて、"プロットを実行"がラベルに該当し、画面に表示されます。

ui.Rで**actionButton()**を用いた場合にserver.Rでよくセットで使われるのが、**eventReactive**です。**eventReactive**は、CHAPTER 02で紹介した**reactive**と似ていますが、違いとして明確なトリガーがあることです。

```
x <- reactive({
  # 含まれるinput要素のうち、どれか一つでも更新されたら処理が再実行される。
  input$a
  input$b
  input$c

  # 何らかの処理
})
```

```
x <- eventReactive(input$a, {
  # input$a が更新された場合のみ以下の処理が再実行される
  input$b
  input$c

  # 何らかの処理
})
```

eventReactiveと同じく、actionButtonとセットでよく使われる関数に、**observeEvent**があります。これは、**observe**と似ていて、違いとして明確なトリガーがあることです。

```
observe({
  # 含まれるinput要素のうち、どれか一つでも更新されたら処理が再実行される。
  input$a
  input$b
  input$c

  # 何らかの処理
})
```

```
observeEvent(input$a, {
  # input$a が更新された場合のみ以下の処理が再実行される
  input$b
  input$c

  # 何らかの処理
})
```

	関数内のinput要素がどれか1つでも更新されたら処理を再実行	設定したトリガー要素が更新されたら処理を再実行
何か値を返す	reactivfe	eventReactive
値を返さない	observe	observeEvent

目的に応じて使い分けるようにしましょう。

もしくは、シンプルに**actionButton**のinput要素以外を**isolate**で囲むという方法もあります。

ui.Rは同様で、server.Rのみ次のように変更してみましょう。

SAMPLE CODE 17-actionButton2/server.R

```
library(shiny)

shinyServer(function(input, output) {

  output$distPlot <- renderPlot({
    input$do

    x <- faithful[, 2]
    bins <- seq(min(x), max(x), length.out = isolate(input$bins) + 1)
    hist(x, breaks = bins, col = 'darkgray', border = 'white')
  })
})
```

eventReactiveを使ったときと挙動が等しくなりました。CHAPTER 02で学習しましたが、**isolate**でinput要素を囲むと、値が変化しても処理が再実行されなくなります。**renderPlot({})**の中で出力に影響を与えるのは**input$do**のみなので、**actionButton**がクリックされるタイミングでヒストグラムが変化するようになります。なお、内部では**actionButton**がクリックされるたびに、対応する**input$do**は1ずつ増加していきます。

今回はシンプルに、**isolate**と**actionButton**の組み合わせで機能を実現します。

SAMPLE CODE 18-app-version2.3/ui.R

```
library(shiny)
library(shinythemes)
library(DT)

shinyUI(
  navbarPage("Shinyサンプルアプリケーション",
             tabPanel("Home",
                 # ...
                 # 途中省略
             ),
             tabPanel("可視化", sidebarLayout(
               sidebarPanel(
                 selectInput("selected_data_for_plot",
                             label = h3("データセットを選択してください。"),
```

```
                    choices = c("アヤメのデータ" = "iris",
                                "不妊症の比較データ" = "infert",
                                "ボストン近郊の不動産価格データ" = "Boston",
                                "スパムと正常メールのデータ" = "spam",
                                "ニューヨークの大気状態データ" = "airquality",
                                "タイタニックの乗客データ" = "titanic"),
                    selected = "iris"),
        selectInput("select_input_data_for_hist",
                    "ヒストグラムを表示する列番号",
                    choices = colnames(iris)),
        sliderInput("slider_input_data",
                    "Number of bins:",
                    min = 1,
                    max = 50,
                    value = 30),
        actionButton("trigger_histogram", "ヒストグラムを出力")
      ),
      mainPanel(
        tabsetPanel(type = "tabs",
                    tabPanel("Table",
                             DT::dataTableOutput("table_for_plot")),
                    tabPanel("ヒストグラム", plotOutput("histgram")),
                    tabPanel("散布図"),
                    tabPanel("みたいに他にも図を表示する")
        )
      )
    )),
    # ...
    # 途中省略
  )
)
```

SAMPLE CODE 18-app-version2.3/server.R

```
library(shiny)
library(MASS)
library(kernlab)
library(DT)
data(spam)

shinyServer(function(input, output, session) {
  output$distPlot_shiny <- renderPlot({
    x    <- faithful[, 2]
    bins <- seq(min(x), max(x), length.out = input$bins_shiny + 1)
    hist(x, breaks = bins, col = 'darkgray', border = 'white')
  })
```

```
  data_for_plot <- reactive({
    data <- switch(input$selected_data_for_plot,
                   "iris" = iris,
                   "infert" = infert,
                   "Boston" = Boston,
                   "spam" = spam,
                   "airquality" = airquality,
                   "titanic" = data.frame(lapply(data.frame(Titanic),
                                          function(i){rep(i, data.frame(Titanic)[, 5])}))
    )
    updateSelectInput(session, "select_input_data_for_hist", choices = colnames(data))
    return(data)
  })

  output$histgram <- renderPlot({
    input$trigger_histogram

    tmpData <- data_for_plot()[, isolate(input$select_input_data_for_hist)]
    x <- na.omit(tmpData)
    bins <- seq(min(x), max(x), length.out = isolate(input$slider_input_data) + 1)
    hist(x, breaks = bins, col = 'darkgray', border = 'white')
  })

  output$table_for_plot <- DT::renderDataTable({
    data_for_plot()
  })
})
```

actionButtonのようにトリガーを設定する関数に、submitButtonというものがありますが、こちらは機能が制限され使い勝手が悪いため、actionButtonを使うことが推奨されています。本書でも、actionButtonのみを使って説明をしていきます。

散布図プロットとオプション紹介

前項ではヒストグラムを出力しましたが、本項では散布図を出力してみましょう。

といっても、基本的な流れは一緒です。ヒストグラム出力時と同様に、列を指定した上で散布図を生成します。それだけでは簡単なので、Shinyでグラフ出力時に便利なオプションを一緒に紹介していきます。

まずはirisのデータを使った散布図出力を行うサンプルコードから確認していきましょう。

SAMPLE CODE 19-scatter-plot/ui.R

```
library(shiny)

shinyUI(fluidPage(

  titlePanel("scatter plot"),
```

```
  sidebarLayout(
    sidebarPanel(
      h4("散布図を表示する列を指定"),
      selectInput("input_data_for_scatter_plotX",
                  "x軸",
                  choices = colnames(iris), selected = colnames(iris)[1]),
      selectInput("input_data_for_scatter_plotY",
                  "y軸",
                  choices = colnames(iris), selected = colnames(iris)[1]),
      actionButton("trigger_scatter_plot", "散布図を出力")
    ),
    mainPanel(
      plotOutput("scatter_plot")
    )
  )
))
```

SAMPLE CODE 19-scatter-plot/server.R

```
library(shiny)

shinyServer(function(input, output) {
  data <- reactive({
    iris[, c(input$input_data_for_scatter_plotX, input$input_data_for_scatter_plotY)]
  })

  output$scatter_plot <- renderPlot({
    input$trigger_scatter_plot
    plot(isolate(data()))
  })
})
```

選択された列に応じて、散布図が出力されるアプリケーションです。

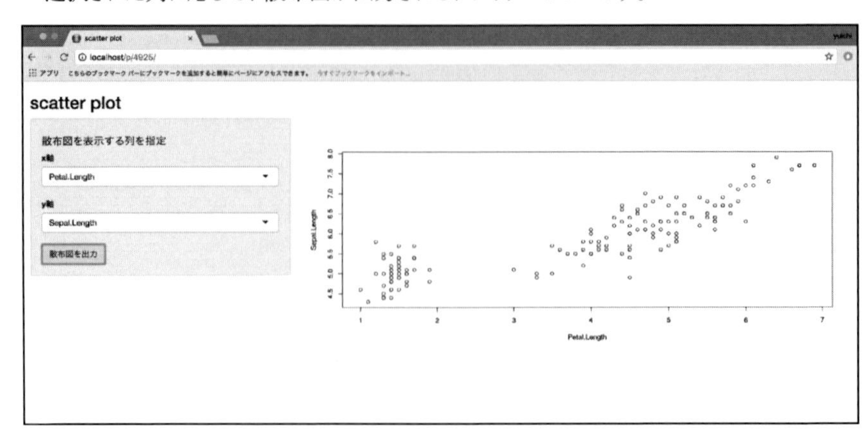

グラフや画像を表示した際に、「細かくなって見にくい」ということがあります。`plotOutput()`の引数に`dblclickOpts`オプションを利用すると、グラフ上でダブルクリックをした際に、データ情報を取得できるようになります。

SAMPLE CODE 20-dblclickOpts/ui.R

```
library(shiny)

shinyUI(fluidPage(

  titlePanel("scatter plot"),

  sidebarLayout(
    sidebarPanel(
      h4("散布図を表示する列を指定"),
      selectInput("input_data_for_scatter_plotX",
                  "x軸",
                  choices = colnames(iris), selected = colnames(iris)[1]),
      selectInput("input_data_for_scatter_plotY",
                  "y軸",
                  choices = colnames(iris), selected = colnames(iris)[1]),
      actionButton("trigger_scatter_plot", "散布図を出力")
    ),
    mainPanel(
      plotOutput("scatter_plot", dblclick = dblclickOpts(id = "plot_dbl_click")),
      verbatimTextOutput("plot_dbl_click_info"),
      DT::dataTableOutput("plot_clickedpoints")
    )
  )
))
```

SAMPLE CODE 20-dblclickOpts/server.R

```
library(shiny)

shinyServer(function(input, output) {
  data <- reactive({
    iris[, c(input$input_data_for_scatter_plotX, input$input_data_for_scatter_plotY)]
  })

  output$scatter_plot <- renderPlot({
    input$trigger_scatter_plot
    plot(isolate(data()))
  })

  output$plot_dbl_click_info <- renderPrint({
    cat("ダブルクリックした箇所の情報:\n")
    str(input$plot_dbl_click)
```

```
  })

  output$plot_clickedpoints <- DT::renderDataTable({
    res <- nearPoints(iris, input$plot_dbl_click, xvar = input$input_data_for_scatter_plotX,
                      yvar = input$input_data_for_scatter_plotY,
                      threshold = 5, maxpoints = 10)

    if (nrow(res) == 0)
      return()
    res
  })
})
```

実行して、グラフのさまざまな箇所をダブルクリックして情報が表示されることを確認してください。

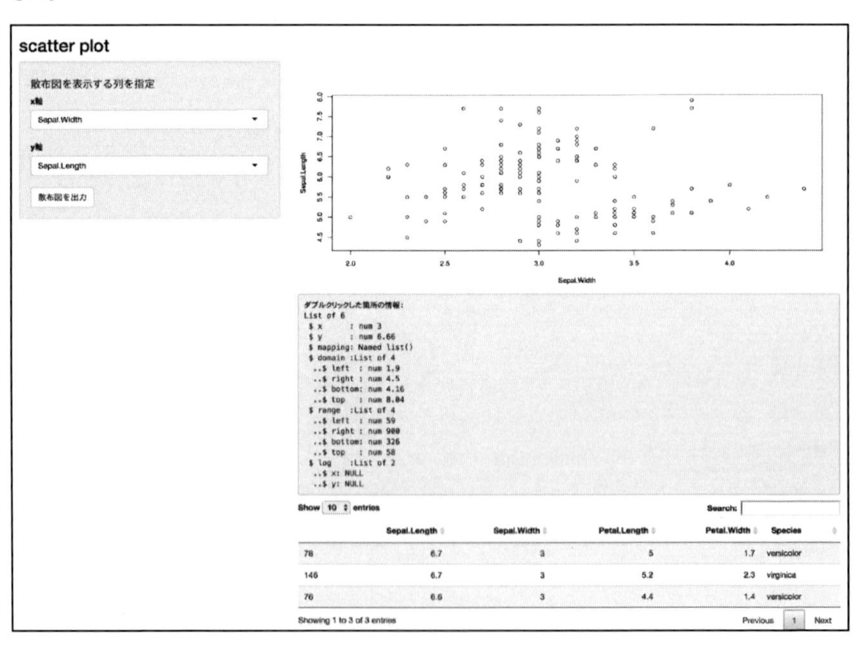

	Sepal.Length	Sepal.Width	Petal.Length	Petal.Width	Species
78	6.7	3	5	1.7	versicolor
146	6.7	3	5.2	2.3	virginica
76	6.6	3	4.4	1.4	versicolor

plotOutput()の引数としてdbclicke = dblclickOpts(id = "...")のように与えます。このidを使って、server.R側で何らかの処理をすることができます。

```
plotOutput("scatter_plot", dblclick = dblclickOpts(id = "plot_dbl_click"))
```

シンプルにダブルクリックされた場所の情報を取得したい場合は、Rデフォルトの関数である`str()`を使います。`cat()`や`str()`の内容など、柔軟にテキスト表示したい場合は、server.Rでは`renderText({})`ではなく、`renderPrint({})`を使います。その際にui.Rでは、`textOutput()`ではなく、`verbatimTextOutput()`がよく使われます。`verbatimTextOutput()`は`textOutput()`と違い、改行をそのまま表示してくれます。

仮に`textOutput()`を使ってしまうと、次のように非常に見にくい出力となってしまうので注意しましょう。

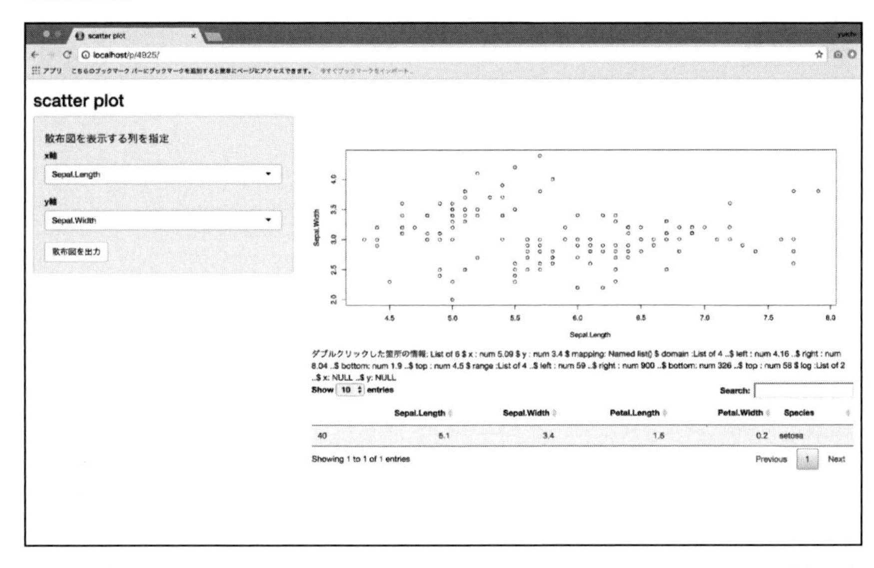

また、次の部分でダブルクリックした箇所に近いデータを取得し、データテーブル形式で表示する処理をしています。

```
output$plot_clickedpoints <- DT::renderDataTable({
  res <- nearPoints(iris, input$plot_dbl_click, xvar = input$input_data_for_scatter_plotX,
                    yvar = input$input_data_for_scatter_plotY,
                    threshold = 5, maxpoints = 10)

  if (nrow(res) == 0)
    return()
  res
})
```

`nearPoints()`という非常に便利な関数が用意されています。第1引数には表示するデータ、第2引数にはクリックイベントの変数、そして`xvar`、`yvar`にはそれぞれ文字通りx軸とy軸の変数を与えます。`threshold`は、ピクセル単位でどこまで近い点を拾うかの閾値を定めることができます。`maxpoints`は、距離が設定した閾値以内に含まれる点のうち、何個表示するかを決めることができます。

また、サンプルコード中では使っていませんが、addDistにTRUEを与えると、何ピクセル距離が離れているかデータテーブルの右端に追加で表示してくれます。他にもallRowsにTRUEを与えると、すべてのデータをテーブル表示した上で、各列が閾値以内かどうか、同じく右端にtrue/falseで追加表示してくれます。

```
output$plot_clickedpoints <- DT::renderDataTable({
  res <- nearPoints(iris, input$plot_dbl_click, xvar = input$input_data_for_scatter_plotX,
                    yvar = input$input_data_for_scatter_plotY,
                    threshold = 5, maxpoints = 10,
                    addDist = TRUE, allRows = TRUE)

  if (nrow(res) == 0)
    return()
  res
})
```

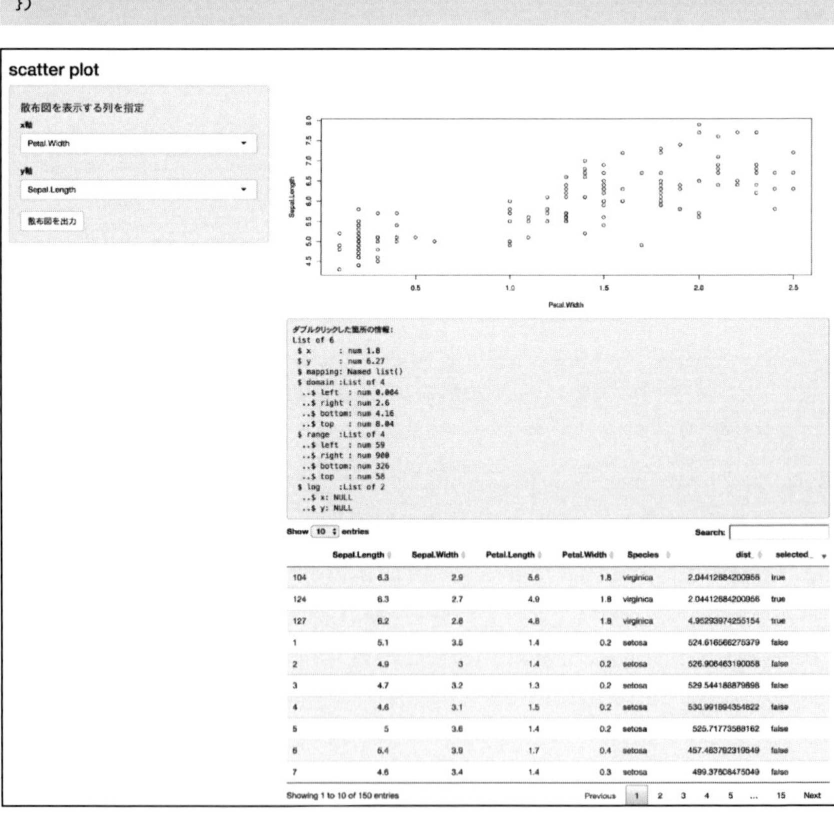

dblclickOptsと同じような役割を果たすクリックオプションには、次のようなものがあります。

クリックオプション	説明
clickOpts	クリックされた場所に関する情報を取得する
hoverOpts	マウスのカーソル場所に関する情報を取得する
brushOpts	ドラッグした範囲に関する情報を取得する

それぞれ併用もでき、plotOutput()では次のように使います。

```
plotOutput("scatter_plot", click = clickOpts(id="plot_click"),
           dblclick = dblclickOpts(id = "plot_dbl_click"),
           hover = hoverOpts(id="plot_hover"),
           brush = brushOpts(id="plot_brush"))
```

nearPoints()関数は、clickOptsとhoverOptsであれば、dblclickOptsと同様に使えます。brushOptsに関しては、専用のbrushedPoints()があるのでそちらを使いましょう。

簡単なコードを紹介します。

SAMPLE CODE 21-brushOpts/ui.R

```
library(shiny)

shinyUI(fluidPage(

  titlePanel("scatter plot"),

  sidebarLayout(
    sidebarPanel(
      h4("散布図を表示する列を指定"),
      selectInput("input_data_for_scatter_plotX",
                  "x軸",
                  choices = colnames(iris), selected = colnames(iris)[1]),
      selectInput("input_data_for_scatter_plotY",
                  "y軸",
                  choices = colnames(iris), selected = colnames(iris)[1]),
      actionButton("trigger_scatter_plot", "散布図を出力")
    ),
    mainPanel(
      plotOutput("scatter_plot", brush = brushOpts(id="plot_brush")),
      verbatimTextOutput("plot_brush_info"),
      DT::dataTableOutput("plot_brushedpoints")
    )
  )
))
```

SAMPLE CODE 21-brushOpts/server.R

```
library(shiny)

shinyServer(function(input, output) {
  data <- reactive({
    iris[, c(input$input_data_for_scatter_plotX, input$input_data_for_scatter_plotY)]
  })

  output$scatter_plot <- renderPlot({
    input$trigger_scatter_plot
    plot(isolate(data()))
  })

  output$plot_brush_info <- renderPrint({
    cat("ダブルクリックした箇所の情報:\n")
    str(input$plot_brush)
  })

  output$plot_brushedpoints <- DT::renderDataTable({
    res <-  brushedPoints(iris, input$plot_brush,
                          xvar = input$input_data_for_scatter_plotX,
                          yvar = input$input_data_for_scatter_plotY)

    if (nrow(res) == 0)
      return()
    res
  })
})
```

nearPoints()はクリックイベントがあった箇所の近くの点を取得しましたが、brushedPoints()はドラッグした範囲にあるすべての点を取得してくれます。

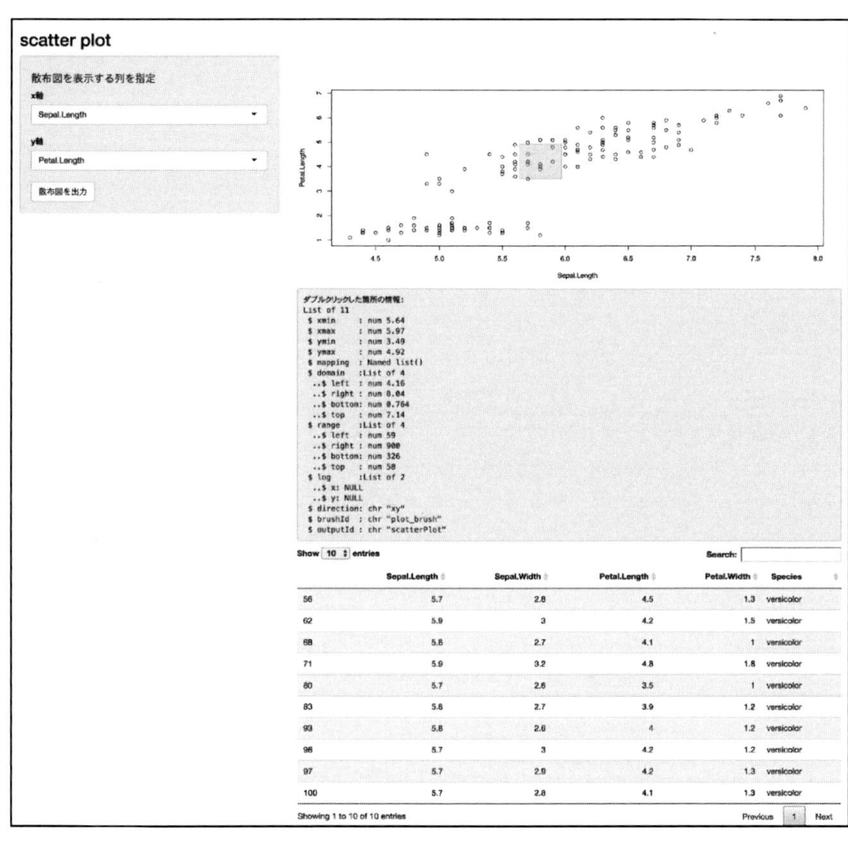

	Sepal.Length	Sepal.Width	Petal.Length	Petal.Width	Species
56	5.7	2.8	4.5	1.3	versicolor
62	5.9	3	4.2	1.5	versicolor
68	5.8	2.7	4.1	1	versicolor
71	5.9	3.2	4.8	1.8	versicolor
80	5.7	2.6	3.5	1	versicolor
83	5.8	2.7	3.9	1.2	versicolor
93	5.8	2.6	4	1.2	versicolor
96	5.7	3	4.2	1.2	versicolor
97	5.7	2.9	4.2	1.3	versicolor
100	5.7	2.8	4.1	1.3	versicolor

本項で学んだ散布図プロットとオプションを使って、version2.3を更新します。

SAMPLE CODE 22-app-version2.4/ui.R

```
library(shiny)
library(shinythemes)
library(DT)

shinyUI(
  navbarPage("Shinyサンプルアプリケーション",
             tabPanel("Home",
                      # ...
                      # 途中省略
             ),
             tabPanel("可視化", sidebarLayout(
               sidebarPanel(
                 selectInput("selected_data_for_plot",
                             label = h3("データセットを選択してください。"),
                             choices = c("アヤメのデータ" = "iris",
                                         "不妊症の比較データ" = "infert",
```

```
                                        "ボストン近郊の不動産価格データ" = "Boston",
                                        "スパムと正常メールのデータ" = "spam",
                                        "ニューヨークの大気状態データ" = "airquality",
                                        "タイタニックの乗客データ" = "titanic"),
                            selected = "iris"),
                selectInput("select_input_data_for_hist",
                            "ヒストグラムを表示する列番号",
                            choices = colnames(iris)),
                sliderInput("slider_input_data",
                            "Number of bins:",
                            min = 1,
                            max = 50,
                            value = 30),
                actionButton("trigger_histogram", "ヒストグラムを出力"),

                h3("散布図を表示する列を指定"),
                selectInput("input_data_for_scatter_plotX",
                            "x軸",
                            choices = colnames(iris), selected = colnames(iris)[1]),
                selectInput("input_data_for_scatter_plotY",
                            "y軸",
                            choices = colnames(iris), selected = colnames(iris)[1]),
                actionButton("trigger_scatter_plot", "散布図を出力")
              ),
              mainPanel(
                tabsetPanel(type = "tabs",
                            tabPanel("Table",
                                     DT::dataTableOutput("table_for_plot")),
                            tabPanel("ヒストグラム", plotOutput("histgram")),
                            tabPanel("散布図", plotOutput("scatter_plot",
                                                          brush = brushOpts(id="plot_brush")),
                                     DT::dataTableOutput("plot_brushedPoints")),
                            tabPanel("みたいに他にも図を表示する")
                )
              )
            )),
        # ...
        # 途中省略
  )
)
```

SAMPLE CODE 22-app-version2.4/server.R

```
library(shiny)
library(MASS)
library(kernlab)
library(DT)
data(spam)

shinyServer(function(input, output, session) {
  output$distPlot_shiny <- renderPlot({
    x    <- faithful[, 2]
    bins <- seq(min(x), max(x), length.out = input$bins_shiny + 1)
    hist(x, breaks = bins, col = 'darkgray', border = 'white')
  })

  data_for_plot <- reactive({
    data <- switch(input$selected_data_for_plot,
                   "iris" = iris,
                   "infert" = infert,
                   "Boston" = Boston,
                   "spam" = spam,
                   "airquality" = airquality,
                   "titanic" = data.frame(lapply(data.frame(Titanic),
                                          function(i){rep(i, data.frame(Titanic)[, 5])}))
    )
    updateSelectInput(session, "select_input_data_for_hist", choices = colnames(data))
    updateSelectInput(session, "input_data_for_scatter_plotX",
                      choices = colnames(data), selected = colnames(data)[1])
    updateSelectInput(session, "input_data_for_scatter_plotY",
                      choices = colnames(data), selected = colnames(data)[1])

    return(data)
  })

  output$histgram <- renderPlot({
    input$trigger_histogram

    tmpData <- data_for_plot()[, isolate(input$select_input_data_for_hist)]
    x <- na.omit(tmpData)
    bins <- seq(min(x), max(x), length.out = isolate(input$slider_input_data) + 1)
    hist(x, breaks = bins, col = 'darkgray', border = 'white')
  })

  output$table_for_plot <- DT::renderDataTable({
    data_for_plot()
  })
```

```
  output$scatter_plot <- renderPlot({
    input$trigger_scatter_plot
    plot(isolate(data_for_plot()[, c(input$input_data_for_scatter_plotX,
                                     input$input_data_for_scatter_plotY)]))
  })

  output$plot_brushedPoints <- DT::renderDataTable({
    res <- brushedPoints(data_for_plot(), input$plot_brush,
                         xvar = input$input_data_for_scatter_plotX,
                         yvar = input$input_data_for_scatter_plotY)

    if (nrow(res) == 0)
      return()
    res
  })
})
```

その他のグラフを表示する - googleVis

これまで可視化ページのタブとして、次の3つを作ってきました。

- Table
- ヒストグラム
- 散布図

Rでは他にもさまざまな種類のグラフを作ることができます。最後のタブには、好きなグラフを生成してみてください。デフォルトの可視化関数を使ってもよいですし、CHAPTER 01で紹介したggplot2を使ってもよいでしょう。

ここでは一例として、インタラクティブなグラフが描写できる、googleVisライブラリとrchartsライブラリを使ったShinyアプリケーションを紹介します。せっかくインタラクティブなインターフェイスが作れるShinyなので、グラフも同じくユーザーが動かせるようにしてみましょう。

本項では、googleVisとShinyとの組み合わせ例について紹介し、次項でrchartsについて紹介します。

googleVisとは、Google Chart Toolsというオンライン上で多彩なグラフが描けるサービスを、Rから利用できるライブラリです。

まずはライブラリをインストールしましょう。

```
> install.packages("googleVis")
```

散布図・折れ線グラフ・棒グラフ・バブルチャート出力を試してみましょう。

SAMPLE CODE 23-googleVis/ui.R

```
library(shiny)
library(googleVis)
```

```
shinyUI(fluidPage(

  titlePanel("googleVis"),

  sidebarLayout(
    sidebarPanel(
      h4("散布図を表示する列を指定"),
      selectInput("input_data_for_scatter_plotX",
                  "x軸",
                  choices = colnames(iris), selected = colnames(iris)[1]),
      selectInput("input_data_for_scatter_plotY",
                  "y軸",
                  choices = colnames(iris), selected = colnames(iris)[1]),
      actionButton("trigger_scatter_plot", "散布図を出力")
    ),
    mainPanel(
      htmlOutput("scatter_plot"),
      htmlOutput("line_plot"),
      htmlOutput("bar_plot"),
      htmlOutput("column_plot"),
      htmlOutput("bubble_chart")
    )
  )
))
```

SAMPLE CODE 23-googleVis/server.R

```
library(shiny)
library(googleVis)

# インデックス番号付きのデータ生成
iris_with_index <- iris
iris_with_index$index <- c(1:150)

# 各品種の平均値を計算
iris_summary <- data.frame(species=unique(iris$Species),
                          SepalLength=c(mean(iris$Sepal.Length[1:50]),
                                        mean(iris$Sepal.Length[51:100]),
                                        mean(iris$Sepal.Length[101:150])),
                          SepalWidth=c(mean(iris$Sepal.Width[1:50]),
                                       mean(iris$Sepal.Width[51:100]),
                                       mean(iris$Sepal.Width[101:150])))


shinyServer(function(input, output) {
  data <- reactive({
    iris[, c(input$input_data_for_scatter_plotX, input$input_data_for_scatter_plotY)]
```

```
  })

  output$scatter_plot <- renderGvis({
    input$trigger_scatter_plot
    gvisScatterChart(isolate(data()))
  })

  output$line_plot <- renderGvis({
    gvisLineChart(iris_summary)
  })

  output$bar_plot <- renderGvis({
    gvisBarChart(iris_summary)
  })

  output$column_plot <- renderGvis({
    gvisColumnChart(iris_summary)
  })

  output$bubble_chart <- renderGvis({
    gvisBubbleChart(iris_with_index, idvar = "index", xvar="Sepal.Length",
                    yvar="Sepal.Width", colorvar="Species", sizevar="Petal.Length")
  })
})
```

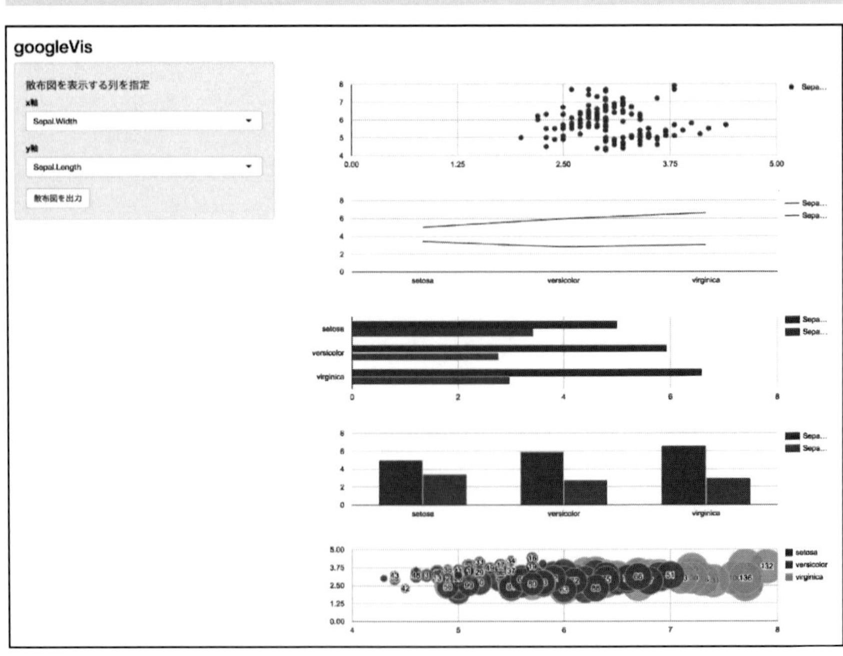

アプリケーションが立ち上がったら、グラフの各点にカーソルを合わせてみてください。データ情報が表示されます。

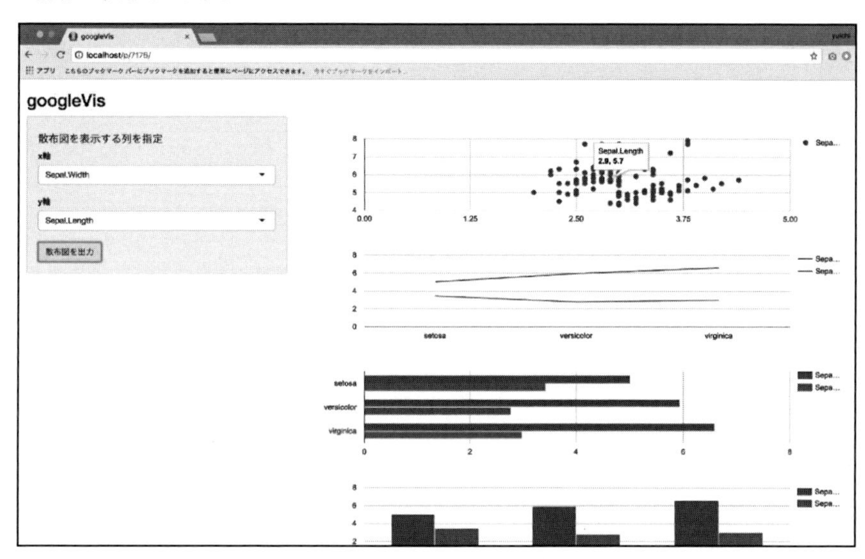

Shinyで用いる場合、ui.R側では**plotOutput()**の代わりに**htmlOutput()**を、server.R側では**renderPlot()**の代わりに**renderGvis()**を使います。

今回、挙げた例以外にも、簡単に見栄えの良いグラフを作ることができます。

関数	グラフの種類
gvisScatterChart()	散布図
gvisLineChart()	折れ線グラフ
gvisBarChart()、gvisColumnChart()	棒グラフ
gvisAreaChart()	面グラフ
gvisBubbleChart()	バブルチャート
gvisPieChart()	円グラフ

作りたいアプリケーションに合わせて、選択してみてください。

その他のグラフを表示する - rcharts

rchartsは、前項で紹介した**googleVis**と同様に動的なグラフを簡単に生成できるライブラリです。違いとしては、**googleVis**はCRANに登録された、いわば公式のライブラリですが、**rcharts**はそうではありません。そのため、インストールの仕方が今まで紹介したライブラリとは異なります。

Rコンソール上で、次のコマンドを実行しインストールしてください。これは、CRANからではなく、Githubにあるソースコードからインストールしています。

```
> require(devtools)
> install_github('ramnathv/rCharts')
```

rchartsは、内部でいくつかのJavaScriptライブラリを含んでいます。どのJavaScriptライブラリを使うかで、プロットオブジェクトを生成する関数も異なってきます。

関数	JavaScriptライブラリ
rPlot()	Polychart
mPlot()	morris
nPlot()	NVD3
xPlot()	xCharts
hPlot()	Highcharts
Rickshaw$new()	Rickshaw
Leaflet$new()	Leaflet

すべて紹介することはできないので、今回はNVD3.jsを使ったグラフ描写をしてみます。NVD3.jsとは、d3.jsというありとあらゆるデータ可視化を可能にするJavaScriptライブラリのラッパーです。

SAMPLE CODE 24-rcharts/ui.R

```
library(shiny)
library(rCharts)

shinyUI(fluidPage(
  headerPanel("rCharts"),

  sidebarPanel(
    selectInput(inputId = "x",
                label = "Choose X",
                choices = c('SepalLength', 'SepalWidth', 'PetalLength', 'PetalWidth'),
                selected = "SepalLength"),
    selectInput(inputId = "y",
                label = "Choose Y",
                choices = c('SepalLength', 'SepalWidth', 'PetalLength', 'PetalWidth'),
                selected = "SepalWidth")
  ),
  mainPanel(
    showOutput("my_chart", "nvd3")
  )
))
```

SAMPLE CODE 24-rcharts/server.R

```
library(rCharts)
library(shiny)

shinyServer(function(input, output) {
  output$my_chart <- renderChart({
    names(iris) = gsub("\\.", "", names(iris))

    p1 <- nPlot(x = input$x, y = input$y, data = iris, type = 'scatterChart', group = "Species")
```

```
    p1$addParams(dom = 'my_chart')
    return(p1)
  })
})
```

実行すると、散布図が生成されます。各点にカーソルを合わせると座標情報が取得できます。また、上部の「Magnify」をクリックすると、カーソルのある場所が拡大され見やすくなります。

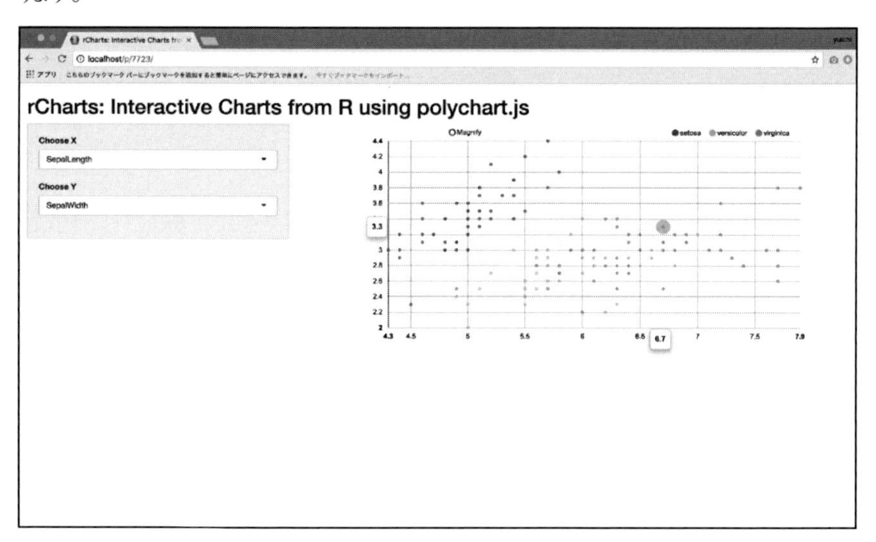

Shinyで用いる場合、ui.R側では`plotOutput()`の代わりに`showOutput()`を、server.R側では`renderPlot()`の代わりに`renderChart()`を使います。

`nPlot()`で指定する引数は、下表のようになります。

引数	説明
x、y	どの列を可視化するか
data	何のデータを用いるか
type	どのようなグラフ形式を使うか
group	どのデータ列をグループ化するか

typeには今回、"scatterChart"を使いましたが、他にも下表のグラフなどが指定でき、一通り必要な可視化が可能です。

type	グラフの種類
multiBarChart	棒グラフ
pieChart	円グラフ
lineChart	折れ線グラフ

本項・前項と、JavaScriptを用いたグラフ生成ライブラリの紹介を行いました。Shinyと上手に組み合わせて、オリジナルの可視化ツールを作ってみてください。

「回帰」ページの実装

本節では、選択したデータをもとに回帰を行っていきます。

本節で紹介する関数は次の通りです。

- rows_selected
- columns_selected
- cells_selected
- reactiveValues
- ns
- callModule

データテーブルから列を選択する

回帰を行うためには、説明変数と目的変数を設定する必要があります。`selectInput()`を使ってもよいのですが、説明変数は通常、複数あるため、その数だけクリックして選択させるのはとても大変です。説明変数が多いと、下図のような状態になってしまいます。

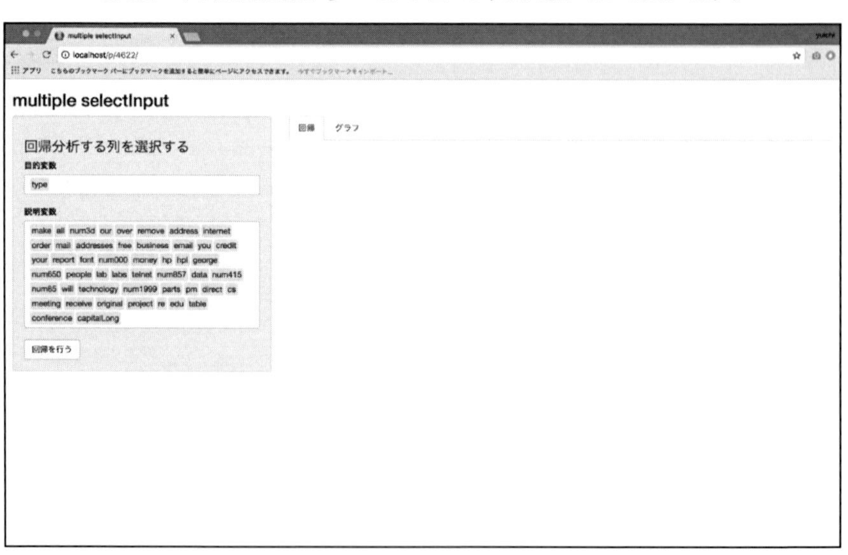

そこで、88ページで紹介したDTライブラリを使って、データテーブルからクリックするだけで説明変数を選択できるようにしてみましょう。

まずはサンプルコードとして、行を選択させるパターンと、列を選択させるパターン、そしてセルを選択させるパターンを紹介します。

SAMPLE CODE 25-selection/ui.R

```
library(shiny)
library(DT)

shinyUI(fluidPage(

  titlePanel("DTで行・列・セルを選択"),

  fluidRow(
    column(
      6, h1('行を選択'), hr(),
      DT::dataTableOutput('data1'),
      verbatimTextOutput('rows_selected')
    ),
    column(
      6, h1('列を選択'), hr(),
      DT::dataTableOutput('data2'),
      verbatimTextOutput('columns_selected')
    ),
    column(
      6, h1('セルを選択'), hr(),
      DT::dataTableOutput('data3'),
      verbatimTextOutput('cells_selected')
    )
  )
))
```

SAMPLE CODE 25-selection/server.R

```
library(shiny)
library(DT)

shinyServer(function(input, output) {
  output$data1 <- DT::renderDataTable(
    iris, selection = list(target = 'row')
  )

  output$data2 <- DT::renderDataTable(
    iris, selection = list(target = 'column')
  )

  output$data3 <- DT::renderDataTable(
    iris, selection = list(target = 'cell')
  )

  output$rows_selected <- renderPrint(
    input$data1_rows_selected
  )
```

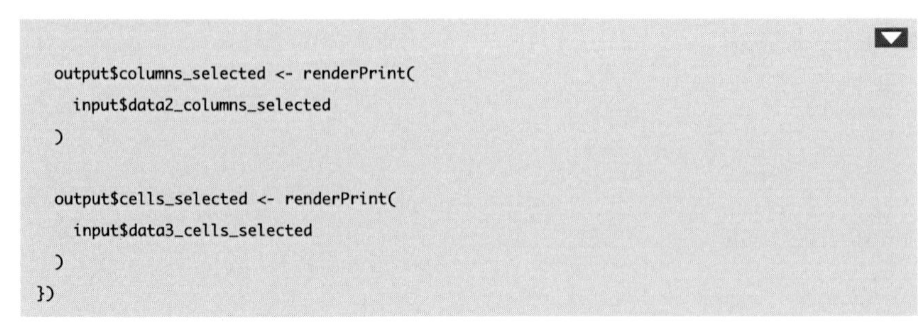

```
  output$columns_selected <- renderPrint(
    input$data2_columns_selected
  )

  output$cells_selected <- renderPrint(
    input$data3_cells_selected
  )
})
```

実行すると、左上のデータテーブルでは行が選択でき、右上では列が選択でき、左下ではセルが選択できます。選択した結果をテーブルの下に表示しています。

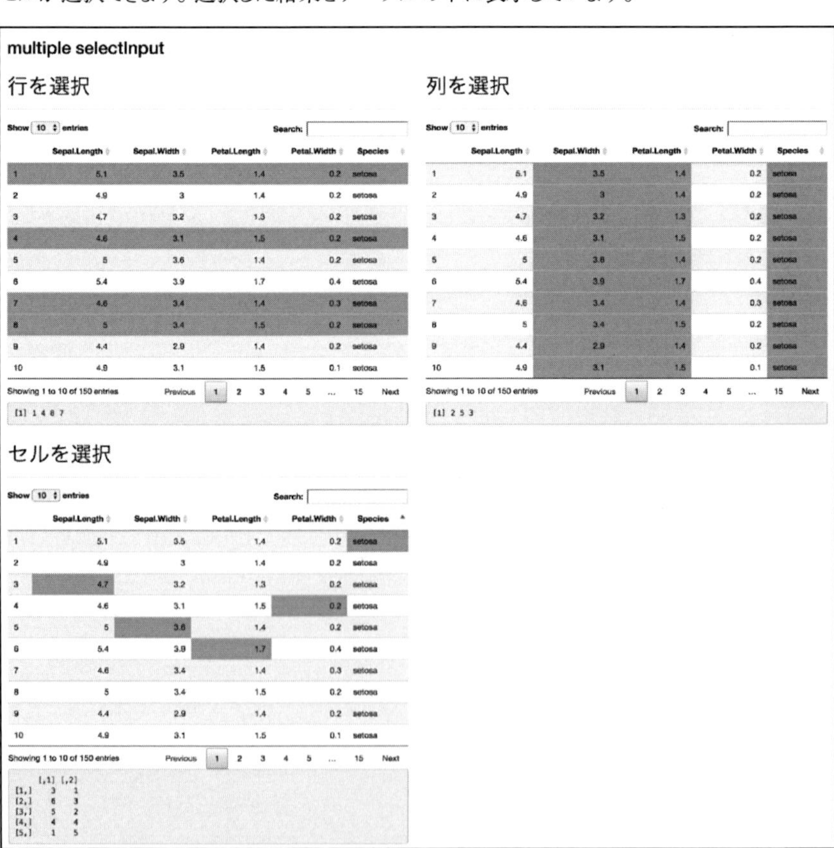

選択するタイプは、renderDataTable()の引数に、次のように与えます。

タイプ	説明
selection = list(target = 'row')	行を選択する
selection = list(target = 'column')	列を選択する
selection = list(target = 'cell')	セルを選択する

また、選択された情報は、それぞれ、次の変数に格納されます。

変数	説明
input${テーブル名}_rows_selected	選択された行の情報
input${テーブル名}_columns_selected	選択された列の情報
input${テーブル名}_cells_selected	選択されたセルの情報

少し変わった変数名なので、戸惑うかもしれません。

1つ注意点として、shiftキーとクリックで範囲を一括選択できると便利なのですが、それができるのは、selection = list(target = 'row')を指定したときのみです。

それを考慮して、回帰を行う部分まで実装してみましょう。回帰手法として、次の3つを用意しています。

- 重回帰分析
- ランダムフォレスト
- 3層ニューラルネットワーク

SAMPLE CODE 26-app-versioin3.0/ui.R

```
library(shiny)
library(shinythemes)
library(DT)

shinyUI(
  navbarPage("Shinyサンプルアプリケーション",
             tabPanel("Home",
                 # ...
                 # 途中省略
             ),
             tabPanel("可視化", sidebarLayout(
               sidebarPanel(
                 selectInput("selected_data_for_plot",
                             label = h3("データセットを選択してください。"),
                             choices = c("アヤメのデータ" = "iris",
                                         "不妊症の比較データ" = "infert",
                                         "ボストン近郊の不動産価格データ" = "Boston",
                                         "スパムと正常メールのデータ" = "spam",
                                         "ニューヨークの大気状態データ" = "airquality",
                                         "タイタニックの乗客データ" = "titanic"),
                             selected = "iris"),
                 selectInput("select_input_data_for_hist",
                             "ヒストグラムを表示する列番号",
```

```
            choices = colnames(iris)),
      sliderInput("slider_input_data",
            "Number of bins:",
            min = 1,
            max = 50,
            value = 30),
      actionButton("trigger_histogram", "ヒストグラムを出力"),

      h3("散布図を表示する列を指定"),
      selectInput("input_data_for_scatter_plotX",
            "x軸",
            choices = colnames(iris), selected = colnames(iris)[1]),
      selectInput("input_data_for_scatter_plotY",
            "y軸",
            choices = colnames(iris), selected = colnames(iris)[1]),
      actionButton("trigger_scatter_plot", "散布図を出力")
    ),
    mainPanel(
      tabsetPanel(type = "tabs",
            tabPanel("Table",
                  DT::dataTableOutput("table_for_plot")),
            tabPanel("ヒストグラム", plotOutput("histgram")),
            tabPanel("散布図", plotOutput("scatter_plot",
                                  brush = brushOpts(id="plot_brush")),
                  DT::dataTableOutput("plot_brushedPoints")),
            tabPanel("みたいに他にも図を表示する")
      )
    )
  )),
  tabPanel("回帰", sidebarLayout(
    sidebarPanel(
      selectInput("data_for_regressionX",
            label = h3("データセットを選択してください。"),
            choices = c("アヤメのデータ" = "iris",
                  "不妊症の比較データ" = "infert",
                  "ボストン近郊の不動産価格データ" = "Boston",
                  "スパムと正常メールのデータ" = "spam",
                  "ニューヨークの大気状態データ" = "airquality",
                  "タイタニックの乗客データ" = "titanic"),
            selected = "iris"),
      h3("回帰を出力"),
      selectInput("data_for_regressionY",
            "目的変数を選択",
            choices = colnames(iris), selected = colnames(iris)[1]),
      h3("選択された説明変数はこちら"),
      verbatimTextOutput("rows_selected"),
      selectInput("regression_type",
```

```
                                     "回帰の手法を選択",
                                     choices = c("重回帰分析" = "lm",
                                                 "ランダムフォレスト" = "rf",
                                                 "3層ニューラルネット" = "nnet")),
                   actionButton("regression_button", "回帰")
                 ),
                 mainPanel(
                   tabsetPanel(type = "tabs",
                               tabPanel("Table", h3("説明変数を選択してください。"),
                                        DT::dataTableOutput("data_table_for_regression")),
                               tabPanel("回帰結果", verbatimTextOutput("summary_regression")),
                               tabPanel("プロットで結果を確認", plotOutput("plot_regression"))
                   )
                 )
               )),
      # ...
      # 途中省略
  )
)
```

SAMPLE CODE 26-app-versioin3.0/server.R

```
library(shiny)
library(MASS)
library(kernlab)
library(DT)
data(spam)

shinyServer(function(input, output, session) {
  # ...
  # 途中省略
  output$scatter_plot <- renderPlot({
    input$trigger_scatter_plot
    plot(isolate(data_for_plot()[, c(input$input_data_for_scatter_plotX,
                                     input$input_data_for_scatter_plotY)]))
  })

  output$plot_brushedPoints <- DT::renderDataTable({
    res <- brushedPoints(data_for_plot(), input$plot_brush,
                         xvar = input$input_data_for_scatter_plotX,
                         yvar = input$input_data_for_scatter_plotY)

    if (nrow(res) == 0)
      return()
    res
  })
```

```
data_for_regression <- reactive({
  data <- switch(input$data_for_regressionX,
                 "iris" = iris,
                 "infert" = infert,
                 "Boston" = Boston,
                 "spam" = spam,
                 "airquality" = airquality,
                 "titanic" = data.frame(lapply(data.frame(Titanic),
                                        function(i){rep(i, data.frame(Titanic)[, 5])}))
  )
  updateSelectInput(session, "data_for_regressionY", choices = colnames(data),
                    selected = colnames(data)[1])

  return(data)
})

output$data_table_for_regression <- DT::renderDataTable(
  t(data_for_regression()[1:10, ]), selection = list(target = 'row')
)

output$rows_selected <- renderPrint(
  input$data_table_for_regression_rows_selected
)

data_train_and_test <- reactiveValues()

regression_summary <-  reactive({
  input$regression_button

  y <- data_for_regression()[, isolate(input$data_for_regressionY)]
  x <- data_for_regression()[, isolate(input$data_table_for_regression_rows_selected)]

  tmp_data <- cbind(na.omit(x), na.omit(y))
  colnames(tmp_data) <- c(colnames(x), "dependent_variable")
  train_index <- createDataPartition(tmp_data$"dependent_variable", p = .7,
                                     list = FALSE,
                                     times = 1)
  data_train_and_test$train <- tmp_data[train_index, ]
  data_train_and_test$test <- tmp_data[-train_index, ]

  return(train(dependent_variable ~.,
               data = data_train_and_test$train,
               method = isolate(input$regression_type),
               tuneLength = 4,
               preProcess = c('center', 'scale'),
               trControl = trainControl(method = "cv"),
               linout = TRUE))
```

```
  })

  output$summary_regression <- renderPrint({
    predict_result_residual <- predict(regression_summary(), data_train_and_test$test) -
                                          data_train_and_test$test$"dependent_variable"
    cat("MSE(平均二乗誤差)")
    print(sqrt(sum(predict_result_residual ^ 2) / nrow(data_train_and_test$test)))
    summary(regression_summary())
  })

  output$plot_regression <- renderPlot({
    plot(predict(regression_summary(), data_train_and_test$test),
         data_train_and_test$test$"dependent_variable",
         xlab="prediction", ylab="real")
    abline(a=0, b=1, col="red", lwd=2)
  })
})
```

63ページで紹介した**caret**ライブラリを使っています。「回帰」ボタンをクリックすると、分析結果の要約をテキストで出力と、予測結果と実際の値をグラフに出力します。

◉分析した結果

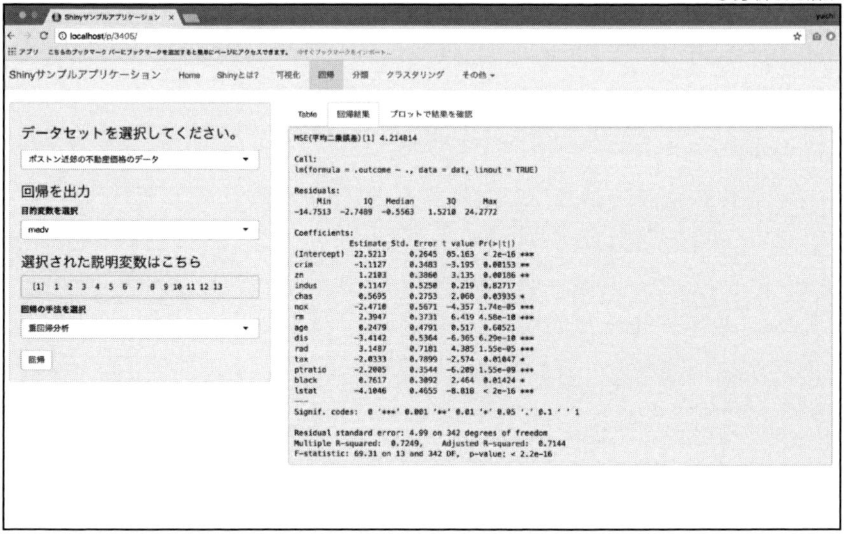

Shinyサンプルアプリケーション
localhost/p/3405/
Shinyサンプルアプリケーション　Home　Shinyとは?　可視化　回帰　分類　クラスタリング　その他

データセットを選択してください。
ボストン近郊の不動産価格のデータ
回帰を出力
目的変数を選択
medv
選択された説明変数はこちら
[1] 1 2 3 4 5 6 7 8 9 10 11 12 13
回帰の手法を選択
重回帰分析
回帰

Table　回帰結果　プロットで結果を確認

```
MSE(平均二乗誤差)[1] 4.214814

Call:
lm(formula = .outcome ~ ., data = dat, linout = TRUE)

Residuals:
     Min       1Q   Median       3Q      Max
-14.7513  -2.7489  -0.5563   1.5210  24.2772

Coefficients:
            Estimate Std. Error t value Pr(>|t|)
(Intercept)  22.5213     0.2645  85.163  < 2e-16 ***
crim         -1.1127     0.3483  -3.195  0.00153 **
zn            1.2103     0.3860   3.135  0.00186 **
indus         0.1147     0.5250   0.219  0.82717
chas          0.5695     0.2753   2.068  0.03935 *
nox          -2.4710     0.5671  -4.357 1.74e-05 ***
rm            2.3947     0.3731   6.419 4.58e-10 ***
age           0.2479     0.4791   0.517  0.60521
dis          -3.4142     0.5364  -6.365 6.29e-10 ***
rad           3.1487     0.7181   4.385 1.55e-05 ***
tax          -2.0333     0.7899  -2.574  0.01047 *
ptratio      -2.2005     0.3544  -6.209 1.55e-09 ***
black         0.7617     0.3092   2.464  0.01424 *
lstat        -4.1046     0.4655  -8.818  < 2e-16 ***
---
Signif. codes:  0 '***' 0.001 '**' 0.01 '*' 0.05 '.' 0.1 ' ' 1

Residual standard error: 4.99 on 342 degrees of freedom
Multiple R-squared:  0.7249,	Adjusted R-squared:  0.7144
F-statistic: 69.31 on 13 and 342 DF,  p-value: < 2.2e-16
```

●残渣をプロットした結果

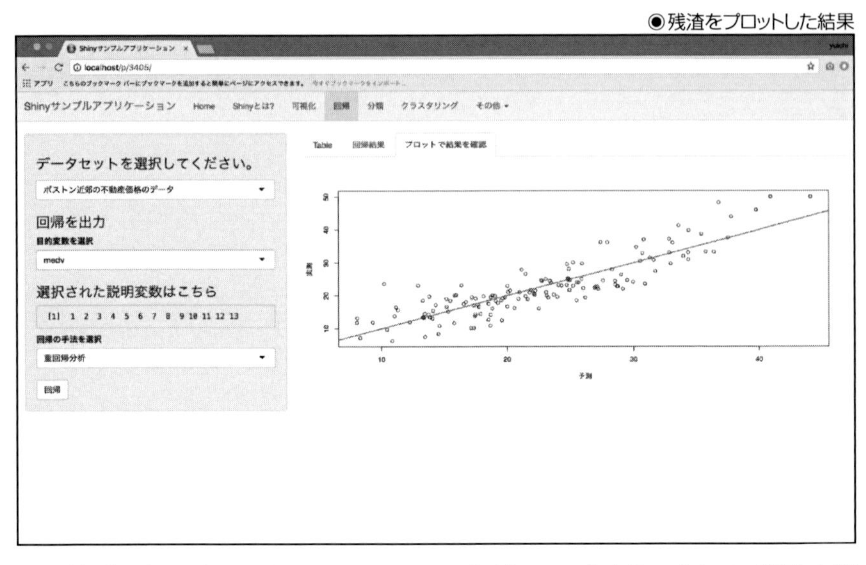

まだ紹介できていないのは**reactiveValues()**ぐらいで、基本的にはすでに学習した関数を使っているだけで実装できています。

reactiveValues()関数を使うと、リストのようにreactiveな変数を格納できるオブジェクトを生成してくれます。次のように宣言します。

```
reactive_list <- reactiveValues()
```

すると、次のように値を格納することができます。

```
reactive_list$a <- 10
reactive_list$b <- 20
```

本アプリケーションでは、選択されたデータセットをもとに訓練データとテストデータを分割した結果を、次のようにdata_train_and_testにそれぞれ格納しています。

```
data_train_and_test <- reactiveValues()
data_train_and_test$train <- tmp_data[train_index, ]
data_train_and_test$test <- tmp_data[-train_index, ]
```

非常に使い勝手の良い関数で、少し規模が大きくなると必要になる場面が多くなってきます。ぜひ、活用しましょう。

再利用しやすくするためにモジュール化する

これまで可視化に続き、回帰分析機能まで実装しました。次はクラス分類、そしてクラスタリング機能の実装に進んでいきます。

ただし、データを選択する部分や列を選択する部分については、おそらく同じようなコードが出現します。大部分をコピペして一部だけ修正するのでは生産性が悪いので、モジュール化してみましょう。

Shinyには、Shiny modulesというモジュール化するための枠組みが用意されています。まずは簡単な例から紹介していきます。

次のコピペ満載のコードを実行してみましょう。

SAMPLE CODE 27-Shiny-Module-Before/ui.R

```
library(shiny)

shinyUI(fluidPage(

  titlePanel("shiny-module"),

  fluidRow(
    column(6,
           sliderInput("bins1",
                       "Number of bins:",
                       min = 1, max = 50, value = 30),
           plotOutput("plot1")
           ),
    column(6,
           sliderInput("bins2",
                       "Number of bins:",
                       min = 1, max = 50, value = 30),
           plotOutput("plot2")
    )
  )
))
```

SAMPLE CODE 27-Shiny-Module-Before/server.R

```
library(shiny)

shinyServer(function(input, output) {

  output$plot1 <- renderPlot({

    x <- faithful[, 2]
    bins <- seq(min(x), max(x), length.out = input$bins1 + 1)
    hist(x, breaks = bins, col = 'darkgray', border = 'white')
  })
```

```
  output$plot2 <- renderPlot({

    x <- faithful[, 2]
    bins <- seq(min(x), max(x), length.out = input$bins2 + 1)

    hist(x, breaks = bins, col = 'black', border = 'white')
  })
})
```

左右に色だけ異なるヒストグラムが表示されています。

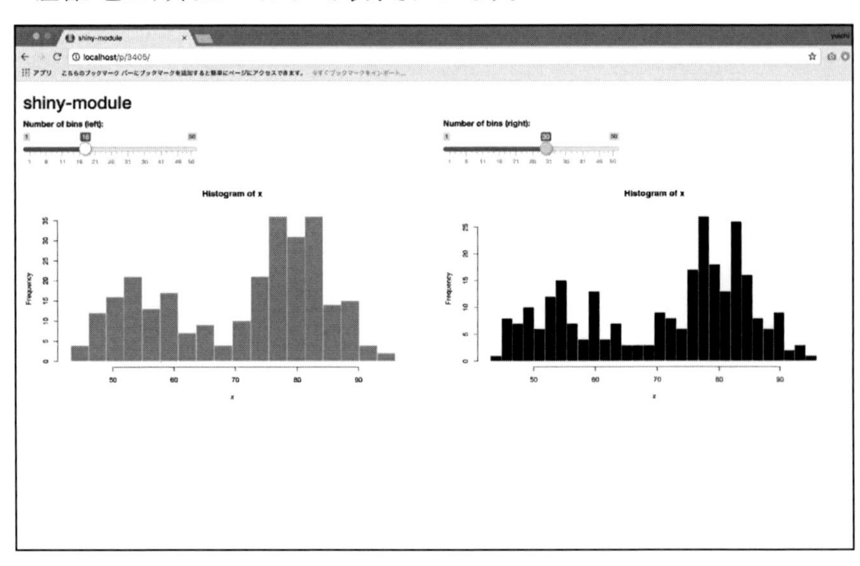

見た目がほとんど同じことからわかる通り、ソースコードもほとんど一緒です。

ui.R部分、serve.R部分、それぞれモジュール化していきましょう。

このようなモジュールは、ui.Rやserver.Rに書いてしまうと可視性が悪くなるので、global.Rを同じディレクトリに追加して書くようにしてください。

SAMPLE CODE 28-Shiny-Module-After/global.R

```
# uiロジック部分をモジュール化
histPlotUI <- function(id, label){
  ns <- NS(id)

  tagList(
    sliderInput(ns("bins"),
                paste("Number of bins (",  label, "):"),
                min = 1, max = 50, value = 30),
    plotOutput(ns("plot"))
  )
}
```

```
# serverロジック部分をモジュール化
histPlot <- function(input, output, session, color){
  output$plot <- renderPlot({

    x <- faithful[, 2]
    bins <- seq(min(x), max(x), length.out = input$bins + 1)

    hist(x, breaks = bins, col = color, border = 'white')
  })
}
```

uiロジック部分の関数名は、「〜Input」「〜UI」「〜Output」で終わる名前にする必要があります。それに対応するserverロジックの関数は、uiの関数名の末尾から「Input」「UI」「Output」を除いた名前にしてください。

uiモジュールの引数に必要なのは、"id"のみです。その他は必要に応じて設定してください。名前空間を管理するため、関数内の一番上で、次のように記述します。

```
ns <- NS(id)
```

また、何を表示するかは、`tagList()`の中に記述していきます。その際に、各input要素やoutput要素のidを、`NS()`によって生成された変数を使って定義することがポイントです。

```
# もとのコード
sliderInput("bins", ...)
plotOutput("plot")

# NS() を使ったコード
ns <- NS("val1")
sliderInput(ns("bins"), ...) # 内部で sliderInput("val1-bins", ...)と展開してくれている
plotOutput(ns("plot")) # 内部で plotOutput("val1-plot")と展開してくれている
```

それに対してserverモジュールの引数に必要なのは、"input"、"output"、"session"で、その他は必要に応じて設定します。また、serverモジュール側では、`NS()`を使って名前空間を管理する必要はありません。

作成したモジュールを使って、まずはui.Rを置き換えてみましょう。

SAMPLE CODE 28-Shiny-Module-After/ui.R

```
library(shiny)

shinyUI(fluidPage(

  titlePanel("shiny-module"),

  fluidRow(
```

```
    column(6, histPlotUI("bins1", "left")),
    column(6, histPlotUI("bins2", "right"))
  )
))
```

とてもすっきりと書くことができました。"bins1"と"bins2"が名前空間を作るidです。

次に、server.Rを置き換えましょう。

SAMPLE CODE 28-Shiny-Module-After/server.R

```
library(shiny)

shinyServer(function(input, output) {
  callModule(histPlot, "bins1", "darkgray")
  callModule(histPlot, "bins2", "black")
})
```

こちらも記述量がぐっと減りました。ただし、呼び出し方がui.Rとは異なるので注意してください。

```
callModule("呼び出すモジュール名", "対応するid", "必要な引数")
```

ここで、ui.Rで渡したidを同じものを入れることで、内部でoutput要素のidを紐付けてくれます。

「クラス分類」「クラスタリング」ページの実装

本項では、クラス分類とクラスタリングを行う機能を追加していきます。

重複コードを減らすために、データ選択部分の処理について、前項で学習したモジュール化を使っています。ただし、用いる関数はすべて、すでに紹介しているものだけなので説明は省略します。

クラス分類の手法として、次の3つを使います。

- ランダムフォレスト
- 3層ニューラルネット
- K近傍法

クラスタリングの手法としては、k-menasのみを用意します。

SAMPLE CODE 29-app-version3.1/global.R

```
library(shiny)
library(DT)
library(caret)
library(MASS)
library(kernlab)
data(spam)
```

```
# ui modules
dataSelectUI <- function(id){
  ns <- NS(id)

  tagList(
    selectInput(ns("selected_data"), label = h3("データセットを選択してください。"),
                choices = c("アヤメのデータ" = "iris",
                            "不妊症の比較データ" = "infert",
                            "ボストン近郊の不動産価格データ" = "Boston",
                            "スパムと正常メールのデータ" = "spam",
                            "ニューヨークの大気状態データ" = "airquality",
                            "タイタニックの乗客データ" = "titanic"),
                selected = "iris")
  )
}

# server modules
dataSelect <- function(input, output, session, type){
  data <- switch(input$selected_data,
                 "iris" = iris,
                 "infert" = infert,
                 "Boston" = Boston,
                 "spam" = spam,
                 "airquality" = airquality,
                 "titanic" = data.frame(lapply(data.frame(Titanic),
                                               function(i){rep(i, data.frame(Titanic)[, 5])}))
  )
  return(data)
}

# etc
get_train_and_test_data <- function(data, dependent_variable, independent_variable){
  y <- data[, dependent_variable]
  x <- data[, independent_variable]

  tmp_data <- cbind(x, y)
  colnames(tmp_data) <- c(colnames(x), "dependent_variable")

  # 学習用データと検証データに分ける
  train_index <- createDataPartition(tmp_data$"dependent_variable",
                                     p = .7, list = FALSE, times = 1)
  data_list <- list()
  data_list <- c(data_list, list(tmp_data[train_index, ]))
  data_list <- c(data_list, list(tmp_data[-train_index, ]))

  return(data_list)
}
```

SAMPLE CODE 29-app-version3.1/ui.R

```
library(shiny)
library(shinythemes)
library(DT)

shinyUI(
  navbarPage("Shinyサンプルアプリケーション",
             tabPanel("Home",
                 # ...
                 # 途中省略
             ),
             tabPanel("可視化", sidebarLayout(
               sidebarPanel(
                 dataSelectUI("plot"),
                 selectInput("select_input_data_for_hist",
                             "ヒストグラムを表示する列番号",
                             choices = colnames(iris)),
                 sliderInput("slider_input_data",
                             "Number of bins:",
                             min = 1,
                             max = 50,
                             value = 30),
                 actionButton("trigger_histogram", "ヒストグラムを出力"),

                 h3("散布図を表示する列を指定"),
                 selectInput("input_data_for_scatter_plotX",
                             "x軸",
                             choices = colnames(iris), selected = colnames(iris)[1]),
                 selectInput("input_data_for_scatter_plotY",
                             "y軸",
                             choices = colnames(iris), selected = colnames(iris)[1]),
                 actionButton("trigger_scatter_plot", "散布図を出力")
               ),
               mainPanel(
                 tabsetPanel(type = "tabs",
                             tabPanel("Table",
                                      DT::dataTableOutput("table_for_plot")),
                             tabPanel("ヒストグラム", plotOutput("histgram")),
                             tabPanel("散布図", plotOutput("scatter_plot",
                                                             brush = brushOpts(id="plot_brush")),
                                      DT::dataTableOutput("plot_brushedPoints")),
                             tabPanel("みたいに他にも図を表示する")
                 )
               )
             )),

             tabPanel("回帰", sidebarLayout(
```

```
    sidebarPanel(
      dataSelectUI("regression"),
      h3("回帰を出力"),
      selectInput("data_for_regressionY",
                  "目的変数を選択",
                  choices = colnames(iris), selected = colnames(iris)[1]),
      h3("選択された説明変数はこちら"),
      verbatimTextOutput("rows_selected"),
      selectInput("regression_type",
                  "回帰の手法を選択",
                  choices = c("重回帰分析" = "lm",
                              "ランダムフォレスト" = "rf",
                              "3層ニューラルネット" = "nnet")),
      actionButton("regression_button", "回帰")
    ),
    mainPanel(
      tabsetPanel(type = "tabs",
                  tabPanel("Table", h3("説明変数を選択してください。"),
                           DT::dataTableOutput("data_table_for_regression")),
                  tabPanel("回帰結果", verbatimTextOutput("summary_regression")),
                  tabPanel("プロットで結果を確認", plotOutput("plot_regression"))
      )
    )
  )),

  tabPanel("分類", sidebarLayout(
    sidebarPanel(
      dataSelectUI("classification"),
      h3("分類を出力"),
      selectInput("data_for_classificationY",
                  "目的変数を選択",
                  choices = colnames(iris), selected = colnames(iris)[1]),
      h3("選択された説明変数はこちら"),
      verbatimTextOutput("rows_selected_classification"),
      selectInput("classification_type",
                  "分類の手法を選択",
                  choices = c("ランダムフォレスト" = "rf",
                              "3層ニューラルネット" = "nnet")),
      actionButton("classification_button", "分類")
    ),
    mainPanel(
      tabsetPanel(type = "tabs",
                  tabPanel("Table", h3("説明変数を選択してください。"),
                           DT::dataTableOutput("data_table_for_classification")),
                  tabPanel("分類結果", verbatimTextOutput("summary_classification"))
      )
    )
```

```
      )),

      tabPanel("クラスタリング", sidebarLayout(
        sidebarPanel(
          dataSelectUI("clustering"),
          h3("選択された変数はこちら"),
          verbatimTextOutput("rows_selected_clustering"),
          numericInput("cluster_number", "クラスタ数を指定",
                       min = 1, max = 5, value = 1),
          actionButton("clustering_button", "クラスタリング")
        ),
        mainPanel(
          tabsetPanel(type = "tabs",
                      tabPanel("Table", h3("説明変数を選択してください。"),
                               DT::dataTableOutput("data_table_for_clustering")),
                      tabPanel("クラスタリング結果",
                               h3("左端にクラスタ番号が入っています。"),
                               DT::dataTableOutput("data_with_clustering_result"))
          )
        )
      )),
    # ...
    # 途中省略
  )
)
```

SAMPLE CODE 29-app-version3.1/server.R

```
library(shiny)
library(MASS)
library(kernlab)
library(DT)
data(spam)

shinyServer(function(input, output, session) {
  # ...
  # 途中省略
  data_for_plot <- reactive({
    data <- callModule(dataSelect, "plot")

    updateSelectInput(session, "select_input_data_for_hist", choices = colnames(data))
    updateSelectInput(session, "input_data_for_scatter_plotX",
                      choices = colnames(data), selected = colnames(data)[1])
    updateSelectInput(session, "input_data_for_scatter_plotY",
                      choices = colnames(data), selected = colnames(data)[1])

    return(data)
```

```
})

# ...
# 途中省略
# -------------------------
# regressionに関する処理
# -------------------------

data_for_regression <- reactive({
  data <- callModule(dataSelect, "regression")
  updateSelectInput(session, "data_for_regressionY", choices = colnames(data),
                    selected = colnames(data)[1])

  return(na.omit(data))
})

output$data_table_for_regression <- DT::renderDataTable(
  t(data_for_regression()[1:10, ]), selection = list(target = 'row')
)

output$rows_selected <- renderPrint(
  input$data_table_for_regression_rows_selected
)

data_train_and_test <- reactiveValues()

regression_summary <-  reactive({
  input$regression_button

  tmp_data_list <- get_train_and_test_data(data_for_regression(),
                                  isolate(input$data_for_regressionY),
                                  isolate(input$data_table_for_regression_rows_selected))

  data_train_and_test$train <- tmp_data_list[[1]]
  data_train_and_test$test <- tmp_data_list[[2]]

  return(train(dependent_variable ~.,
               data = data_train_and_test$train,
               method = isolate(input$regression_type),
               tuneLength = 4,
               preProcess = c('center', 'scale'),
               trControl = trainControl(method = "cv"),
               linout = TRUE))
})

output$summary_regression <- renderPrint({
  predict_result_residual <- predict(regression_summary(), data_train_and_test$test) -
```

```
                                              data_train_and_test$test$"dependent_variable"
  cat("MSE(平均二乗誤差)")
  print(sqrt(sum(predict_result_residual ^ 2) / nrow(data_train_and_test$test)))
  summary(regression_summary())
})

output$plot_regression <- renderPlot({
  plot(predict(regression_summary(), data_train_and_test$test),
       data_train_and_test$test$"dependent_variable",
       xlab="prediction", ylab="real")
  abline(a=0, b=1, col="red", lwd=2)
})

# -------------------------
# classificationに関する処理
# -------------------------

data_for_classification <- reactive({
  data <- callModule(dataSelect, "classification")
  updateSelectInput(session, "data_for_classificationY",
                    choices = colnames(data), selected = colnames(data)[1])
  return(na.omit(data))
})

output$data_table_for_classification <- DT::renderDataTable(
  t(data_for_classification()[1:10, ]), selection = list(target = 'row')
)

output$rows_selected_classification <- renderPrint(
  input$data_table_for_classification_rows_selected
)

data_train_and_test_classification <- reactiveValues()

classification_summary <-  reactive({
  input$classification_button

  tmp_data_list <- get_train_and_test_data(data_for_classification(),
                               isolate(input$data_for_classificationY),
                               isolate(input$data_table_for_classification_rows_selected))
  data_train_and_test_classification$train <- tmp_data_list[[1]]
  data_train_and_test_classification$test <- tmp_data_list[[2]]

  return(train(dependent_variable ~.,
               data = data_train_and_test_classification$train,
               method = isolate(input$classification_type),
               tuneLength = 4,
```

```
                preProcess = c('center', 'scale'),
                trControl = trainControl(method = "cv"),
                linout = FALSE))
  })

  output$summary_classification <- renderPrint({
    cat("サマリー)")
    print(confusionMatrix(data = predict(classification_summary(),
                                         data_train_and_test_classification$test),
                          data_train_and_test_classification$test$"dependent_variable"))
    summary(classification_summary())
  })

  # ------------------------
  # clusteringに関する処理
  # ------------------------

  data_for_clustering <- reactive({
    data <- callModule(dataSelect, "clustering")
    return(na.omit(data))
  })

  output$data_table_for_clustering <- DT::renderDataTable(
    t(data_for_clustering()[1:10, ]), selection = list(target = 'row')
  )

  output$rows_selected_clustering <- renderPrint(
    input$data_table_for_clustering_rows_selected
  )

  clustering_summary <-  reactive({
    input$clustering_button

    clusters <- kmeans(isolate(data_for_clustering()[,
                          input$data_table_for_clustering_rows_selected]),
                       centers = isolate(input$cluster_number))
    return(clusters$cluster)
  })

  output$data_with_clustering_result <- DT::renderDataTable({
    cbind(clustering_summary(), data_for_clustering())
  })
})
```

これにて、データを選択した上で次のことを行うアプリケーションを作ることができました。

- 可視化
- 回帰分析
- クラス分類
- クラスタリング

実行して挙動を確認してみましょう。

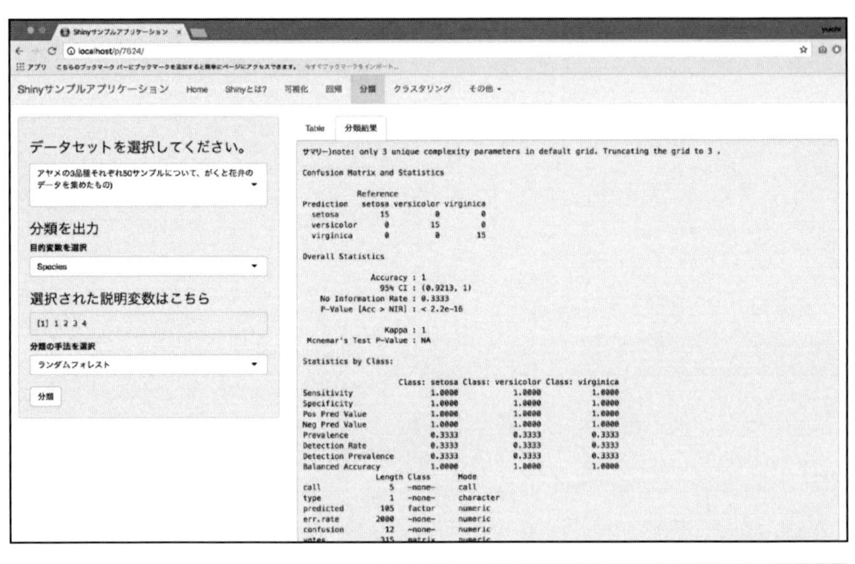

コードが長くなりましたが、それでも全体で400行ほどです。Shiny modulesをもう少しうまく使えば、さらに少なくすることができるでしょう。このコード量で、こんなにも多機能なアプリケーションが作れるのがShinyを使う大きなメリットです。

ファイルのアップロード機能とダウンロード機能

前節までで、一通り機能は実装できました。読者の皆様には、このアプリケーションをベースにオリジナルの機能を追加していただきたいです。

本節では、考えられる改善のヒントになるように、ファイルアップロード機能とダウンロード機能を紹介します。

これまでの実装ではアプリケーション側ですべてのデータを用意していましたが、手元のファイルをアップロードして、そのデータを使って分析や可視化ができるとさらに便利になります。また、せっかく分析した結果を、手元にダウンロードできるとよいでしょう。

本節で紹介する関数は次の通りです。

- downloadButton
- downloadHandler
- fileInput

ファイルアップロード機能

ファイルをShinyアプリケーションに読み込ませるには、fileInput()関数を用います。次の簡単なサンプルコードを実行してみましょう。

SAMPLE CODE 30-fileInput/ui.R

```
library(shiny)

shinyUI(
  fluidPage(
    sidebarLayout(
      sidebarPanel(
        fileInput("file", "CSVファイルをアップロード",
                  accept = c(
                    "text/csv",
                    "text/comma-separated-values,text/plain",
                    ".csv")
                  )
        ),
      mainPanel(
        tabsetPanel(type = "tabs",
                    tabPanel("Table", tableOutput('table'))
                    )
      )
    )
  )
)
```

SAMPLE CODE 30-fileInput/server.R

```
library(shiny)

shinyServer(function(input, output, session) {
  observeEvent(input$file, {

    csv_file <- reactive(read.csv(input$file$datapath))
    output$table <- renderTable(csv_file())
  })
})
```

◉アップロード前

◉アップロード後

CSVファイルをアップロード

Browse... iris.csv

Upload complete

Table

X	Sepal.Length	Sepal.Width	Petal.Length	Petal.Width	Species
1	5.10	3.50	1.40	0.20	setosa
2	4.90	3.00	1.40	0.20	setosa
3	4.70	3.20	1.30	0.20	setosa
4	4.60	3.10	1.50	0.20	setosa
5	5.00	3.60	1.40	0.20	setosa
6	5.40	3.90	1.70	0.40	setosa
7	4.60	3.40	1.40	0.30	setosa
8	5.00	3.40	1.50	0.20	setosa
9	4.40	2.90	1.40	0.20	setosa
10	4.90	3.10	1.50	0.10	setosa
11	5.40	3.70	1.50	0.20	setosa
12	4.80	3.40	1.60	0.20	setosa
13	4.80	3.00	1.40	0.10	setosa
14	4.30	3.00	1.10	0.10	setosa
15	5.80	4.00	1.20	0.20	setosa
16	5.70	4.40	1.50	0.40	setosa
17	5.40	3.90	1.30	0.40	setosa
18	5.10	3.50	1.40	0.30	setosa
19	5.70	3.80	1.70	0.30	setosa
20	5.10	3.80	1.50	0.30	setosa
21	5.40	3.40	1.70	0.20	setosa
22	5.10	3.70	1.50	0.40	setosa
23	4.60	3.60	1.00	0.20	setosa

次の部分がファイルをエクスプローラーから受け取る部分です。

```
fileInput("file", "CSVファイルをアップロード",
          accept = c(
          "text/csv",
          "text/comma-separated-values,text/plain",
          ".csv")
)
```

次のように書きます。

```
fileInput("id", "表示するテキスト", accept = "どんなファイル形式を受け取るか")
```

idは"file"としたので、server.R側で`input$file`と書くことで参照が可能です。
また、server.R側では、次のようにファイル情報を受け取ります。

```
csv_file <- reactive(read.csv(input$file$datapath))
```

`input$file`変数の、datapathにテキストデータが格納されているので、上記のように取り出してcsvファイルとして読み込みます。

ファイルダウンロード機能

ファイルをダウンロードするには、ui.R側では`downloadButton()`関数、server.R側では`downloadHandler()`関数を使います。

SAMPLE CODE 31-download/ui.R

```
library(shiny)

shinyUI(fluidPage(

  titlePanel("download"),

  fluidRow(
    column(6, plotOutput("plot", brush = brushOpts(id = "brush")),
           downloadButton('download_data', 'Download')),
    column(6, DT::dataTableOutput("brushed_point"))
  )
))
```

SAMPLE CODE 31-download/server.R

```
library(shiny)

shinyServer(function(input, output) {

  output$plot <- renderPlot({
    plot(iris[, c(1, 2)])
```

```
  })

  data_brushed <- reactive({
    return(brushedPoints(iris, input$brush, xvar = "Sepal.Length", yvar = "Sepal.Width"))
  })

  output$brushed_point <- DT::renderDataTable({
    data_brushed()
  })

  output$download_data = downloadHandler(
    filename = "iris_brushed.csv",
    content = function(file) {
      write.csv(data_brushed(), file)
    }
  )
})
```

散布図からドラッグした範囲を右側にデータテーブル表示し、「Download」ボタンをクリックするとそのデータテーブルの内容をCSVファイルでダウンロードしてくれます。

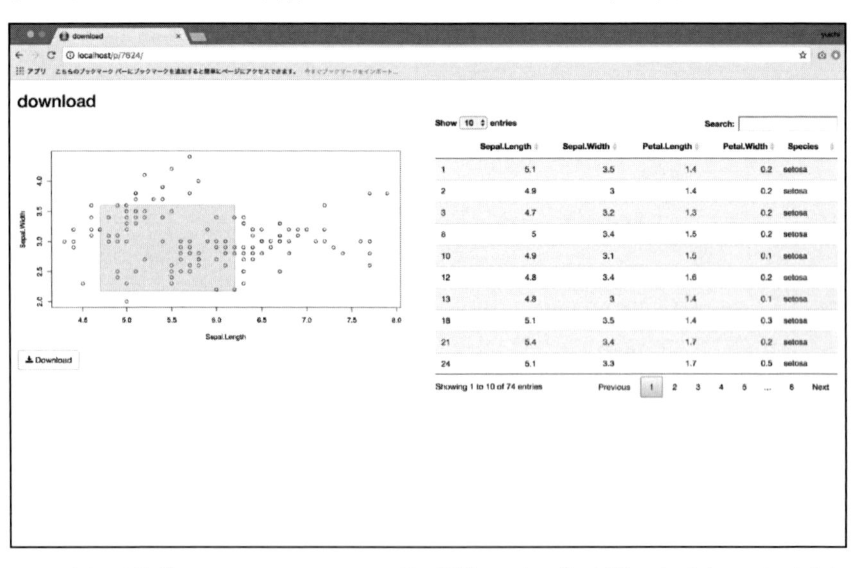

ui.R側では簡単で、downloadButtonの第1引数にid名、第2引数に表示するテキストを与えます。

server.R側の**downloadHandler()**では、次のような構成にします。

```
output$downloadData = downloadHandler(
  filename = "ファイル名",
  content = function(file) {
    # ファイル出力するためのコード
    # write.csv()やwrite.tabel()やwriteDocなど。
  }
```

今回はCSVファイルを生成しましたが、他にもRで生成できるファイル形式であれば、いろいろとダウンロードすることができます。

おわりに

本章では、回帰・クラス分類・クラスタリングを行うアプリケーションを作成しながら、Shinyの基本となる関数を紹介しました。

次章以降ではShinyの応用例を紹介しますが、そこでも本章の内容は多く登場します。今後、さまざまなアプリケーションを作成する上で、必要な知識となるため、しっかり押さえておきましょう。

CHAPTER 04

地図と連携させたShinyアプリケーション

本章では、Rのライブラリ「leaflet」を用いて、地図と連携させたShinyアプリを作成してみます。

完成アプリケーションのイメージ

今回作る地図アプリは、大きく分けて次の機能から構成されます。

1 leafletの基本関数
- 地図上にマーカーを付けたり円を描く
- 任意の2点間の距離を求める

2 シェープファイルと都道府県別の各種統計データを読み込み
- データテーブル表示
- 統計情報を地図上で可視化
- クラスタリングを行い、地図上で色を分けて表示

各機能についてスクリーンショットを交えて説明していきます。

1では、左サイドバーからBasicをクリックすると、次の画面が表示されます。

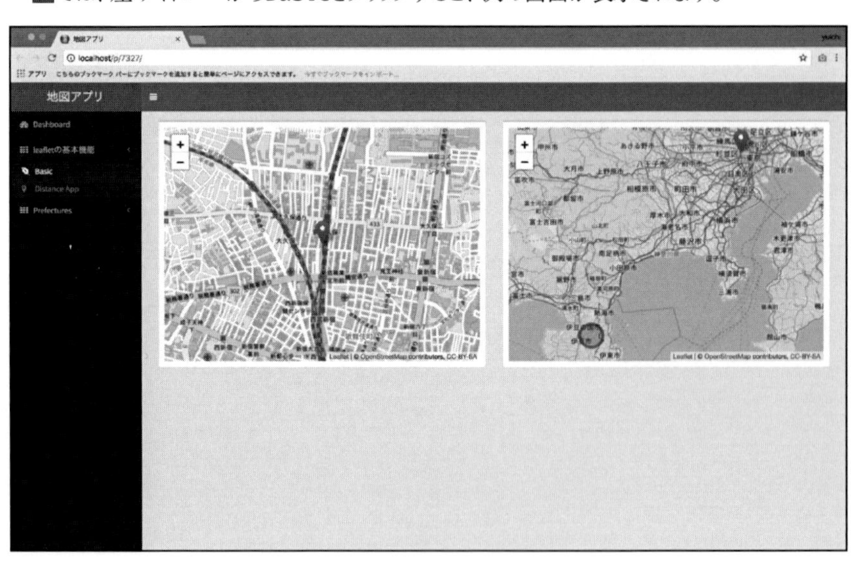

また、Distance Appをクリックすると、次の画面が表示されます。

このページでは、地名を入力することで地図上にマーカーを表示します。また、任意の2点を指定すると、直線距離を求めることができます。

続いて 2 では、左サイドバーからTableをクリックすると、都道府県ごとの統計データが表示されます。

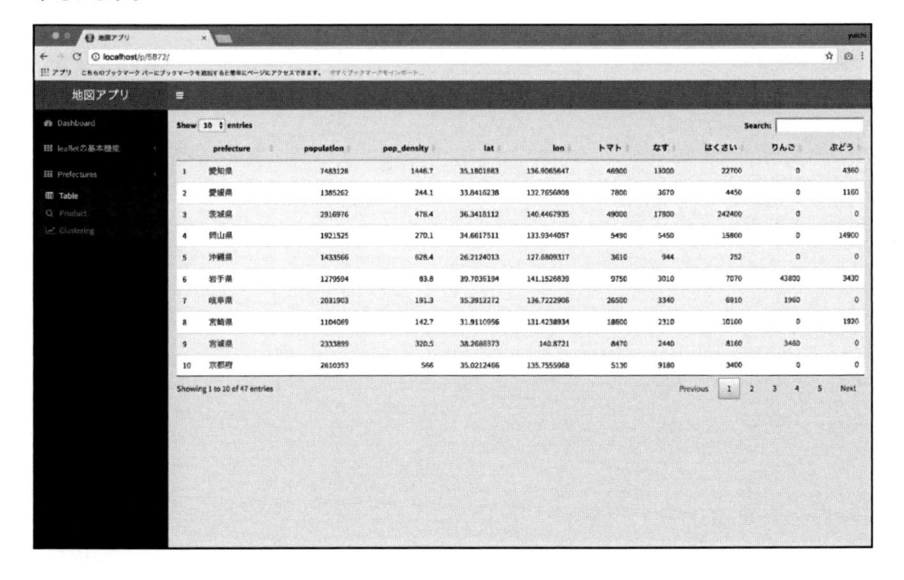

	prefecture	population	pop_density	lat	lon	トマト	なす	はくさい	りんご	ぶどう
1	愛知県	7483128	1446.7	35.1801883	136.9065647	46900	13000	22700	0	4360
2	愛媛県	1385262	244.1	33.8416238	132.7656808	7800	3670	4450	0	1160
3	茨城県	2916976	478.4	36.3418112	140.4467935	49000	17800	242400	0	0
4	岡山県	1921525	270.1	34.6617511	133.9344057	5490	5450	15800	0	14900
5	沖縄県	1433566	628.4	26.2124013	127.6809317	3610	944	252	0	0
6	岩手県	1279594	83.8	39.7036194	141.1526839	9750	3010	7070	43800	3430
7	岐阜県	2031903	191.3	35.3912272	136.7222906	26500	3340	6910	1960	0
8	宮崎県	1104069	142.7	31.9110956	131.4238934	18600	2310	10100	0	1920
9	宮城県	2333899	320.5	38.2688373	140.8721	8470	2440	8160	3460	0
10	京都府	2610353	566	35.0212466	135.7555968	5130	9180	3400	0	0

また、Productをクリックすると、次の画面が表示されます。

このページでは、野菜や果物の生産量、人口情報を地図上で可視化して確認することができます。上記の画像では、トマトの生産量に応じてサークルの大きさが変わっています。熊本県が多いようですね。

また、Color Schemeという部分で色を変えたり、Plot Choiceという部分でサークルかポリゴン(面)で表示するかを変更することができます。

試しにポリゴン表示に変更すると、生産量に応じて都道府県が塗りつぶされます。

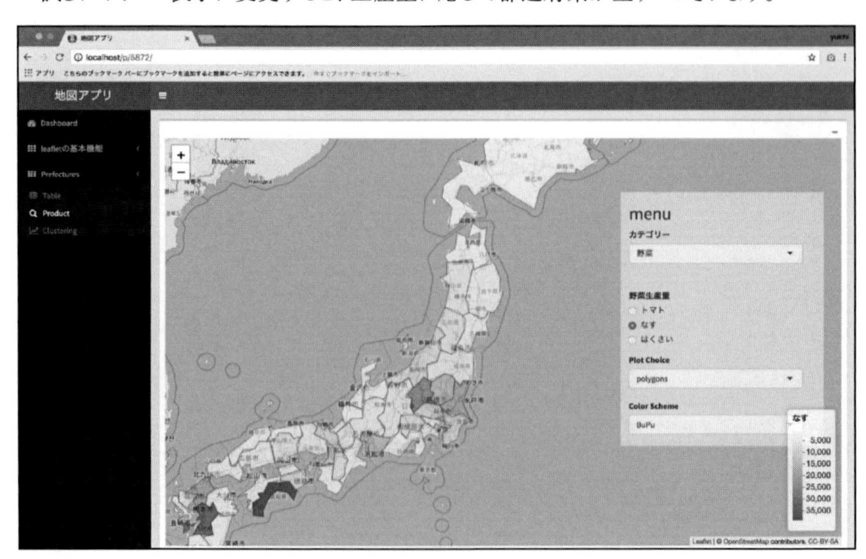

Clusteringをクリックすると、次の画面が表示されます。

各都道府県の持つ情報をもとにクラスタリングをし、クラスタに応じて色分けを行います。また、plotタブを選択するとクラスタごとに色分けした散布図プロットを表示し、tableタブを選択するとクラスタリング結果を含む情報をデータテーブルで表示することが可能です。

SECTION-024

shinydashboardライブラリ

前節でアプリケーションの概要を説明しましたが、CHAPTER 02やCHAPTER 03で紹介したアプリケーションとはUIが大きく異なることに気付いたでしょうか。

これは、shinydashboardライブラリという外部パッケージを使用して、設計しています。とても簡単に、きれいで操作性の良いアプリケーションを作成することができる、非常に便利なライブラリです。

基本的な使い方

まだ使ったことがない場合は、Rコンソール上でインストールしておいてください。

```
> install.packages("shinydashboard", dependencies = T)
```

インストールが完了したら、次のサンプルコードを実行し、イメージをつかみましょう。

SAMPLE CODE 01-app-version1.0/ui.R

```
library(shiny)
library(shinydashboard)

ui <- dashboardPage(
  dashboardHeader(),
  dashboardSidebar(),
  dashboardBody()
)
```

SAMPLE CODE 01-app-version1.0/server.R

```
library(shiny)
library(shinydashboard)
server <- function(input, output) {}
```

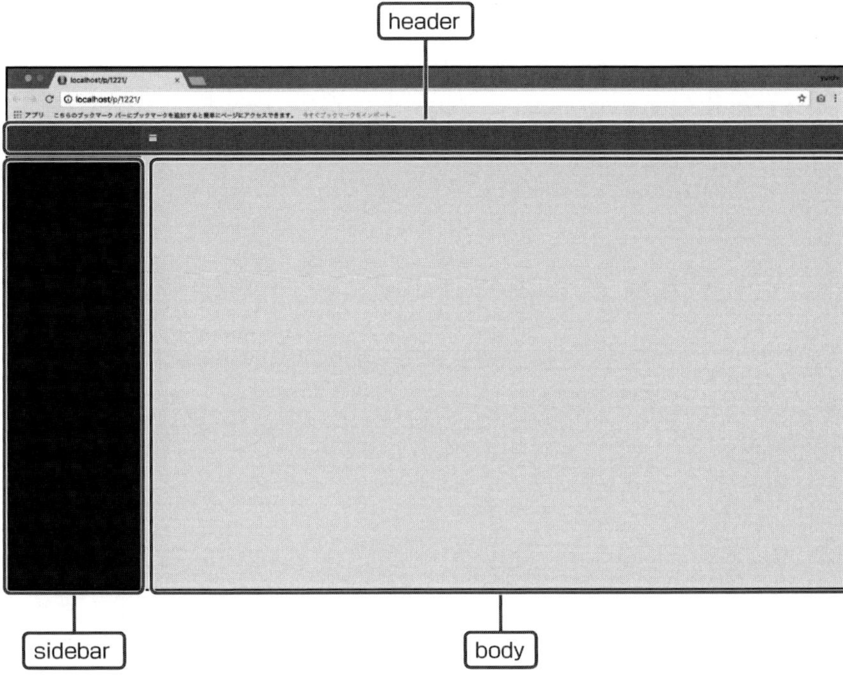

ui部分は、次の3つの要素で構成されます。

- dashboardHeader()：ヘッダーの作成
- dashboardSidebar()：サイドバーの作成
- dashboardBody()：ボディの作成

サイドバーでタブを作る場合、dashboardSidebar()の中で、sidebarMenu()とmenuItem()を使います。各タブの表示内容は、dashboardBody()内でtabItems()を使って書いていきます。

たとえば、先ほどのui.Rコードを次のように変更して再実行してみましょう。

SAMPLE CODE 02-shinydashboad/ui.R

```
library(shiny)
library(shinydashboard)

ui <- dashboardPage(
  dashboardHeader(title = "Sample"),

  dashboardSidebar(
    sidebarMenu(
      menuItem("tabA", tabName = "tab_A"),
      menuItem("tabB", tabName = "tab_B")
    )
```

```
  ),
  dashboardBody(
    tabItems(
      tabItem(tabName = "tab_A",
              titlePanel("tab_Aの中身")),
      tabItem(tabName = "tab_B",
              titlePanel("tab_Bの中身"))
    )
  )
)
```

◉tabAをクリックした場合の画面

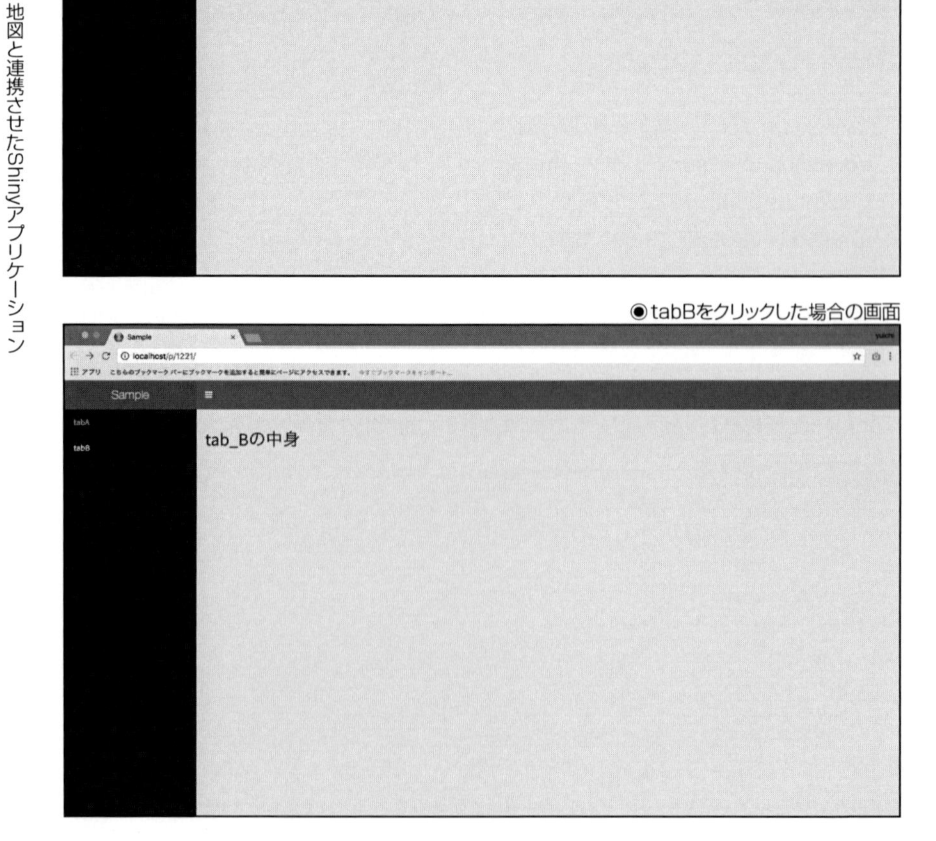

◉tabBをクリックした場合の画面

menuItem()のtabNameで与えた値を、tabItem()のtabNameに指定することで、サイドバーとボディ部分が紐付きます。このように、とても簡単にダッシュボード風のUIを作ることができます。

dashboardBody()では、通常のShinyアプリケーションと同じようにUIを書いていきます。たとえば、次のように、sidebarLayoutを作成することも当然できます。

```
dashboardBody(
  tabItems(
    tabItem(tabName = "tab_A",
            # 以下部分は通常のShinyと同じようにUIを記述
            titlePanel("tab_Aの中身"),
            sidebarLayout(
              sidebarPanel(
                sliderInput("bins",
                            "Number of bins:",
                            min = 1, max = 50, value = 30)
              ),
              mainPanel(
                plotOutput("distPlot")
                )
              )
    ),
    tabItem(tabName = "tab_B",
            titlePanel("tab_Bの中身"))
  )
)
```

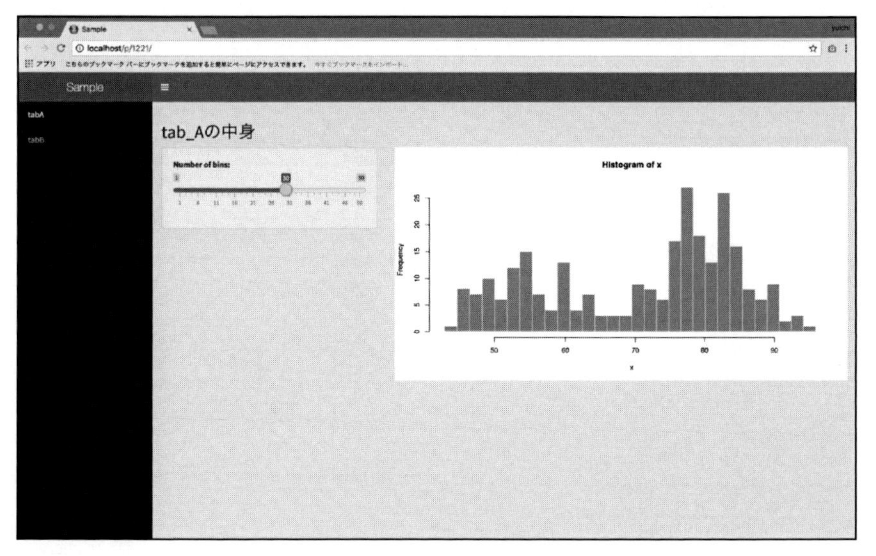

box()でUIを配置

前述のような通常のUIに加えて、shinydashboardではbox()を使って機能を配置していくことができます。

```
dashboardBody(
  tabItems(
    tabItem(tabName = "tab_A",
            titlePanel("tab_Aの中身"),
            box(
              title = "ビンの数を指定",
              footer = "フッター部分",
              status = "info", solidHeader = FALSE,
              sliderInput("bins",
                          "Number of bins:",
                          min = 1, max = 50, value = 30)
              ),
            box(
              title = "グラフ出力",
              status = "primary", solidHeader = TRUE,
              background = "red",
              collapsible = TRUE,
              collapsed = TRUE,
              plotOutput("distPlot")
              )
            ),
    tabItem(tabName = "tab_B",
            titlePanel("tab_Bの中身"))
  )
)
```

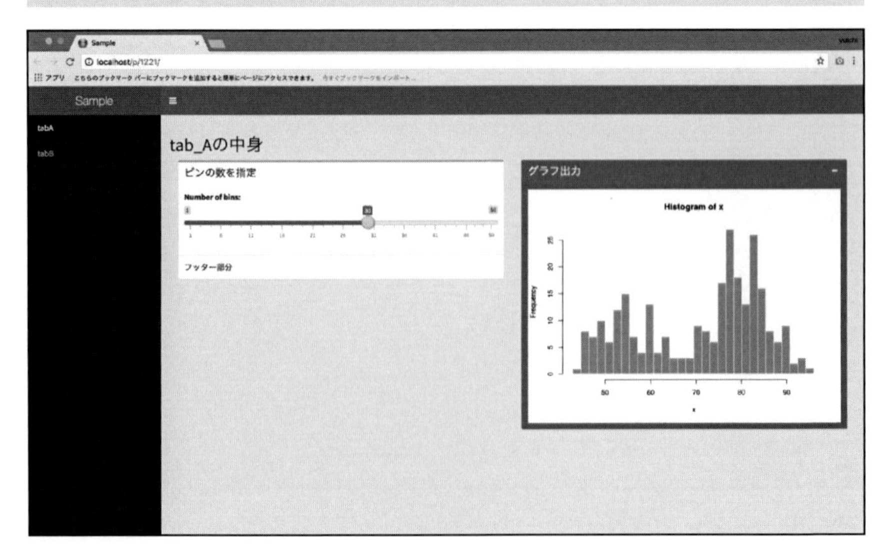

前ページのコードでは引数にtitleやstatusを指定しましたが、それ以外にも次の引数を取ることができます。

引数	説明
title	タイトルを設定する
footer	フッターを設定する
status	primary、success、info、warning、dangerの中から状態を選択する。それに応じて色が変化する
solidHeader	タイトルに背景色を付けるかどうかを設定する。TRUEもしくはFALSEから選択する
background	red、yellow、aqua、blue、light-blue、green、navy、teal、olive、lime、orange、fuchsia、purple、maroon、blackの中から背景色を選択する
width	グリッドで横幅を設定する。デフォルトでは6(グリッド6つ分のため、6/12 = 1/2を占める)
height	ピクセルで高さを設定する
collapsible	TRUEを指定すると、右上にボタンがBoxを折りたたむボタンが表示される
collapsed	TRUEを指定すると、Boxが折りたたんだ状態でアプリケーションがスタートする(collapsibleがTRUEになっていないと無効)

shinydashboardの基本機能を紹介したので、本アプリケーションのUI作成に入りましょう。大枠をまずは作ります。

SAMPLE CODE 03-app-version1.1/ui.R

```
library(shiny)
library(shinydashboard)

# headerの設定
header <- dashboardHeader(title = "地図アプリ")

# sidebarの設定
sidebar <- dashboardSidebar(
  sidebarMenu(
    menuItem("Dashboard",
             tabName = "tab_dashboard", icon = icon("dashboard")),
    menuItem("leafletの基本機能", icon = icon("th"),
             tabName = "leaflet_basic",
             menuSubItem("Basic", tabName = "tab_basic", icon = icon("envira")),
             menuSubItem("Distance App", tabName = "tab_distance",
                         icon = icon("map-marker"))),
    menuItem("Prefectures", icon = icon("th"), tabName = "prefectures",
             menuSubItem("Table", tabName = "tab_table", icon = icon("table")),
             menuSubItem("Product", "tab_product", icon = icon("search")),
             menuSubItem("Clustering", tabName = "tab_clustering", icon = icon("line-chart"))
             )
    )
  )

# bodyの設定
body <- dashboardBody(
```

```
  tabItems(
    tabItem("tab_dashboard", titlePanel("Shiny で作成した地図アプリです。"),
            h3("shinydashboardライブラリを使用しています。")),
    tabItem("tab_basic"),
    tabItem("tab_distance"),
    tabItem("tab_table"),
    tabItem("tab_product"),
    tabItem("tab_clustering")
    )
  )

dashboardPage(
  header,
  sidebar,
  body
  )
```

SAMPLE CODE 03-app-version1.1/server.R

```
library(shiny)
library(shinydashboard)
server <- function(input, output) {}
```

menuItem()で1つのタブを作成できますが、menuSubItem()を使うことで階層構造のあるタブを作成することが可能です。また、サイドバーにアイコンが設定されていますが、これはicon引数で指定することができます。

```
icon = icon("th")
```

下記サイトのアイコンを使用することが可能なので、検索して使いたいものを指定しましょう。

URL https://fontawesome.com/icons?from=io

本節では、便利なshinydashboardライブラリの基本的な機能を紹介し、UIの全体設計を行いました。次節から、これらをベースに本格的に地図アプリケーション作成に進んでいきましょう。

leafletライブラリ

本アプリケーションでは、leafletライブラリを利用して地図を組み込んでいます。leafletは、JavaScriptのオープンソースライブラリであるleaflet.jsがもとになっており、こちらをRで使用できるようにしたものです。また、ライブラリ内でShinyに組み込むための関数が用意されているので、簡単に利用することができます。

基本的な使い方

まずはコンソール上でライブラリをインストールしましょう。

```
> install.packages("leaflet")
```

インストールできたら、下記のコードを実行してみましょう。

```
library(leaflet)
leaflet() %>% addTiles()
```

世界地図が表示されているはずです。

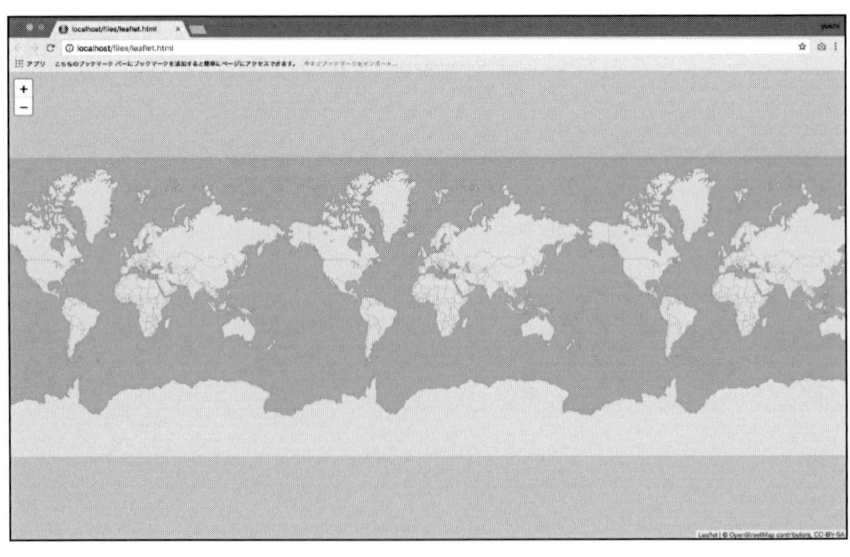

leaflet()でleafletオブジェクトの作成後、addTiles()で地図タイルを追加するまでが基本的な操作です。

地図中にマーカーを付けたい場合は、上記に加えてaddMarkers()を用います。マーカーを表示させる場所を緯度経度で与えてあげます。

```
leaflet() %>%
  addTiles() %>%
  addMarkers(lng = 139.7, lat = 35.7)
```

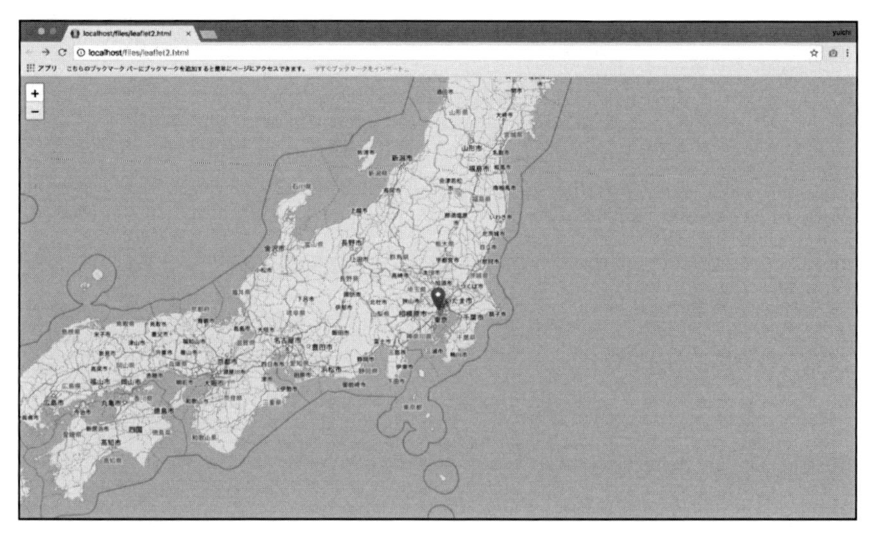

また、対象箇所に円を加えたい場合は、addCircles()を用います。addMarkers()と使い方は似ていますが、radius引数で円半径の大きさを、weight引数で線の太さを指定できます。

```
leaflet() %>%
  addTiles() %>%
  addMarkers(lng = 139.7, lat = 35.7) %>%
  addCircles(lng = 139, lat = 35, radius = 5000, weight = 1)
```

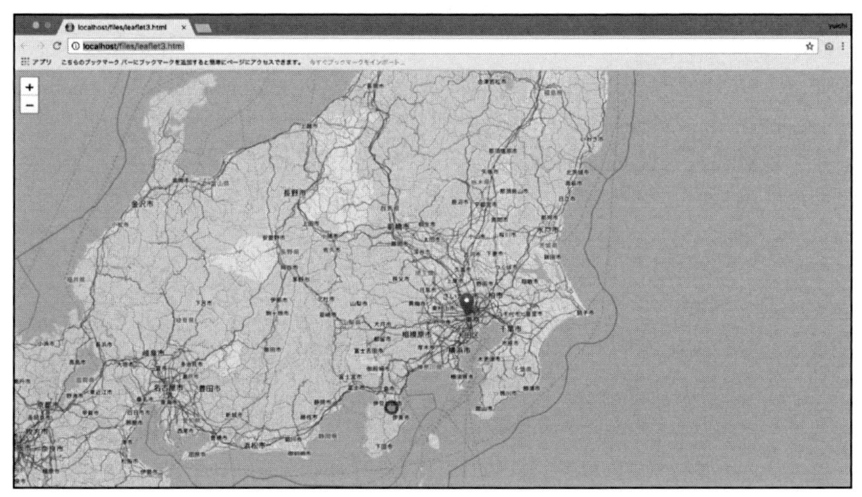

また、地図上でポイントを指定して距離を求めたい場合は、addMeasure()を用います。

```
leaflet() %>%
  addTiles() %>%
  addMarkers(lng = 139.7, lat = 35.7) %>%
  addCircles(lng = 139, lat = 35, radius = 5000) %>%
  addMeasure(position = "topright", primaryLengthUnit = "meters",
             primaryAreaUnit = "sqmeters", activeColor = "#ABE67E",
             completedColor = "#2f4f4f")
```

右上にメジャーマークが表示されています。メジャーマークをクリックすると、任意の2点を選択できるようになります。そして選択が完了すると、次のように距離が表示されます。

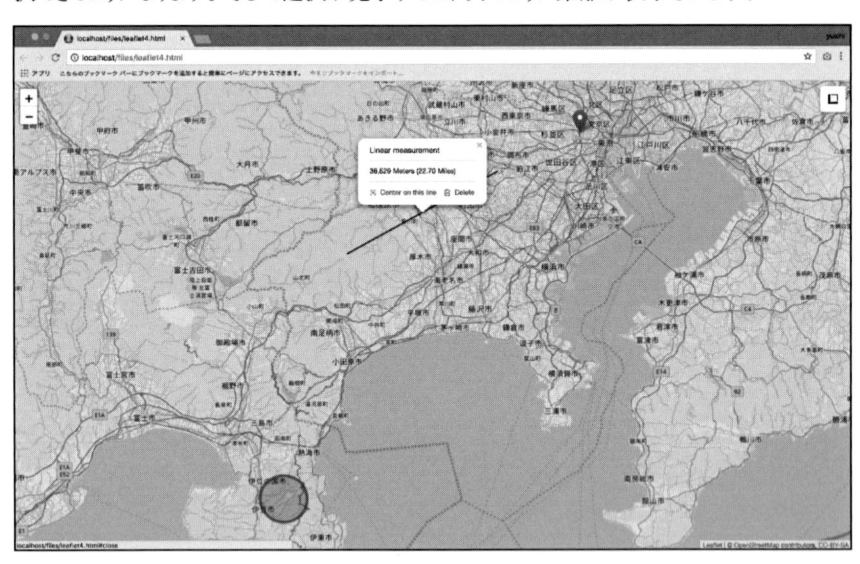

position引数では、topleft(左上)、topright(右上)、bottomleft(左下)、bottomright(右下)から選びます。activeColorでは選択中の2点間を表示する色を指定でき、completedColorでは選択完了後の2点間を表示する色を指定できます。primaryLengthUnitでは、feet、meters、miles、kilometersの中から計測する単位を指定します。

また、3点以上を選択すると、距離ではなくそれらの点で囲まれた面積を求めることできます。その際はprimaryAreaUnitにて、acres、hectares、sqmeters、sqmilesの中から計測単位を指定します。

アプリケーション立ち上げ時に、どの場所をデフォルトで表示させるかを制御する場合は、setView()を用います。

緯度経度と、どれだけズームするかを引数に与えることができます。

```
leaflet(map) %>% addTiles() %>%
  setView(lat = 39, lng = 139, zoom = 7)
```

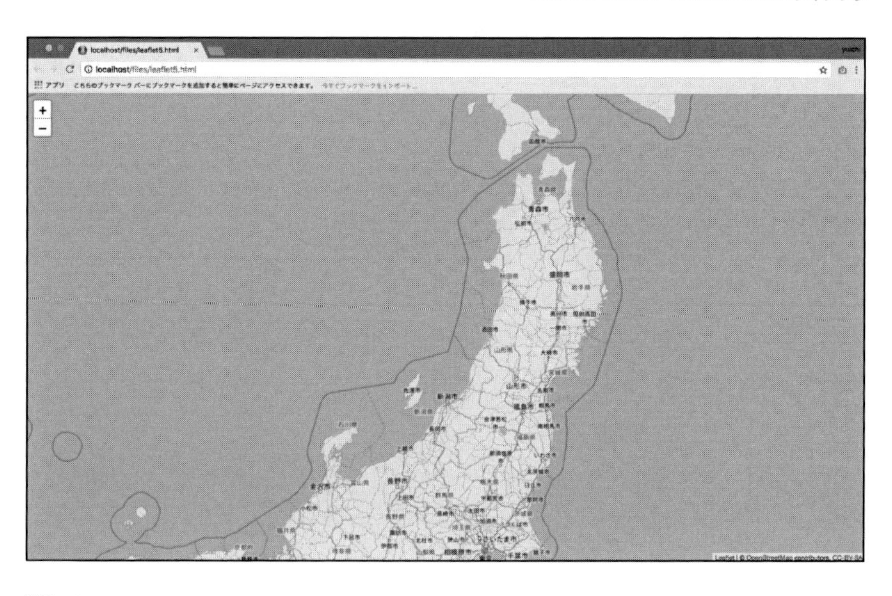

||| データフレームを読み込んで可視化する

データフレームを使って可視化を行うこともできます。

```
data <- data.frame(
    lng = c(135.1, 135.2, 135.3, 135.4, 135.5),
    lat = c(35.1, 35.2, 35.3, 35.4, 35.5)
)

leaflet(data) %>% addTiles() %>% addMarkers(lng =~lng,lat =~lat)
```

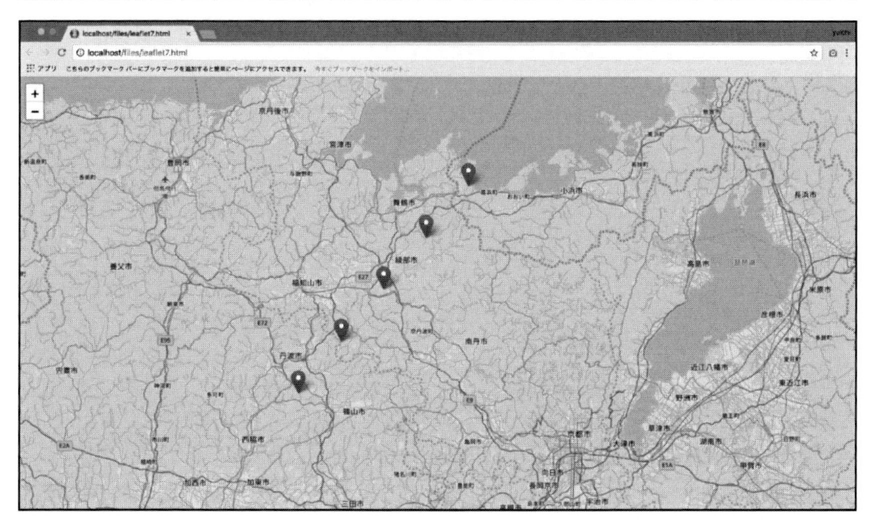

読み込んだデータにアクセスする場合は、=~演算子を使います。

Shinyアプリケーションへの組み込み

せっかくShinyと組み合わせるので、インタラクティブな要素を入れてみましょう。地名を入力すると地図上にマーカーをプロットする機能と、2点間距離を計測できる機能を持つアプリケーションを作成してみます。

なお、地名から緯度経度を取得するには、ggmapライブラリのgeocode関数を用いるのが簡単です。こちらのライブラリも事前にインストールしておきましょう。

```
> install.packages("ggmap", dependencies = T)
```

必要となるライブラリが増えてきたので、global.Rを用意して読み込むようにします。

SAMPLE CODE 04-app-version2.0/global.R

```
library(shiny)
library(shinydashboard)
library(ggmap)
library(leaflet)
```

SAMPLE CODE 04-app-version2.0/ui.R

```
# headerの設定
header <- dashboardHeader(title = "地図アプリ")

# sidebarの設定
sidebar <- dashboardSidebar(
  sidebarMenu(
    menuItem("Dashboard",
             tabName = "tab_dashboard", icon = icon("dashboard")),
    menuItem("leafletの基本機能", icon = icon("th"),
             tabName = "leaflet_basic",
             menuSubItem("Basic", tabName = "tab_basic", icon = icon("envira")),
             menuSubItem("Distance App", tabName = "tab_distance",
                         icon = icon("map-marker"))),
    menuItem("Prefectures", icon = icon("th"), tabName = "prefectures",
             menuSubItem("Table", tabName = "tab_table", icon = icon("table")),
             menuSubItem("Product", "tab_product", icon = icon("search")),
             menuSubItem("Clustering", tabName = "tab_clustering", icon = icon("line-chart"))
             )
    )
  )

# bodyの設定
body <- dashboardBody(
  tabItems(
    tabItem("tab_dashboard", titlePanel("Shiny で作成した地図アプリです。"),
            h3("shinydashboardライブラリを使用しています。")),
    tabItem("tab_basic",
            box(leaflet() %>%
```

```
                addTiles() %>%
                addMarkers(lng = 139.7, lat = 35.7)),
            box(leaflet() %>%
                addTiles() %>%
                addMarkers(lng = 139.7, lat = 35.7) %>%
                addCircles(lng = 139, lat = 35, radius = 5000))),
    tabItem("tab_distance",
            titlePanel("距離を図る"),
            sidebarLayout(
              sidebarPanel(
                textInput("search_word1", "ワード1", value="東京"),
                textInput("search_word2", "ワード2", value="千葉"),

                h4("実行に数秒時間がかかります。"),
                h4("APIがエラーを返す場合があるので、その際は時間を置いてお試しください。"),
                actionButton("submit_dist", "地図を描写")
              ),
              mainPanel(
                leafletOutput("plot_dist", width="100%", height = "900px")
              )
            )
    ),
    tabItem("tab_table"),
    tabItem("tab_product"),
    tabItem("tab_clustering")
    )
  )

dashboardPage(
  header,
  sidebar,
  body
  )
```

SAMPLE CODE 04-app-version2.0/server.R

```
server <- function(input, output) {
  values <- reactiveValues(geocodes = rbind(c(139.6917, 35.68949),
                                            c(140.1233, 35.60506)))

  observeEvent(input$submit_dist, {
    geo1 <- geocode(input$search_word1)
    geo2 <- geocode(input$search_word2)

    # modalダイアログの表示
    if (is.na(geo1[1, 1]) || is.na(geo2[1, 1])) {
      showModal(modalDialog(title = "エラー", "検索条件に該当するデータがありません",
```

```
                              easyClose = TRUE, footer = modalButton("OK")))
    }
    # geo1 geo2どちらかがnullであれば、これ以降の動作を止める
    req(geo1[1, 1])
    req(geo2[1, 1])

    values$geocodes <- rbind(geo1, geo2)
  })

  output$plot_dist <- renderLeaflet({
    geo1_lng <- values$geocodes[1, 1]
    geo1_lat <- values$geocodes[1, 2]
    geo2_lng <- values$geocodes[2, 1]
    geo2_lat <- values$geocodes[2, 2]

    leaflet() %>% addTiles() %>%
      setView(lng = (geo1_lng + geo2_lng)/2, lat = (geo1_lat + geo2_lat)/2, zoom = 5) %>%
      addMarkers(lng = geo1_lng, lat = geo1_lat, label = input$search_word1) %>%
      addMarkers(lng = geo2_lng, lat = geo2_lat, label = input$search_word2) %>%
      addMeasure(position = "topright", primaryLengthUnit = "meters")
  })
}
```

◉Basicタブ

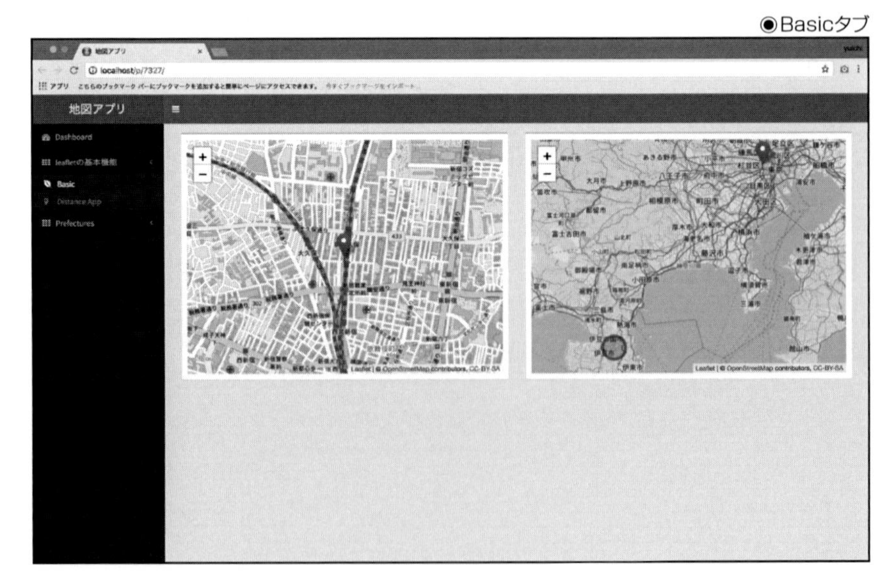

◉Distance Appタブ

ui.Rでは、tabItem("tab_basic", ...)と、tabItem("tab_distance",...)を新しく追加しています。tabItem("tab_basic", ...)の部分は、leafletで作成した地図をbox()で囲んで表示しているだけなので、説明は省略します。

tabItem("tab_distance",...)の部分では、地名を2つ入力し、actionButtonをクリックすると、入力した地名がマーカーで強調されて地図がプロットされます。

Shinyでleafletオブジェクトを扱う場合は、server.R側ではrenderLeaflet()で渡し、ui.R側ではleafletOutputで受け取って表示します。また、緯度経度情報は、UI側で入力された地名をgeocode関数に与えることで取得しています。

また、CHAPTER 03で紹介したreactiveValues()を使って、生成された緯度経度情報をvaluesという変数に格納しています。

```
values <- reactiveValues(...)
```

なお、エラーハンドリングを行うために、次の4つの関数を用いています。

- showModal()
- modalDialog()
- modalButton()
- req()

エラーが発生した際に、モーダルダイアログでユーザーに知らせます。

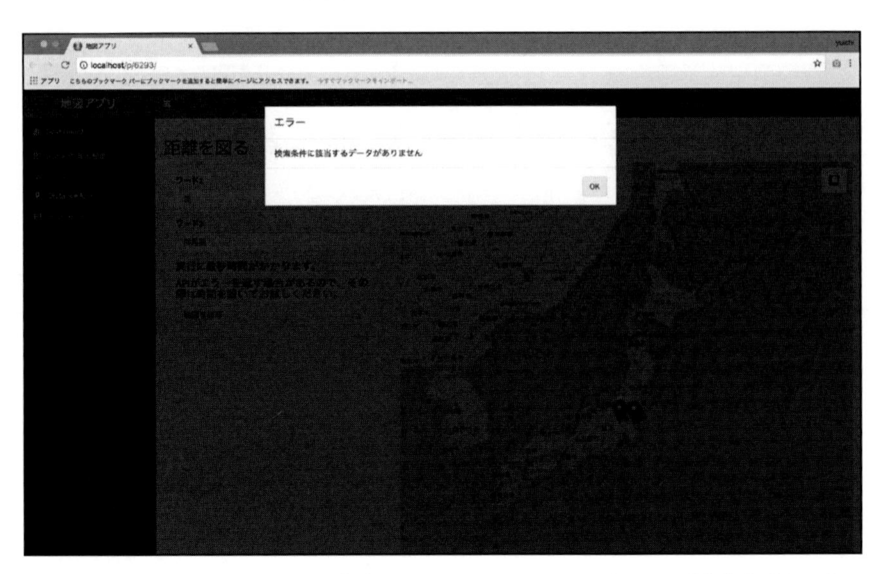

Shinyでモーダルダイアログを出力するには、`modalDialog()`でUI要素を生成し、その中身を`showModal()`に渡すだけです。

`modalDialog`には、表示内容以外に次の引数を渡すことができます。

引数	説明
title	タイトル
footer	フッター、通常はmodalButton()を用いる
size	ダイアログのサイズを指定する。"s"、"m"、"l"の中から選択する
easyClose	TRUEにすると、ダイアログ外側のどこかでクリックするだけでダイアログが消える
fade	TRUEにすると、ダイアログ表示の際にフェードインするアニメーションが付く

footerにある、`modalButton()`を用意することで、ボタンがクリックされるとモーダルダイアログが消えるようにできます。`showModal()`、`modalDialog()`、`modalButton()`の3つはセットで使うようにしましょう。

`req()`関数は、中身の値が取得できない場合に、その後の処理をストップします。今回の例では、`geocode`関数でうまく緯度経度情報が取得できなかった場合に、処理をストップします。

```
req(geo1[1, 1])
req(geo2[1, 1])
```

`req`で処理を止めつつ、モーダルダイアログでなぜ処理が止まったかをユーザーに知らせる、というのは別アプリケーションでも使う可能性が高いので、ぜひ、覚えておきましょう。

都道府県データの読み込み

本節では、都道府県ごとの各種統計データやシェープファイルをShinyで読み込み、地図上で可視化を行う機能を実装します。統計データやシェープファイルは、Web上から取得する必要があります。取得手順をこれから説明しますが、下記URLのサンプルコードには、必要なデータは用意してあるのでそちらを利用してもらっても問題ありません。その場合は、172ページの「データテーブル表示」までスキップして読み進めてください。

URL https://github.com/Np-Ur/ShinyBook/tree/master/chapter04/04-version3.0

シェープファイル

シェープファイルは図形情報と属性情報を備えていて、最低、次の3つのファイルから構成されます。

ファイル	説明
.shp	図形情報(ポイント、ライン、ポリゴン)
.shx	図形情報と属性情報を紐付けるための情報
.dbf	属性情報

今回、使用するシェープファイルは、国土数値情報の行政区域データをもとに、都道府県単位のポリゴンデータに変換しています。まずは下記の国土数値情報のダウンロードサイトにアクセスします。

URL http://nlftp.mlit.go.jp/ksj/index.html

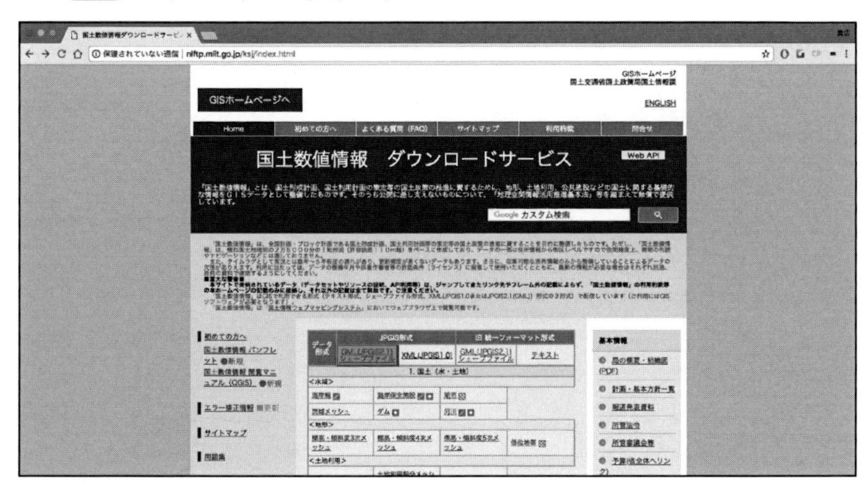

行政区画のページに遷移したら、全国のシェープファイルを使いたいので、全国にチェックを入れてシェープファイルをダウンロードしてみましょう。今回は平成26年度のデータをサンプルとして使います。

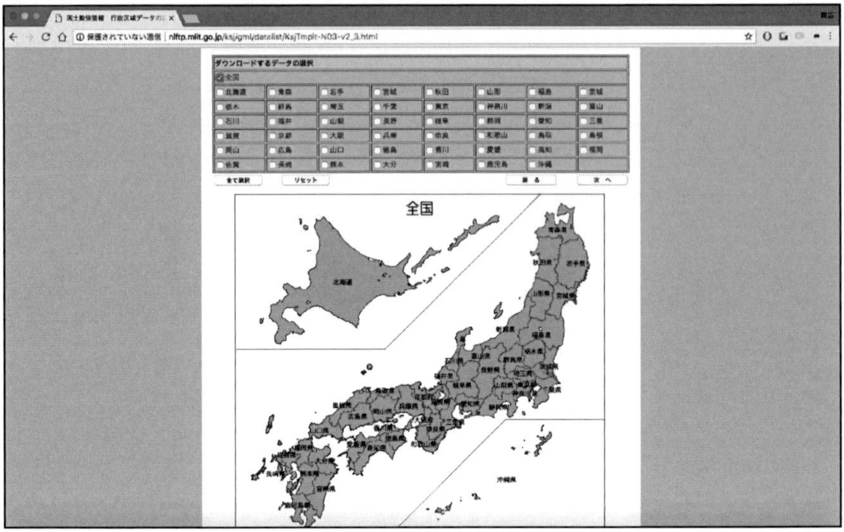

シェープファイルを読み込むにあたり、今回は`rgdal`ライブラリを用いることにします。ダウンロードしてきたシェープファイルは、市区町村レベルでのポリゴンデータとなっているため、これを都道府県レベルに変換してあげる必要があります。そのために必要なパッケージもまとめてインストールしておきましょう。

```
> install.packages("rgdal", dependencies = T)
> install.packages("maptools", dependencies = T)
> install.packages("dplyr", dependencies = T)
> install.packages("rmapshaper", dependencies = T)
```

さて、さっそく先ほどダウンロードしてきたシェープファイルを整形していきます。

まずは、現在のディレクトリからshapeディレクトリを作成し、その下にダウロードしてきたシェープファイル(最低限、「.shp」「.shx」「.dbf」の3つ)を置きましょう。

次のようにして読み込むことができます。

```
library(rgdal)

map <- readOGR(dsn = "./shape", layer = "N03-14_140401", encoding = "shift-JIS",
               stringsAsFactors = FALSE)
```

`readOGR()`の引数ですが、dsnでシェープファイルのディレクトリを指定し、layerでシェイプファイル名を指定します。拡張子は必要ありません。また、最低限、「.shp」「.shx」「.dbf」の3つのファイルが同じディレクトリ内にないとエラーになるので注意してください。

readOGRで読み込んだデータは、spatialデータフレームというデータ形式を取ります。

ここからのステップとしては次の2つです。

1 シェープファイルのポリゴンデータを都道府県単位でまとめる

2 シェープファイルの簡素化

まずは、1の工程を次のコードで行います。

```
library(rgdal)
library(dplyr)
library(maptools)
library(rmapshaper)

# シェープファイルの読み込み
shape <- readOGR("./shape", layer="N03-14_140401", encoding='shift-JIS',
                 stringsAsFactors = FALSE)

# データフレーム作成(都道府県名とidの列だけ)
shape_df <- as(shape, "data.frame")
shape_df_pref <- shape_df %>%
  group_by(N03_001) %>%
  summarise()
shape_df_pref$pref_id <- row.names(shape_df_pref)

# polygonの結合
shape_merged <- merge(shape, shape_df_pref)
shape_union <- unionSpatialPolygons(shape_merged, shape_merged@data$pref_id)

# spatialdataframeに直す
regions_unions <- sp::SpatialPolygonsDataFrame(shape_union, shape_df_pref)
```

都道府県名とユニークなIDを列にもつデータフレームをまずは作成し、spatialデータフレームに都道府県別のユニークなIDを付与しておきます。

polygonsの結合は次の部分で行っています。

```
shape_union <- unionSpatialPolygons(shape_merged, shape_merged@data$pref_id)
```

maptoolsライブラリのunionSpatialPolygons()を使って、polygonsを結合することができます。第2引数の部分に都道府県別のIDを指定することで、都道府県別のpolygonsデータが作成されます。

unionSpatialPolygons()はspatialPolygonのオブジェクトを返すため、この後の簡素化処理を行うために、spライブラリのSpatialPolygonsDataFrame()によって、spatialデータフレーム形式に直しておきます。

次に2のステップです。

このままだとデータ点が多すぎるためファイルがとても重く、アプリの動作にも影響してしまいます。そこで、データ点を間引くことでファイルサイズを小さくします。

```
# 先ほどの続き
# 簡素化
regions <- ms_simplify(regions_unions)
regions@data <- subset(regions@data, select = -c(pref_id))

# シェープファイルとして保存
writeOGR(regions, "./shape", "sample", layer_options = "ENCODING=UTF-8",
        driver = "ESRI Shapefile")
```

簡素化の処理は、rmapshaperライブラリのms_simplify()を使います。引数としては今回は何も指定していませんが、たとえばkeepを設定することで、もとのデータ点からどれだけのデータ点を残すかの割合を指定することができます。

最後に、writeOGR()を使ってシェープファイルとして保存します。driverの部分では、どのようなフォーマットで保存するか指定することができます。

さて、実際に作成したシェープファイルを読み込めるか試してみましょう。現在のディレクトリからdataディレクトリを作成し、その下にシェープファイル(sample.shp、sample.shx、sample.dbf)を置いて下記コードを実行し、ポリゴン表示されていることを確認してください。

```
library(rgdal)

map <- readOGR(dsn = "./data", layer = "sample", encoding = "UTF-8",
               stringsAsFactors = FALSE)

leaflet(map) %>% addTiles() %>%
  setView(lat = 39, lng = 139, zoom = 5) %>%
  addPolygons(fillOpacity = 0.5, weight = 1)
```

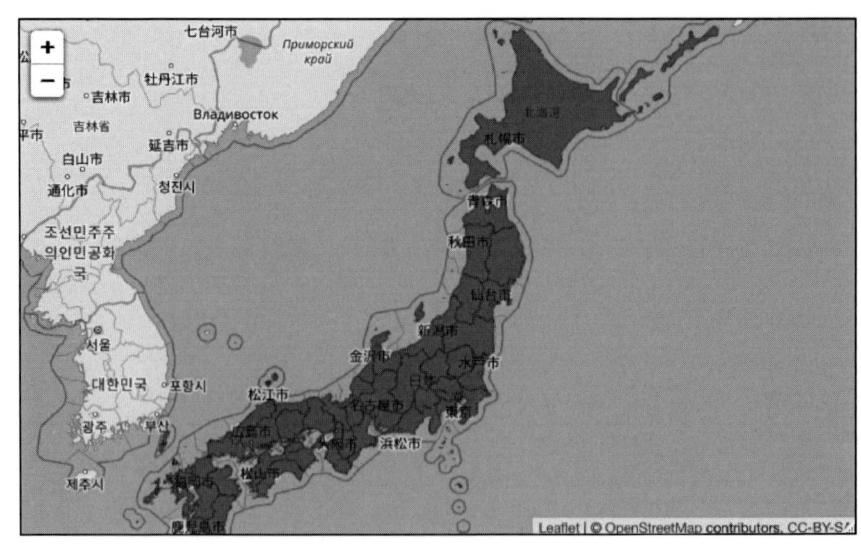

leafletでポリゴン表示したい場合は、addPolygons()関数を用います。

統計データの読み込み

都道府県別の各種統計情報に関しては、政府統計窓口(e-stat)より利用することが可能です。下記のように政府統計名ごとにデータがまとまっているため大変便利です。

また、各種統計量は下記のように、EXCELもしくはDBからcsv形式でダウンロードすることが可能です。

今回はサンプルとして、作物統計調査から作物データ(なす、はくさい、トマト、りんご、ぶどう)、国勢調査データ/速報集計から人口/人口密度データを利用しています。また、各都道府県の緯度経度情報は、前節で紹介したggmapライブラリのgeocode()を使って取得しました。それぞれの統計データは、都道府県名をキーに結合しておきましょう。

シェープファイルと同様にdataディレクトリ下に各種統計データを結合したファイルを置き、読み込んでみましょう。

```
attribute <- read.csv("./data/attribute.csv")
```

```
> attribute
  prefecture population pop_density      lat      lon トマト  なす はくさい りんご ぶどう
1     愛知県    7483128      1446.7 35.18019 136.9066  46900 13000    22700      0   4360
2     愛媛県    1385262       244.1 33.84162 132.7657   7800  3670     4450      0   1160
3     茨城県    2916976       478.4 36.34181 140.4468  49000 17800   242400      0      0
4     岡山県    1921525       270.1 34.66175 133.9344   5490  5450    15800      0  14900
5     沖縄県    1433566       628.4 26.21240 127.6809   3610   944      252      0      0
```

データテーブル表示

Tableタブを作成して行きましょう。といっても簡単で、変更箇所は少ないです。

global.Rには、ライブラリの追加、シェープファイルと統計データの読み込みを追加しています。もし、Windowsユーザーで、Githubからダウンロードしたデータをうまく読み込めない場合は、`read.csv()`関数ではなく`read_csv()`を使ってみてください。

SAMPLE CODE 05-app-version3.0/global.R

```
library(shiny)
library(shinydashboard)
library(ggmap)
library(leaflet)
# 以下追加部分
library(rgdal)

map <- readOGR(dsn = "./data", layer = "sample", encoding = "UTF-8",
               stringsAsFactors = FALSE)
attribute_data <- read.csv("./data/attribute.csv")

# library(readr)
# attribute_data <- read_csv("./data/attribute.csv")
```

ui.Rは`dashboardBody()`内の、`tabItem("tab_table")`部分のみ変更します。

SAMPLE CODE 05-app-version3.0/ui.R

```
# 省略

# bodyの設定
body <- dashboardBody(
  tabItems(
    tabItem("tab_dashboard", titlePanel("Shiny で作成した地図アプリです。"),
            h3("shinydashboardライブラリを使用しています。")),
    tabItem("tab_basic",
```

```
        box(leaflet() %>%
              addTiles() %>%
              addMarkers(lng = 139.7, lat = 35.7)),
        box(leaflet() %>%
              addTiles() %>%
              addMarkers(lng = 139.7, lat = 35.7) %>%
              addCircles(lng = 139, lat = 35, radius = 5000))),
    tabItem("tab_distance",
        titlePanel("距離を図る"),
        sidebarLayout(
          sidebarPanel(
            textInput("search_word1", "ワード1", value="東京"),
            textInput("search_word2", "ワード2", value="千葉"),

            h4("実行に数秒時間がかかります。"),
            h4("APIがエラーを返す場合があるので、その際は時間を置いてお試しください。"),
            actionButton("submit_dist", "地図を描写")
          ),
          mainPanel(
            leafletOutput("plot_dist", width="100%", height = "900px")
          )
        )
    ),
    # 以下追加箇所
    tabItem("tab_table",
        DT::dataTableOutput("attribute_table")),
    tabItem("tab_product"),
    tabItem("tab_clustering")
    )
  )
# 省略
```

server.Rの末に、テーブルを表示するためのDT::renderDataTable()を追加します。

SAMPLE CODE 05-app-version3.0/server.R

```
server <- function(input, output) {
# 省略

  # 以下追加箇所
  output$attribute_table <- DT::renderDataTable({
    attribute_data
  })
}
```

地図アプリ

Show 10 entries　Search:

	prefecture	population	pop_density	lat	lon	トマト	なす	はくさい	りんご	ぶどう
1	愛知県	7483128	1446.7	35.1801883	136.9065647	46900	13000	22700	0	4360
2	愛媛県	1385262	244.1	33.8416238	132.7656808	7800	3670	4450	0	1160
3	茨城県	2916976	478.4	36.3418112	140.4467935	49000	17800	242400	0	0
4	岡山県	1921525	270.1	34.6617511	133.9344057	5490	5450	15800	0	14900
5	沖縄県	1433566	628.4	26.2124013	127.6809317	3610	944	252	0	0
6	岩手県	1279594	83.8	39.7036194	141.1526839	9750	3010	7070	43800	3430
7	岐阜県	2031903	191.3	35.3912272	136.7222906	26500	3340	6910	1960	0
8	宮崎県	1104069	142.7	31.9110956	131.4238934	18600	2310	10100	0	1920
9	宮城県	2333899	320.5	38.2688373	140.8721	8470	2440	8160	3460	0
10	京都府	2610353	566	35.0212466	135.7555968	5130	9180	3400	0	0

Showing 1 to 10 of 47 entries　Previous 1 2 3 4 5 Next

Ⅲ 統計情報を地図上で可視化する

本項では、都道府県ごとの統計情報を元に、地図上に可視化を行います。具体的には、次のデータをもとに円を表示したり、ポリゴンの色を変えて地図を表示します。

- 野菜の生産量(トマト、なす、はくさい)
- 果物の生産量(りんご、ぶどう)
- 人口情報(人口、人口密度)

●完成イメージ

右側に表示されているパネルは、absolutePanel()関数で作っています。absolutePanel()では他のUI要素に重ねるように表示することができます。

簡単な例を紹介します。

SAMPLE CODE 06-absolutePanel/ui.R

```
library(shiny)

shinyUI(fluidPage(

  titlePanel("absolutePanelの例"),

  sidebarLayout(
    plotOutput("distPlot"),
    absolutePanel(draggable = TRUE, top = 60, left = "auto", right = 20, bottom = "auto",
                  width = 350, height = "auto",
                  h2("absolutePanel"),
                  sliderInput("bins",
                              "Number of bins:",
                              min = 1, max = 50, value = 30)
                  )
    )
))
```

SAMPLE CODE 06-absolutePanel/server.R

```
library(shiny)
shinyServer(function(input, output) {

  output$distPlot <- renderPlot({

    x    <- faithful[, 2]
    bins <- seq(min(x), max(x), length.out = input$bins + 1)

    hist(x, breaks = bins, col = 'darkgray', border = 'white')
  })
})
```

こちらのコードを実行すると、次のようにグラフにスライドバーが重なって表示されます。

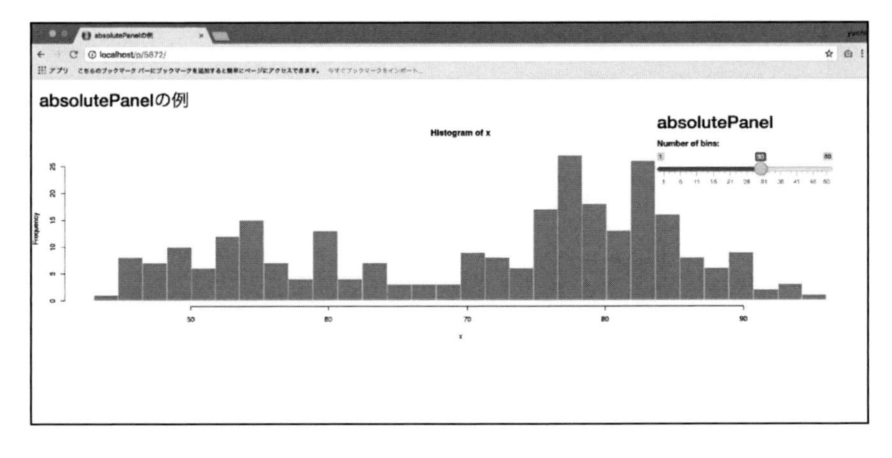

absolutePanel()関数の引数は下表のようになります。

引数	説明
top	初期位置のページ上部からの距離を指定する
left	初期位置のページ左部からの距離を指定する
right	初期位置のページ右部からの距離を指定する
bottom	初期位置のページ下部からの距離を指定する
width	パネルの横幅を指定する
height	パネルの高さを指定する
draggable	TRUEにすると、ユーザー側で位置を移動できる
fixed	FALSEにするとブラウザ幅の影響でパネルが表示されない場合に、スクロールバーが表示される
cursor	カーソルを合わせた時に表示されるマークを選択できる。"default"を指定すると矢印が表示される

absolutePanel()の使い方がわかったところで、アプリケーション作成に戻りましょう。

このまま使うと背景色が設定されていないので、CHAPTER 02で紹介したようにwwwディレクトリ下にcssファイルを用意してデザインを変更します。

SAMPLE CODE 07-app-version3.1/style.css

```
#absolute-panel {
  background-color: #EEEEEE;
  opacity: 0.8;
  padding-left: 1em;
}
```

global.Rでは、selectInput()で用いる選択肢を用意しています。

SAMPLE CODE 07-app-version3.1/global.R

```
library(shiny)
library(shinydashboard)
library(ggmap)
library(leaflet)
library(rgdal)

map <- readOGR(dsn = "./data", layer = "sample", encoding = "UTF-8",
               stringsAsFactors = FALSE)
attribute_data <- read.csv("./data/attribute.csv")

# Windowsユーザーで、うまく読みこめない場合はこちら
# library(readr)
# attribute <- read_csv("./data/attribute.csv")
# attribute_data <- as.data.frame(attribute)

# 以下追加箇所
# selectInputで使う選択肢を読み込み
colors <- c("BrBG", "BuPu", "Oranges")
categories <- c("野菜" = "vegetables", "果物" = "fruit", "人口" = "population")
```

```
plot_choices <- c("circle", "polygons")

vegetables_choices <- c(トマト = "トマト", なす = "なす", はくさい = "はくさい")
fruit_choices <- c(りんご = "りんご", ぶどう = "ぶどう")
population_choices <- c(人口 = "population", 人口密度 = "pop_density")
```

ui.Rはdashboard Body()内の、tabItem("tab_product")部分のみ変更します。

SAMPLE CODE 07-app-version3.1/ui.R

```
# 省略
tabItem("tab_table",
        DT::dataTableOutput("attribute_table")),
# 以下追加箇所
tabItem("tab_product",
        fluidRow(
            tags$head(tags$link(rel = "stylesheet", type = "text/css", href = "style.css")),
             box(width = 12, collapsible = TRUE,
                 leafletOutput("plot_product", height = 700)
                 ),
             absolutePanel(id = "absolute-panel",
                           draggable = TRUE, top = 60, left = "auto", right = 20, bottom = "auto",
                           width = 350, height = "auto",

                           h2("menu"),

                           selectInput("category", "カテゴリー", choices = categories),
                           hr(),
                           uiOutput("choices_for_plot"),
                           selectInput("plot_type", "Plot Choice", choices = plot_choices),
                           uiOutput("circle_size_ui"),
                           selectInput("color", "Color Scheme", choices = colors)
                           )
             ),
tabItem("tab_clustering")
# 省略
```

server.Rの末尾に、次のようにコードを追加します。

SAMPLE CODE 07-app-version3.1/server.R

```
server <- function(input, output) {
# 省略
  # 以下追加箇所
  output$choices_for_plot <- renderUI({
    if (is.null(input$category))
      return()

    switch(input$category,
```

```
          "vegetables" = radioButtons("dynamic", "野菜生産量",
                                      choices = vegetables_choices),
          "fruit" = radioButtons("dynamic", "果物生産量", choices = fruit_choices),
          "population" = radioButtons("dynamic", "人口", choices = population_choices)
    )
  })

  output$circle_size_ui <- renderUI({
    if (input$plot_type == "circle"){
      sliderInput("size_slider", "Circle Size", min = 1, max = 100000, value = 1000)
    }
  })

  output$plot_product <- renderLeaflet({
    selected_attribute <- attribute_data[, input$dynamic]
    pal <- colorNumeric(input$color, domain = selected_attribute)

    if (input$plot_type == "circle") {
      leaflet(attribute_data) %>% addTiles() %>%
        setView(lat = 39, lng = 139, zoom = 5) %>%
        addCircles(lng = ~lon, lat = ~lat,
                   radius = sqrt(as.numeric(selected_attribute) * input$size_slider),
                   fillOpacity = 0.5, weight = 1, color = "#777777",
                   fillColor = pal(selected_attribute),
                   popup = ~paste(prefecture, selected_attribute, sep = ": "))
    } else {
      leaflet(map) %>% addTiles() %>%
        setView(lat = 39, lng = 139, zoom = 5) %>%
        addPolygons(fillOpacity = 0.5, weight = 1, fillColor = pal(selected_attribute),
                    popup = ~paste(prefecture)) %>%
        addLegend("bottomright", pal = pal, values = selected_attribute,
                  title = input$dynamic)
    }
  })
}
```

ソースコードを更新したら、アプリケーションを再実行し、表示するカテゴリーを変更するなど、いろいろと試してみてください。

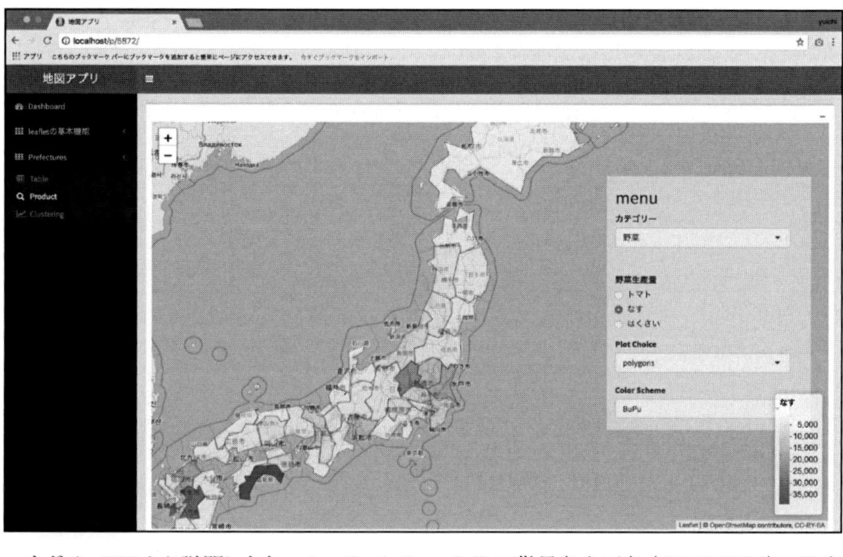

まずは、CSSから説明します。**absolutePanel()**の背景色を灰色(#EEEEEE)に設定し、opacityで後ろの地図が見えるように透過させています。またテキスト位置の左側に余裕を持たせるため、padding-leftを設定しています。

次に選択肢項目について説明します。

●ui.Rの該当部分

```
selectInput("category", "カテゴリー", choices = categories),
hr(),
uiOutput("choices_for_plot"),
selectInput("plot_type", "Plot Choice", choices = plot_choices),
uiOutput("circle_size_ui"),
```

●server.Rの該当部分

```
output$choices_for_plot <- renderUI({
  if (is.null(input$category))
    return()

  switch(input$category,
        "vegetables" = radioButtons("dynamic", "野菜生産量", choices = vegetables_choices),
        "fruit" = radioButtons("dynamic", "果物生産量", choices = fruit_choices),
        "population" = radioButtons("dynamic", "人口", choices = population_choices)
  )
})

output$circle_size_ui <- renderUI({
  if (input$plot_type == "circle"){
    sliderInput("size_slider", "Circle Size", min = 1, max = 100000, value = 1000)
  }
})
```

読み込む都道府県の情報が、トマト・なす・はくさい・りんご・ぶどう・人口・人口密度と多いので、まずはカテゴリーで選択肢を絞り込みます。

server.Rの**renderUI()**関数内で、受け取ったカテゴリー情報を元にラジオボタン形式でUIを作り、ui.Rの**uiOutput()**で表示しています。

また、円を描くかポリゴン表示するかを選択できますが、円が選択された場合にのみ、円の大きさを入力する**sliderInput()**を表示する必要があります。こちらでも、**renderUI()**と**uiOutput()**を用いています。

このように柔軟にUIを変更したい場合には、次の2つをセットで使うと便利です。

- renderUI()
- uiOutput()

server.Rの次の部分で地図を表示しています。

```
output$plot_product <- renderLeaflet({...})
```

ui.Rで選択された表示形式("circle"もしくは"polygons")によって大きく条件分岐させています。

また、選択されたデータの値によって色を連続的に変えるために、**leaflet**ライブラリの**colorNumeric()**を使用しています。表示したいデータとパレットを与えると、色を割り当てるためのオリジナル関数を作成できます。

circleが選択された場合の処理について、もう少し説明します。

input$dynamic**の値で選択された統計データの値に、**input$size_sliderの値をかけて、動的に円の大きさを変化させるようにしています。新しく登場した引数としては、fillColorでは円を染める色を指定、fillOpacityで透明度の設定、popupでは地図上のサークルを選択したときに表示する情報を指定することができます。

ポリゴン表示の場合は、**addPolygons()**を使用します。引数については、**addCircles()**で説明した内容と同様のため省略します。

また、**addLegend()**を使って凡例を作成することができます。

統計情報をもとにクラスタリングを行って可視化する

最後に、クラスタリングを行う機能を実装していきます。

設定を変えながら、さまざまなクラスタリングを試すことができます。

ソースコードですが、style.cssとglobal.Rについては、version3.1から変更がないので省略します。

ui.Rは`dashboardBody()`内の、`tabItem("tab_clustering")`部分のみ変更します。

SAMPLE CODE 08-app-version3.2/ui.R

```
# 省略
tabItem("tab_clustering",
        fluidRow(
          box(width = 3, background = 'blue',
              h2("都道府県をクラスタリング"),
              hr(),

              selectInput("data_for_clustering", h3("クラスタリングに用いるデータ列を選択"),
                          colnames(attribute_data)[2:ncol(attribute_data)],
                          multiple = TRUE, selected = colnames(attribute_data)[2:4]),
              selectInput("clustering_method", "クラスタリングの種類",
                          c("階層的(complete)" = "hclust", "非階層的(k-means)" = "k-means")),
              numericInput("number_of_cluster", "何個のクラスターに分類？", 1,
                           min = 1, max = 10),
              actionButton("get_clustering", "クラスタリング実行"),

              h3("散布図プロットするデータを選択"),
              selectInput("plot_x", "x軸方向",
                          colnames(attribute_data)[2:ncol(attribute_data)]),
```

```
            selectInput("plot_y", "x軸方向",
                        colnames(attribute_data)[2:ncol(attribute_data)]),

            actionButton("get_plot", "プロット")
        ),
        tabBox(width = 9,
               tabPanel("table", tableOutput('table_with_cluster')),
               tabPanel("Plot",
                        plotOutput("plot_with_cluster", brush = "plot_brush"),
                        verbatimTextOutput("info")
               ),
               tabPanel("mapping", leafletOutput("map_with_cluster"))
               )
        )
      )
# 省略
```

server.Rの末尾に、次のようにコードを追加します。

SAMPLE CODE 08-app-version3.2/server.R

```
server <- function(input, output) {
# 省略

  # 以下を追加
  # clusteringの部分
  data_with_cluster_number <- reactive({
    input$get_clustering

    number_of_cluster <- isolate(input$number_of_cluster)
    number_of_columns <- isolate(input$data_for_clustering)

    validate(need(length(number_of_columns) >= 2,
             "クラスタリングするには2つ以上の変数を選択してください。"))

    data <- attribute_data[, number_of_columns]

    if (isolate(input$clustering_method) == "hclust") {
      hc <- hclust(dist(scale(data)))
      clusters <- cutree(hc, number_of_cluster)
      data <- cbind(attribute_data, cluster = clusters)
    } else {
      # select k-means
      clusters <- kmeans(scale(data), number_of_cluster)
      data <- cbind(attribute_data, cluster = clusters$cluster)
    }

    return(data)
```

```
  })

  output$table_with_cluster <- renderTable(data_with_cluster_number())

  # クラスタ結果を二次元プロット
  observeEvent(input$get_plot, {
    data_for_plot <- data_with_cluster_number()[, c(input$plot_x, input$plot_y)]

    output$plot_with_cluster <- renderPlot({
      plot(data_for_plot, col = data_with_cluster_number()$cluster, pch = 20, cex = 3)
    })
  })

  # 二次元プロット上の情報表示
  output$info <- renderPrint({
    brushedPoints(data_with_cluster_number(), input$plot_brush,
                  xvar = input$plot_x, yvar = input$plot_y)
  })

  # クラスタ結果を地図に反映
  output$map_with_cluster <- renderLeaflet({
    pal <- colorFactor("Set1", domain = data_with_cluster_number()$cluster)
    leaflet(map) %>% addTiles() %>% # マップの中心
      setView(lat = 39, lng = 139, zoom = 5) %>%
      addPolygons(fillOpacity = 0.5, weight = 1,
                  fillColor = pal(data_with_cluster_number()$cluster), stroke = FALSE) %>%
      addLegend("bottomright", pal = pal, values = data_with_cluster_number()$cluster,
                title = "cluster")
  })
}
```

ui.R側については、基本的には今まで紹介してきた関数を組み合わせているだけですが、まだ紹介していない新しい関数として、tabBox()を使用しています。tabBox()はbox()のようにUIを配置させつつ、その中でタブを表示させたい場合に使われます。文字通り、タブを作ることができ、tabPanel()の数だけ、タブを作成することができます。

次のサンプルコードを実行してみると、イメージがつかめるでしょう。

```
dashboardBody(
  tabItems(
    tabItem(tabName = "tab_A",
            titlePanel("tab_Aの中身"),
            box(
              title = "ビンの数を指定",
              footer = "フッター部分",
              status = "info", solidHeader = FALSE,
              sliderInput("bins",
```

```
                              "Number of bins:",
                              min = 1, max = 50, value = 30)
                  ),
                  tabBox(
                    title = "tabBoxの例",
                    tabPanel("Tab1", plotOutput("distPlot")),
                    tabPanel("Tab2", "Tab content 2")
                  )
        ),
        tabItem(tabName = "tab_B",
                  titlePanel("tab_Bの中身"))
  )
)
```

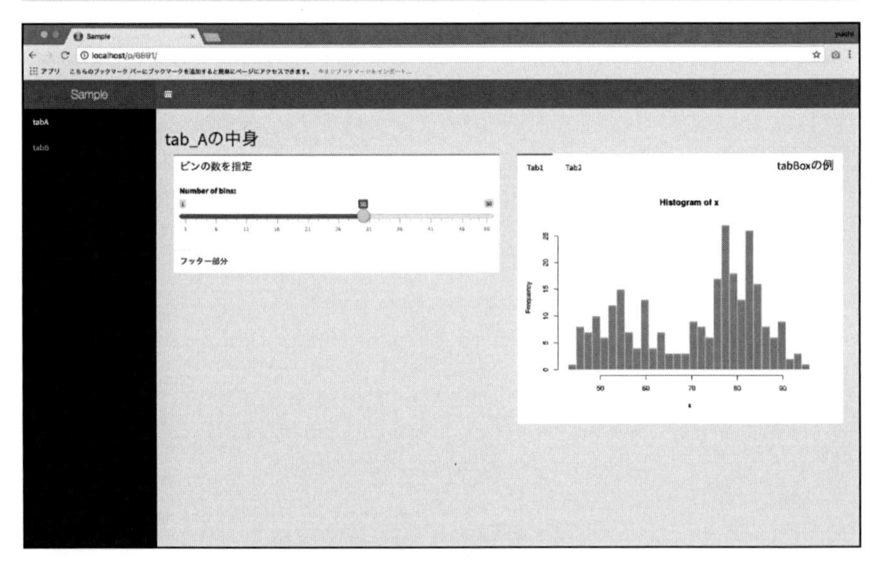

CHAPTER 03で紹介した`tabsetPanel()`と使い方は似ています。

また、`box()`で画像左側の青色パネルを作っています。

クラスタリングに用いるデータ、クラスタリングの手法、そしてクラスタの数をそれぞれ`selectInput()`と`numericInput()`で選択できるようにし、`actionButton()`をクリックすることでクラスタリングを実行します。

続いて、server.Rについて説明します。

次の`reactive()`関数内で、クラスタリングを行い、クラスタリング結果を`cbind()`を使って、もとのデータに結合しています。

```
data_with_cluster_number <- reactive({
  input$get_clustering
  # 省略
})
```

こちらの関数内で、次のように書いていますが、req()と似ていて入力に対するバリデーションチェックを行うことができます。

```
validate(need(length(number_of_columns) >= 2,
         "クラスタリングするには2つ以上の変数を選択してください。"))
```

need()の第1引数に処理を行うにあたり必要な条件、第2引数に条件が満たさなかった場合に出力するテキストを書きます。

今回の例では、クラスタリングのために最低、2つ以上の例を選択してもらうようにvalidata(need())を使っています。仮に1つしか選択しないと、次のように表示されます。

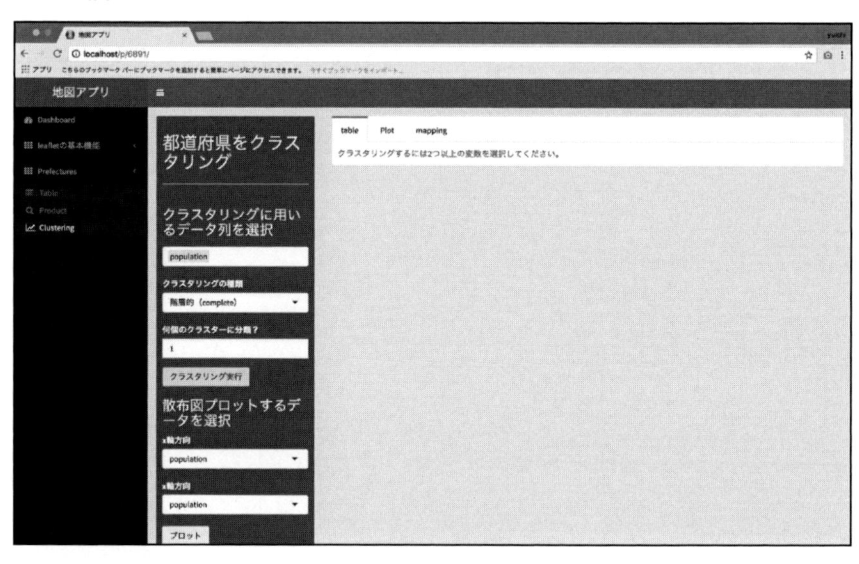

また、次の箇所でleafletオブジェクトを作成しています。

```
output$map_with_cluster <- renderLeaflet({
  pal <- colorFactor("Set1", domain = data_with_cluster_number()$cluster)
  leaflet(map) %>% addTiles() %>% # マップの中心
    setView(lat = 39, lng = 139, zoom = 5) %>%
    addPolygons(fillOpacity = 0.5, weight = 1,
                fillColor = pal(data_with_cluster_number()$cluster)) %>%
     addLegend("bottomright", pal = pal, values = data_with_cluster_number()$cluster, title =
"cluster")
})
```

前項でcolorNumeric()を用いましたが、今回は離散値なのでcolorFactor()で色を割り当てるためのオリジナル関数を作っています。colorFactor()を使って作成したパレットを使い、addPolygons()内のfillColor引数で色を各都道府県に与えています。

おわりに

本章では、leafletを使って、Shinyで地図アプリケーションを作成する方法について紹介しました。また、UIに関してはshinydashboardを利用することで、これまでとは少し異なる雰囲気のUIに仕上がりました。

地図を利用することで、Shinyの幅はとても広がります。本書を参考にオリジナルアプリケーションをぜひ、作ってみてください。

CHAPTER 05

GoogleアナリティクスAPIを使ったShinyアプリケーション

本章では、Webサイトのアクセス解析ツールであるGoogleアナリティクスとShinyを連携させて、オリジナルの解析アプリケーションを作成します。ぜひ、個人のポートフォリオサイトや技術ブログ、また会社のホームページなど、管理しているWebサイトのデータを実際に読み込んで分析してみましょう。

Googleアナリティクスのデータを取得するためのライブラリですが、以前は「rga」というライブラリが有名でした。しかし、現在は、Googleアナリティクスの開発者がrgaなどの複数のライブラリを参考にして作った「googleAnalyticsR」ライブラリが公開されているので、本書ではそちらを使っていきます。

SECTION-027

完成アプリケーションのイメージ

早速、これから作成するアプリケーションのイメージを紹介します。

◉Googleアカウント連携ページ

◉データ取得と可視化ページ

Shiny - Google アナリティクス API
localhost/p/1221/
Shiny - Google アナリティクス API
Google アカウント連携
metricsとdimention指定
Calculated Metrics
Normal Metrics
Users
Dimensions
User Type
Date Range
2018-08-17 to 2018-08-17
表出力
データを取得！
グラフ出力
出力したいグラフの種類を選んでください。右にグラフ例が出力されます。
円グラフ
画像出力例
SessionsPerPageview
5
4
dimension
New Visitor
Returning Visitor
users
11
6
dimension
New Visitor
Returning Visitor

ナビゲーションバーから、2つのページに遷移できます。1つ目は、GoogleアナリティクスのAPIを用いるための、Googleアカウントにログインするページです。2つ目は、ログイン後にリクエストする要素を指定して、次のことを行うページです。

- データテーブル表示
- グラフ出力
- ファイルダウンロード

SECTION-028

GoogleアナリティクスのAPIを使うための認証

まずは、ShinyとGoogleアナリティクスのAPIを連携するための準備をしていきましょう。

APIを有効化

GoogleアナリティクスのAPIを用いるためには、事前にGoogle Cloud Platformへの登録が必要です。Google Cloud Platformに登録すると、下表のようなGoogleが提供するさまざまなAPIを使うことができます。

APIの例	説明
Google Analytics Reporting API	連携したGoogleアナリティクスからデータを取得する
Google Calendar API	Googleカレンダーの情報を取得したり作成などを行う
Google Cloud Vision API	画像処理を行いラベル検出やロゴ検出などを行う
PageSpeed Insights API	Webサイトのページ読み込みスピードを評価する

Google Cloud Vision APIは手軽に画像処理を行いたい場合に非常に便利なAPIです。PageSpeed Insights APIを使って、Webサイトの各ページの読み込みスピードを調べて平均や中央値、そして評価の低いページを抽出するサービスを作るのも、とても面白そうです。興味があれば、ぜひ挑戦してみましょう。

アカウント登録にあたり、「https://cloud.google.com/」にアクセスします。

「無料トライアル」ボタンをクリックして登録を完了させてください。

登録が完了すると、次のページに飛びます。「Google API」と表示されている箇所をクリックしてダッシュボードを表示しましょう。

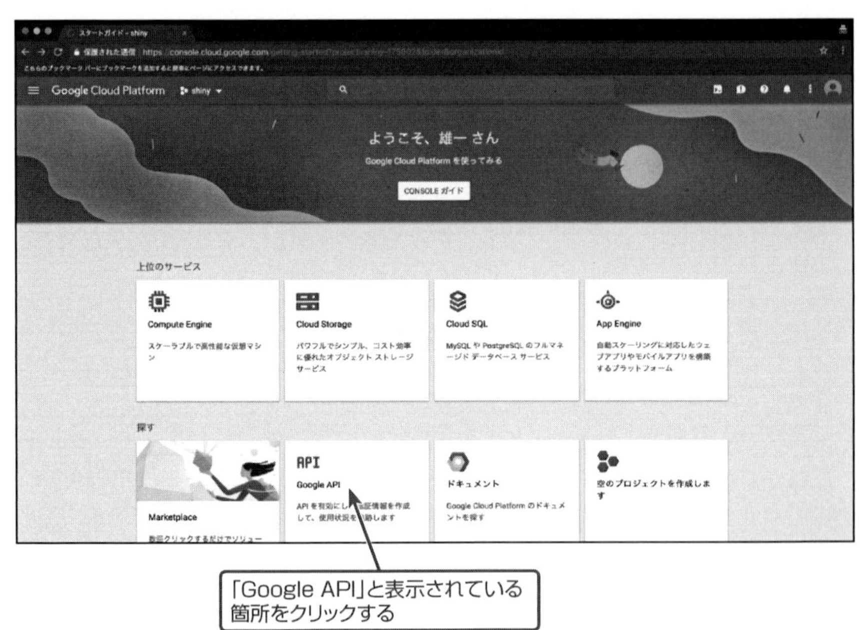

ページ上部の下三角アイコンをクリックすると、現在作られているプロジェクト一覧が表示されます。「新しいプロジェクト」をクリックし、新規プロジェクトを作成します。

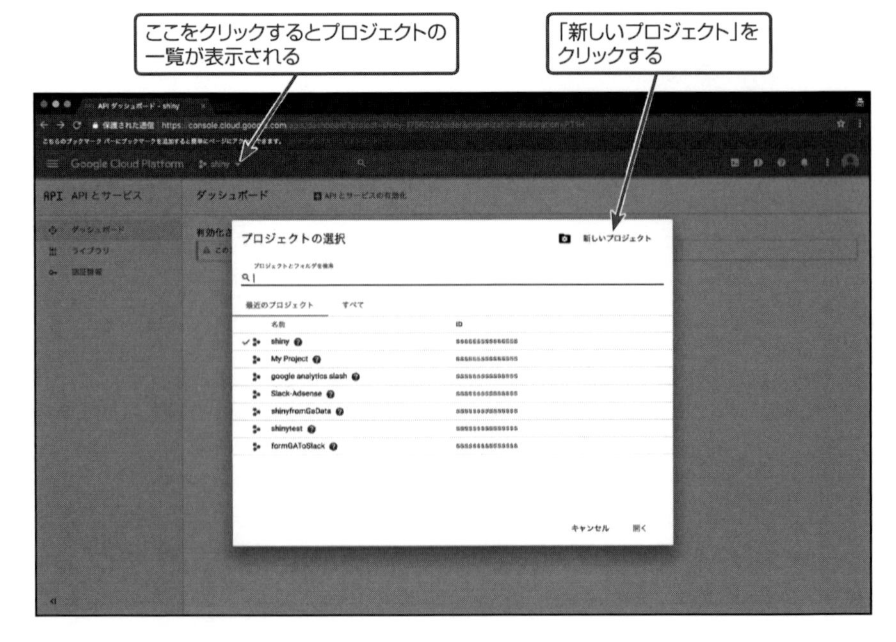

プロジェクト名は任意に設定し、「作成」ボタンをクリックします。

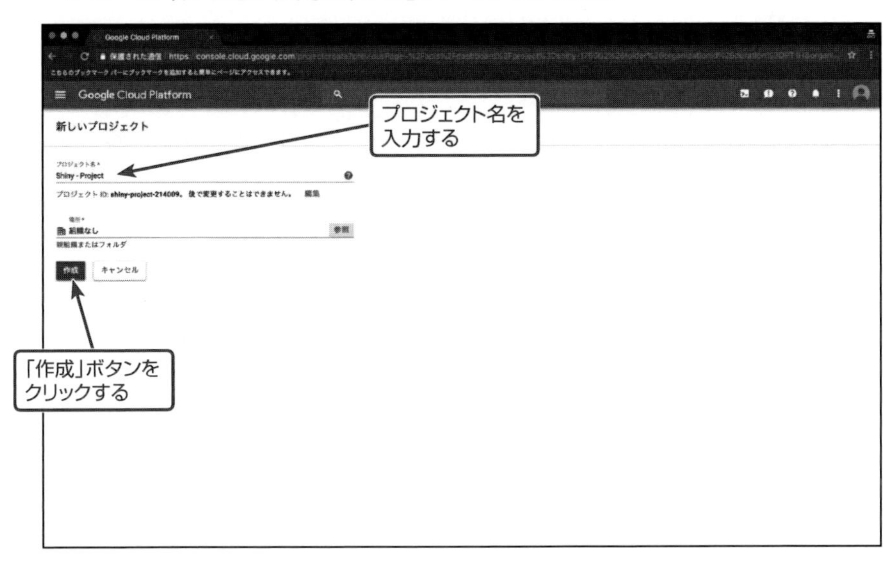

作成後、「APIとサービスの有効化」をクリックし、使いたいAPIを有効化していきます。

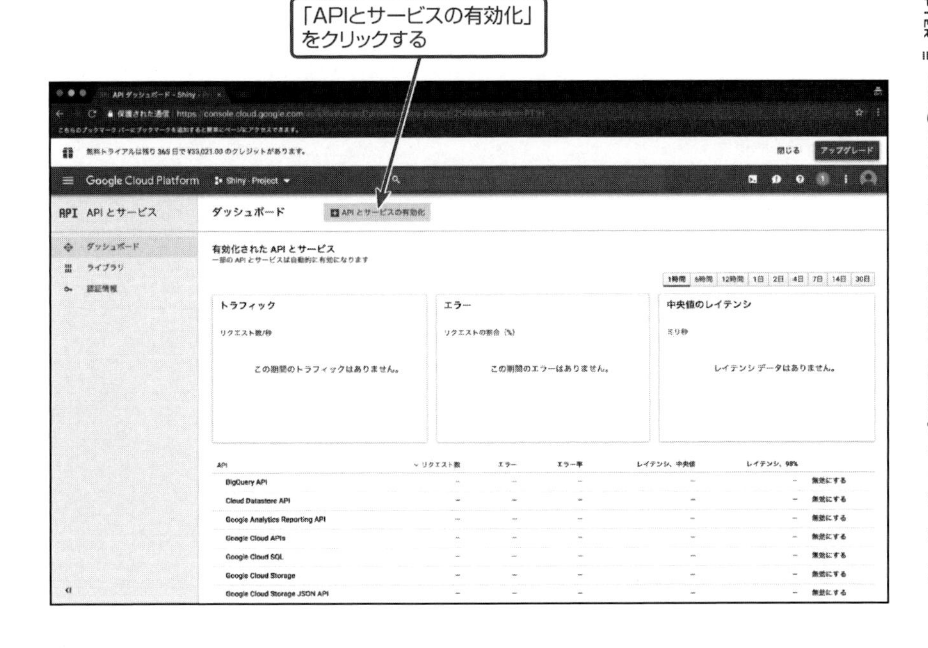

検索窓で、「analytics」などと入力すると、「Google Analytics Reporting API」が表示されるので、選択してください。

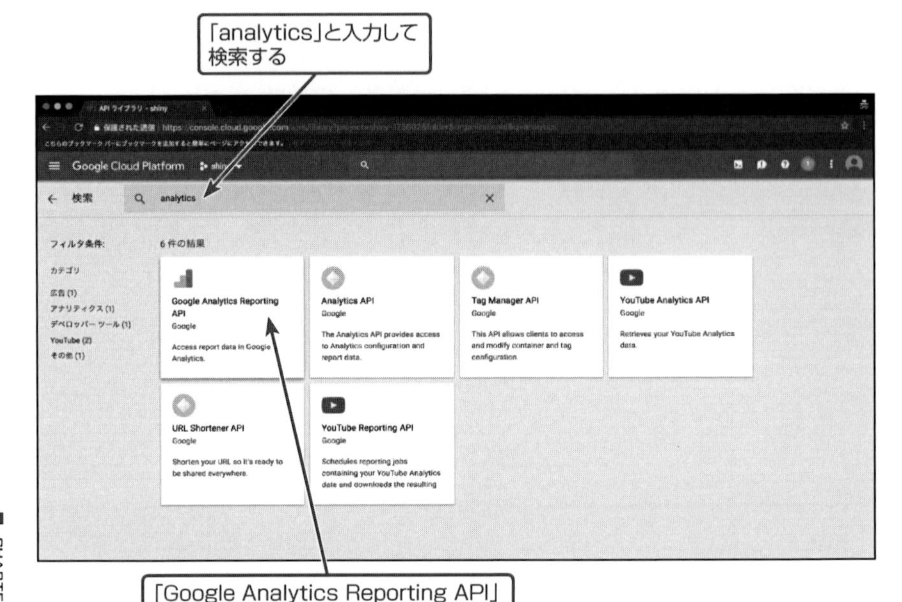

「有効にする」ボタンをクリックします。

同じく、「Analytics API」も有効にしておきましょう。

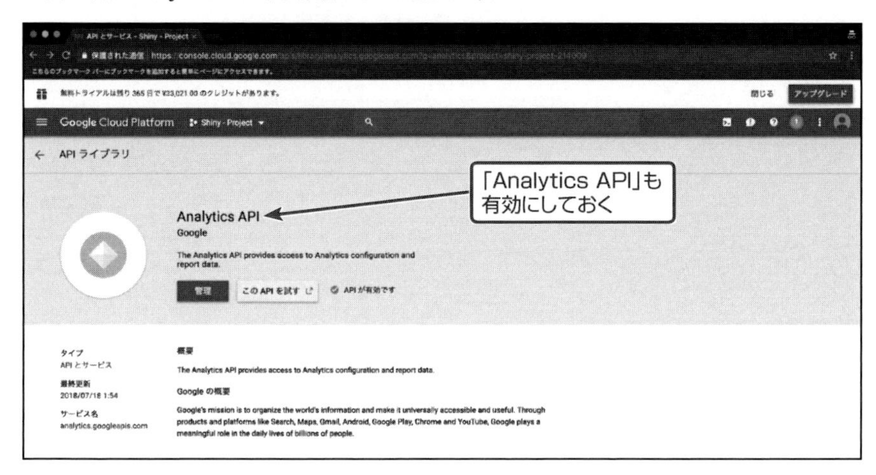

これで、本アプリケーションを実行するためのAPI有効化の設定ができました。

クライアントIDとクライアントシークレット

APIを有効化できたので、続いて、Shinyと連携する際に認証として必要な、次の2つを作成します。

- クライアントID
- クライアントシークレット

ダッシュボード左サイドバーの「認証情報」をクリックし、「認証情報を作成」ドロップダウンボタンから、「OauthクライアントID」を選択しましょう。

次に、「同意画面を設定」ボタンをクリックします。

「ユーザーに表示するサービス名」という箇所だけ入力すれば問題ありません。任意のサービス名を入力したら、「保存」ボタンをクリックしましょう。

その後、「承認済みのリダイレクトURI」に「http://127.0.0.1:1221」と入力し、「作成」ボタンをクリックしてください。

Googleアナリティクスのデータを使うにあたり、アプリケーション上でGoogleログインをする必要がありますが、その際に一度、ログイン画面に飛び、ログイン成功後に再びアプリケーション画面に戻ります。「承認済みのリダイレクトURI」では、ログイン後にどのURLに戻ればよいのか設定しています。ローカル環境で実行する際は、ローカルホストに戻すために「127.0.0.1」を設定します。もし、外部に公開する場合は適宜、アプリケーションのURLに書き換えてください。

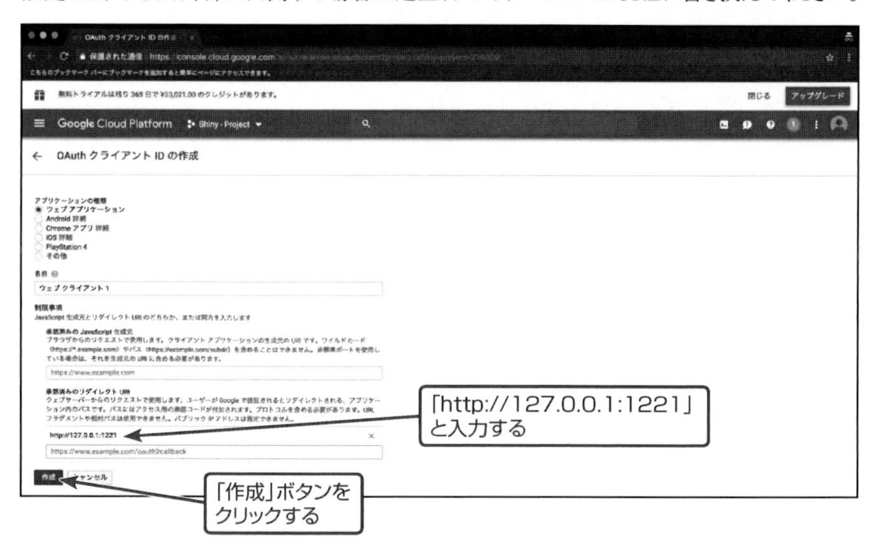

認証情報の作成が完了すると、次の画面が表示されます。

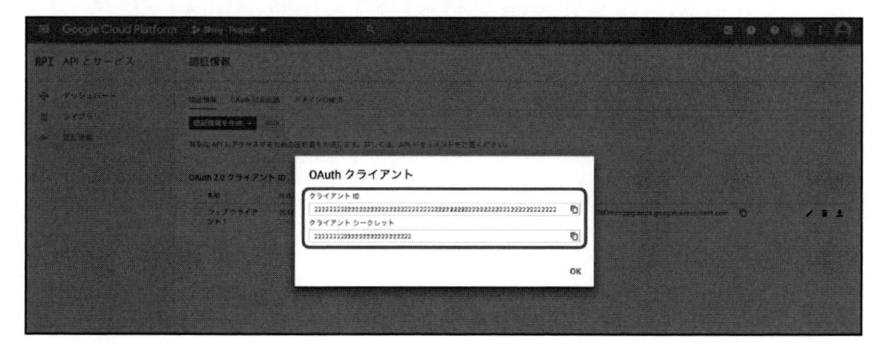

ここで表示されている次の2つをどこかに保存しておきましょう。

- クライアントID
- クライアントシークレット

なお、この2つの情報はとても重要なため、他の人がアクセスできるような場所(共有フォルダやGitHubなど)には決して置かないでください。

SECTION-029

データ取得

前節までで、ShinyとGoogleアナリティクスの連携が完了しました。本節では、作成した機能のうち、データ取得とテーブル表示までを行います。

まず、UIの設計は非常にシンプルで、ナビゲーションバーを使っているぐらいです。

SAMPLE CODE 01-app-versin1.0/global.R

```
library(shiny)
```

SAMPLE CODE 01-app-versin1.0/ui.R

```
shinyUI(
  navbarPage("Shiny - Google アナリティクス API",
             tabPanel("Google アカウント連携", tabName = "setup", icon = icon("cogs")),
             tabPanel("メトリクスとディメンション", tabName = "calc_metrics",
                      icon = icon("calculator"))
  )
)
```

SAMPLE CODE 01-app-versin1.0/server.R

```
shinyServer(function(input, output, session) {})
```

以降で使うライブラリがいくつかあるため、global.Rを使って読み込むことにします。また、各タブにCHAPTER 04で紹介したiconを設定しています。

ログイン機能

Googleログイン機能をまずは作っていきましょう。次のコマンドをコンソールで実行し、ログイン機能に必要なライブラリをインストールしてください。

```
> install.packages("googleAuthR", dependencies = T)
> install.packages("googleAnalyticsR", dependencies = T)
```

global.Rを次のように修正してください。

SAMPLE CODE 02-app-versin2.0/global.R

```
library(shiny)
library(googleAuthR)
library(googleAnalyticsR)

options(shiny.port = 1221)
options(googleAuthR.webapp.client_id = "xxxxxxxxxxxxx.apps.googleusercontent.com")
options(googleAuthR.webapp.client_secret = "xxxxxxxxxxxxxxxx")
options(googleAuthR.scopes.selected = c("https://www.googleapis.com/auth/analytics.readonly"))
```

次の部分には先ほど作成したクライアントIDを入力してください。

```
googleAuthR.webapp.client_id = "xxxxxxxxxxxxx.apps.googleusercontent.com"
```

次の部分にはクライアントシークレットを入力してください。

```
googleAuthR.webapp.client_secret = "xxxxxxxxxxxxxxxx"
```

ui.Rとserver.Rは、それぞれ次のように修正します。

SAMPLE CODE 02-app-versin2.0/ui.R

```
shinyUI(
  navbarPage("Shiny - Google アナリティクス API",
             tabPanel("Google アカウント連携", tabName = "setup", icon = icon("cogs"),
                      h1("Setup"),
                      googleAuthUI("Google_login"),
                      authDropdownUI("viewId_select")),
             tabPanel("メトリクスとディメンション", tabName = "calc_metrics",
                      icon = icon("bar-chart-o"))
  )
)
```

SAMPLE CODE 02-app-versin2.0/server

```
shinyServer(function(input, output, session) {
  token <- callModule(googleAuth, "Google_login")

  ga_accounts <- reactive({
    validate(
```

```
      need(token(), "Googleアカウントと連携してください")
    )
    with_shiny(ga_account_list, shiny_access_token = token())
  })

  selected_id <- callModule(authDropdown, "viewId_select", ga.table = ga_accounts)
})
```

修正が終わったら、実行しましょう。実行すると、ログインボタンが表示されています。

青色の「Login via Google」ボタンをクリックすると、Googleログイン画面に飛びます。

ログインに成功すると、もとの画面にリダイレクトされ、Googleアカウントに紐付いているGoogleアナリティクスの情報が表示されるようになります。

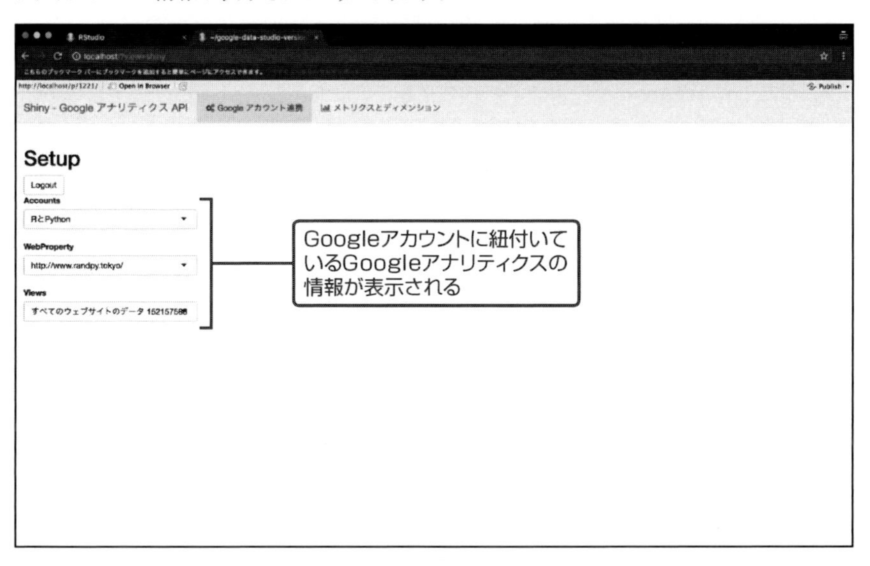

複数のGoogleアナリティクスを管理している場合は、分析したいビューをここで選択できます。

動作を確認したところで、ソースコードの説明をしていきます。

まず、ログインする箇所は、`googleAuthR`ライブラリが提供するShiny modules(CHAPTER 03で紹介)を使うだけで実装可能です。

ui.Rでは、次のように書きます。

```
googleAuthUI("Google_login")
```

server.Rでは、次のように書きます。

```
token <- callModule(googleAuth, "Google_login")
```

これで、Googleログインによるトークン取得ができます。

そして、次のコードで、取得したトークンをもとにGoogleアナリティクスのアカウント情報を取得しています。

```
ga_accounts <- reactive({
  validate(
    need(token(), "Googleアカウントと連携してください")
  )
  with_shiny(ga_account_list, shiny_access_token = token())
})
```

with_shiny()関数は、複数のユーザーが同時アクセスした場合に、ユーザーごとのトークンを保持するために用います。次のように書きます。

```
with_shiny("googleログイン後に用いる関数", shiny_access_token = "取得したトークン情報")
```

今回は、googleAnalyticsRライブラリ内のga_account_list関数を使って、Googleアナリティクスのアカウントリストを取得しています。

最後に、Shiny modulesのauthDropdownUIとauthDropdownを利用してドロップダウンでGoogleアカウントに紐付くGoogleアナリティクスの情報を表示し、分析したいビューを選択できるようになっています。こちらも、googleAnalyticsRライブラリが提供してくれるので、特に実装は必要ありません。

データ取得部分

前項でビューを選択できるようになったので、実際にデータをAPI経由で取得してみましょう。こちらもライブラリ提供の関数を使うだけなので、非常に簡単です。

global.Rはversion2.0から変更がないので省略し、ui.Rとserver.Rのみ掲載します。

次のコードでアプリケーションを立ち上げてください。

SAMPLE CODE 03-app-versin2.1/ui.R

```
shinyUI(
  navbarPage("Shiny - Google アナリティクス API",

             tabPanel("Google アカウント連携", tabName = "setup", icon = icon("cogs"),
                      h1("Setup"),
                      googleAuthUI("Google_login"),
                      authDropdownUI("viewId_select")),

             tabPanel("メトリクスとディメンション", tabName = "calc_metrics",
                      icon = icon("bar-chart-o"),
                      h1("データを取得"),
                      fluidRow(
                        column(width = 6,
                               multi_selectUI("metrics", "メトリクスを選択")
                        ),
                        column(width = 6,
                               multi_selectUI("dimensions", "ディメンションを選択")
                        )
                      ),
                      fluidRow(
                        column(width = 6,
                               dateRangeInput("date_range", "日付を選択")
                        ),
                        column(width = 6, br())
                      ),
```

▼

```
              h2("表出力"),
              actionButton("get_data", "データを取得！", icon = icon("download"),
                           class = "btn-success"),
              hr(),
              DT::dataTableOutput("data_table")
          )
  )
)
```

SAMPLE CODE 03-app-versin2.1/server.R

```
shinyServer(function(input, output, session) {
  token <- callModule(googleAuth, "Google_login")

  ga_accounts <- reactive({
    validate(need(token(), "Googleアカウントと連携してください"))
    with_shiny(ga_account_list, shiny_access_token = token())
  })

  selected_id <- callModule(authDropdown, "viewId_select",
                            ga.table = ga_accounts)

  selected_dimensions <- callModule(multi_select, "dimensions",
                                    type = "DIMENSION", subType = "all")
  selected_metrics <- callModule(multi_select, "metrics", type = "METRIC",
                                 subType = "all")

  data_from_api <- eventReactive(input$get_data, {
    with_shiny(google_analytics, viewId = selected_id(),
               date_range = input$date_range, metrics = selected_metrics(),
               dimensions = selected_dimensions(),
               shiny_access_token = token())
  })

  output$data_table <- DT::renderDataTable({
    dimensions_length <- length(selected_dimensions())
    data <- data_from_api()
    data_col_number <- ncol(data)

    data[, (dimensions_length + 1):data_col_number] <-
      round(data[, (dimensions_length + 1):data_col_number], 3)

    data
  })
})
```

アプリケーションを実行してログインを済ませたら、「メトリクスとディメンション」ページに遷移してください。

メトリクスとディメンションを指定し、取得する期間を入力して「データを取得!」ボタンをクリックしてください。APIからデータを取得し、データテーブル形式で表示してくれます。

メトリクスを指定する

ディメンションを指定する

「データを取得!」ボタンをクリックする

	userType	users
1	New Visitor	9899
2	Returning Visitor	2821

データテーブル形式でデータが表示される

メトリクスとディメンションについて馴染みのない方もいるかもしれません。

メトリクスでは、どんな数値データを取得したいかを設定できます。具体的には次のようなデータです。

- Users(ユーザー数)
- Pageviews(ページビュー数)
- Sessions(セッション数)
- Goal Completions(コンバージョン数)
- Bouce Rate(直帰率)

それに対してディメンションとは、メトリクスで設定した値を「どういう属性ごとに分けて見るか」を設定できます。具体的には次のような分け方です。

- User Type(新規ユーザーとリピートユーザーごと)
- Landing Page(着地したページごと)
- Medium(ソーシャルからか広告からかなど、流入経路ごと)
- Region(流入している地域ごと)

たとえば、メトリクスに「Pageviews」、ディメンションに「User Type」を指定すると、次のデータを取得することができます。

- 新規ユーザーのページビュー数
- リピートユーザーのページビュー数

メトリクスとディメンションは複数、設定することができるので、いろいろと掛け合わせて試してみましょう。

さて、挙動を確認できたところでソースコードの解説を行います。

ここでもライブラリ提供のShinyモジュールを使います。`multi_selectUI`と`multi_select`を使うと、前述したメトリクスとディメンションをもとに、`selectInput()`を生成してくれます。

```
callModule(multi_select, "label", type = "DIMENSION", subType = "all")
```

type引数に"DIMENSION"もしくは"METRIC"を指定することができます。

続いて、選択したメトリクスとディメンションをもとに、server.Rの次の箇所でデータを取得しています。

```
data_from_api <- eventReactive(input$get_data, {
  with_shiny(google_analytics, viewId = selected_id(),
             date_range = input$date_range, metrics = selected_metrics(),
             dimensions = selected_dimensions(),
             shiny_access_token = token())
})
```

前述したwith_shinyの中でgoogle_analytics関数を使っています。google_analyticsには、次の引数を与えます。

引数	説明
viewId	どのビューからデータを取得するか
date_range	データを取得する期間
metrics	メトリクス
dimensions	ディメンション

今回は使っていませんが、max_results引数に、"max_results = 100"のように設定すると、取得する件数を制限することもできます。

たとえば、ページ数が多いサイトでページごとのユーザー数を取得する場合には、全件取得するのは大変です。そのようなときは、max_resultsを利用しましょう。

ggplot2を使って可視化する

前節までで、Googleアナリティクスのデータを取得することができました。本節では、取得したデータをもとに、CHAPTER 01で紹介したggplot2ライブラリで可視化を行います。

まずは、Shiny上でのggplot2の使い方について簡単に説明していきます。次のサンプルコードを見てください。

SAMPLE CODE 04-ggplot/app.R

```
library(shiny)
library(ggplot2)

ui <- shinyUI(fluidPage(
    selectInput("sel",label = "col",choices = colnames(iris)[2:4]),
    selectInput("color",label = "col",choices = c("red", "black", "blue", "green")),
    plotOutput("plot")
  ))

server <- shinyServer(function(input, output) {
  output$plot = renderPlot({
    data = data.frame(x = iris[,input$sel], y = iris$Sepal.Length)
    g = ggplot(data, aes(x = x, y = y))
    g = g + geom_point(colour=input$color)
    print(g)
  })
}
)
shinyApp(ui = ui, server = server)
```

CHAPTER 01でggplot2の使い方について触れましたが、Shinyで使う際も下記のような形で同じように記述します。Shinyで使用する場合は、最後にprint()がないと出力されないので注意してください。

```
g = ggplot(data, aes(x = x, y = y))
g = g + geom_point(colour=input$color)
print(g)
```

そして、renderPlot()内で使うことで、インタラクティブにggplot2による可視化を表現することが可能になります。

上記のコードを実行した画面が次ページの画像になります。

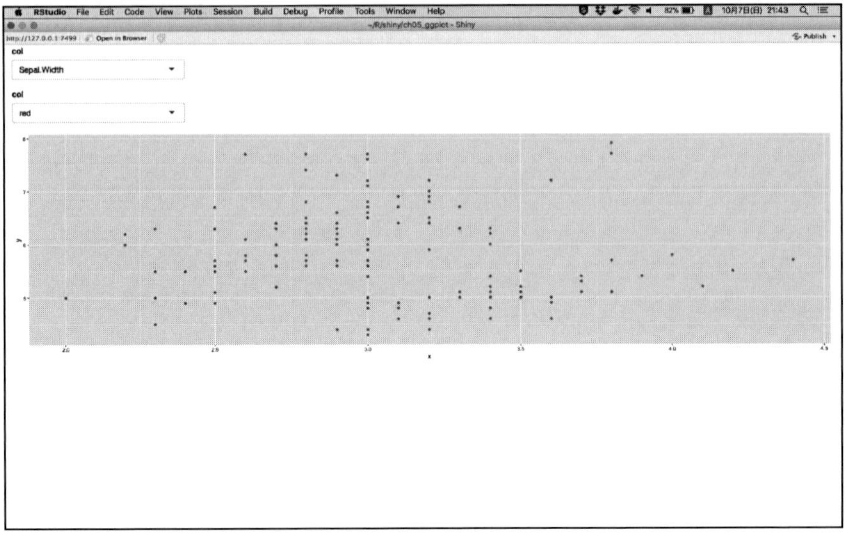

さて、本題のアプリ制作に戻りますが、どんなメトリクス・ディメンションを指定するかで、出力したいグラフの形式も変わってくるはずです。定番のselectInput()を使って、グラフの種類を選択できるようにしましょう。

また、メトリクスが複数、選択された場合、グラフもその数だけ出力しなくてはいけません。ggplot2で作成したグラフを複数出力するには、Rmiscライブラリのmultiplot()関数が便利なので、こちらを使いましょう。

SAMPLE CODE 05-app-versin3.0/global.R

```
library(shiny)
library(googleAuthR)
library(googleAnalyticsR)
library(DT)
library(ggplot2)
library(Rmisc)

options(shiny.port = 1221)
options(googleAuthR.webapp.client_id = "xxxxxxxxxxxxx.apps.googleusercontent.com")
options(googleAuthR.webapp.client_secret = "xxxxxxxxxxxxxxxx")
options(googleAuthR.scopes.selected = c("https://www.googleapis.com/auth/analytics.readonly"))

# used for ui.R
color_choise <- c("YlOrRd", "YlOrBr", "YlGnBu", "YlGn", "Reds", "RdPu",
                  "Purples", "PuRd", "PuBuGn", "PuBu", "OrRd", "Oranges", "Greys", "Greens",
                  "GnBu", "BuPu", "BuGn", "Blues", "Set3", "Set2", "Set1", "Pastel2",
                  "Pastel1", "Paired", "RColorBrewe", "Dark2", "Accent", "Spectral",
                  "RdYlGn", "RdYlBu", "RdGy", "RdBu", "PuOr", "PRGn", "PiYG", "BrBG")
```

```
# used for server.R
modify_dimensions_length_to_1 <- function(data, dimensions_length) {
  paste_dim <- data[, 1]
  if (dimensions_length > 1) {
    for (i in 2:dimensions_length) {
      paste_dim <- paste(paste_dim, data[, i], sep = "-")
    }
  }
  return(paste_dim)
}

modify_dimensions_length_to_2 <- function(data, dimensions_length) {
  paste_dim1 = data[, 1]
  paste_dim2 = data[, 2]
  if (dimensions_length > 2) {
    for (i in 3:dimensions_length) {
      paste_dim2 <- paste(paste_dim2, data[, i], sep = "-")
    }
  }
  return(list(paste_dim1, paste_dim2))
}

modify_dimensions_length_to_3 <- function(data, dimensions_length) {
  paste_dim1 = data[, 1]
  paste_dim2 = data[, 2]
  paste_dim3 = data[, 3]

  if (dimensions_length > 3) {
    for (i in 4:dimensions_length) {
      paste_dim3 <- paste(paste_dim3, data[, i], sep = "-")
    }
  }
  return(list(paste_dim1, paste_dim2, paste_dim3))
}
```

SAMPLE CODE 05-app-versin3.0/ui.R

```
shinyUI(
  navbarPage("Shiny - Google アナリティクス API",
             tabPanel("Google アカウント連携", tabName = "setup", icon = icon("cogs"),
                      h1("Setup"),
                      googleAuthUI("Google_login"),
                      authDropdownUI("viewId_select")),

             tabPanel("メトリクスとディメンション", tabName = "calc_metrics",
                      icon = icon("bar-chart-o"),
                      h1("データを取得"),
```

```
        fluidRow(
          column(width = 6,
                 multi_selectUI("metrics", "メトリクスを選択")
          ),
          column(width = 6,
                 multi_selectUI("dimensions", "ディメンションを選択")
          )
        ),
        fluidRow(
          column(width = 6,
                 dateRangeInput("date_range", "日付を選択")
          ),
          column(width = 6, br())
        ),

        h2("表出力"),
        actionButton("get_data", "データを取得！", icon = icon("download"),
                     class = "btn-success"),
        hr(),
        DT::dataTableOutput("data_table"),

        h2("グラフ出力"),
        br(),
        fluidRow(
          column(width = 6,
                 selectInput("graph_type",
                             label = "出力したいグラフの種類を選んでください。",
                             choices = c("円グラフ", "棒グラフ1", "棒グラフ2",
                                         "折れ線グラフ", "散布図", "面グラフ"),
                             selected = "円グラフ")),
          column(width = 6,
                 selectInput("color_type",
                             label = "出力する色のタイプを選んでください。",
                             choices = color_choise))
        ),
        actionButton("get_plot", "グラフを出力", icon = icon("area-chart"),
                     class = "btn-success"),
        plotOutput("plot")
      )
  )
)
```

SAMPLE CODE 05-app-versin3.0/server.R

```
shinyServer(function(input, output, session) {
  token <- callModule(googleAuth, "Google_login")

  ga_accounts <- reactive({
    validate(need(token(), "Googleアカウントと連携してください"))
    with_shiny(ga_account_list, shiny_access_token = token())
  })

  selected_id <- callModule(authDropdown, "viewId_select", ga.table = ga_accounts)

  selected_dimensions <- callModule(multi_select, "dimensions", type = "DIMENSION",
                                    subType = "all")
  selected_metrics <- callModule(multi_select, "metrics", type = "METRIC", subType = "all")

  data_from_api <- eventReactive(input$get_data, {
    with_shiny(google_analytics, viewId = selected_id(),
               date_range = input$date_range, metrics = selected_metrics(),
               dimensions = selected_dimensions(), shiny_access_token = token())
  })

  output$data_table <- DT::renderDataTable({
    dimensions_length <- length(selected_dimensions())
    data <- data_from_api()
    data_col_number <- ncol(data)

    data[, (dimensions_length + 1):data_col_number] <-
      round(data[, (dimensions_length + 1):data_col_number], 3)

    data
  })

  plot_list <- eventReactive(input$get_plot, {

    metrics_length <- length(selected_metrics())
    dimensions_length <- length(selected_dimensions())

    data_for_graph <- as.data.frame(data_from_api())
    data_col_number <- ncol(data_for_graph)

    data_for_graph[, (dimensions_length + 1):data_col_number] <-
      round(data_for_graph[, (dimensions_length + 1):data_col_number], 3)

    input_graph_type <- input$graph_type
    plots <- list()
```

```
# 円グラフの処理
if (input_graph_type == "円グラフ") {
  paste_dimension <- modify_dimensions_length_to_1(data_for_graph, dimensions_length)

  for (i in 1:metrics_length) {
    metrics_name = colnames(data_for_graph)[(dimensions_length + i)]
    tmp_data_for_plot = data.frame(metrics = data_for_graph[, (dimensions_length + i)],
                                   dimension = paste_dimension)

    g <- ggplot(tmp_data_for_plot, aes(x = "", y = metrics, fill = dimension,
                label = metrics))
    g <- g + geom_bar(width = 1, stat = "identity")
    g <- g + labs(title = metrics_name)
    g <- g + coord_polar("y")
    g <- g + geom_text(aes(x = "", y = metrics, label = metrics),
                       size = 6, position = position_stack(vjust = 0.5))
    g <- g + theme(plot.title = element_text(size = 25, face = "bold"))
    g <- g + scale_fill_brewer(palette = input$color_type)

    plots[[i]] <- g
  }

  return(plots)
}

# 棒グラフ1 or 2の処理
if ((input_graph_type == "棒グラフ1") || (input_graph_type == "棒グラフ2")) {
  if (dimensions_length == 1) {

    for (i in 1:metrics_length) {
      metrics_name <- colnames(data_for_graph)[(dimensions_length + i)]
      tmp_data_for_plot <- data.frame(metrics = data_for_graph[, (dimensions_length + i)],
                                      dimension = data_for_graph[, 1])

      g <- ggplot(tmp_data_for_plot, aes(x = dimension, y = metrics, fill = dimension))
      g <- g + geom_bar(width = 0.8, stat = "identity") + labs(title = metrics_name)
      g <- g + theme(plot.title = element_text(size = 25, face = "bold"))
      g <- g + scale_fill_brewer(palette = input$color_type)

      plots[[i]] <- g
    }
    return(plots)
  }

  paste_dimension <- modify_dimensions_length_to_2(data_for_graph, dimensions_length)

  for (i in 1:metrics_length) {
```

```
    metrics_name <- colnames(data_for_graph)[(dimensions_length + i)]
    tmp_data_for_plot <- data.frame(metrics = data_for_graph[, (dimensions_length + i)],
                                    dimension1 = paste_dimension[[1]],
                                    dimension2 = paste_dimension[[2]])

    g <- ggplot(tmp_data_for_plot, aes(x = dimension1, y = metrics, fill = dimension2))

    if (input_graph_type == "棒グラフ1") {
      g <- g + geom_bar(width = 0.8, stat = "identity") + labs(title = metrics_name)
    } else {
      g <- g + geom_bar(position = "dodge", width = 0.8, stat = "identity") +
           labs(title = metrics_name)
    }

    g <- g + theme(plot.title = element_text(size = 25, face = "bold"))
    g <- g + scale_fill_brewer(palette = input$color_type)

    plots[[i]] <- g
  }
  return(plots)
}


# 折れ線グラフと面グラフの処理
if ((input_graph_type == "折れ線グラフ") || (input_graph_type == "面グラフ")) {
  if (dimensions_length == 1) {
    for (i in 1:metrics_length) {
      metrics_name <- colnames(data_for_graph)[(dimensions_length + i)]
      tmp_data_for_plot <- data.frame(metrics = data_for_graph[, (dimensions_length + i)],
                                      dimension = data_for_graph[, 1])

      g <- ggplot(tmp_data_for_plot, aes(x = dimension, y = metrics))

      if (input_graph_type == "折れ線グラフ") {
        g <- g + geom_point() + geom_line()
        g <- g + scale_color_brewer(palette = input$color_type)
      } else {
        g <- g + geom_area()
        g <- g + scale_fill_brewer(palette = input$color_type)
      }
      g <- g + labs(title = metrics_name)
      g <- g + theme(plot.title = element_text(size = 25, face = "bold"))

      plots[[i]] <- g
    }

    return(plots)
```

```
    }

    paste_dimension <- modify_dimensions_length_to_2(data_for_graph, dimensions_length)

    for (i in 1:metrics_length) {
      metrics_name <- colnames(data_for_graph)[(dimensions_length + i)]

      tmp_data_for_plot <- data.frame(metrics = data_for_graph[, (dimensions_length + i)],
                                      dimension1 = paste_dimension[[1]],
                                      dimension2 = paste_dimension[[2]])

      if (input_graph_type == "折れ線グラフ") {
        g <- ggplot(tmp_data_for_plot, aes(x = dimension1, y = metrics, color = dimension2))
        g <- g + geom_point() + geom_line()
        g <- g + scale_color_brewer(palette = input$color_type)
      } else {
        g <- ggplot(tmp_data_for_plot, aes(x = dimension1, y = metrics))
        g <- g + geom_area(aes(group = dimension2, fill = dimension2))
        g <- g + scale_fill_brewer(palette = input$color_type)
      }

      g <- g + labs(title = metrics_name) +
             theme(plot.title = element_text(size = 25, face = "bold"))

      plots[[i]] <- g
    }
    return(plots)
  }


  # 散布図の処理
  if (input_graph_type == "散布図") {
    if (dimensions_length == 1) {
      for (i in 1:metrics_length) {
        metrics_name <- colnames(data_for_graph)[(dimensions_length + i)]
        tmp_data_for_plot <- data.frame(metrics = data_for_graph[, (dimensions_length + i)],
                                        dimension = data_for_graph[, 1])
        g <- ggplot(tmp_data_for_plot, aes(x = dimension, y = metrics))
        g <- g + geom_point() + labs(title = metrics_name)
        g <- g + theme(plot.title = element_text(size = 25, face = "bold"))
        g <- g + scale_color_brewer(palette = input$color_type)

        plots[[i]] = g
      }
      return(plots)
    }
```

```
    if (dimensions_length <= 2) {
      for (i in 1:metrics_length) {
        metrics_name <- colnames(data_for_graph)[(dimensions_length + i)]
        tmp_data_for_plot <- data.frame(metrics = data_for_graph[, (dimensions_length + i)],
                                        dimension1 = data_for_graph[, 1],
                                        dimension2 = data_for_graph[, 2])
        g <- ggplot(tmp_data_for_plot, aes(x = dimension1, y = metrics))
        g <- g + geom_point(aes(colour = dimension2)) + labs(title = metrics_name)
        g <- g + theme(plot.title = element_text(size = 25, face = "bold"))
        g <- g + scale_color_brewer(palette = input$color_type)

        plots[[i]] <- g
      }
      return(plots)
    }

    paste_dimension <- modify_dimensions_length_to_3(data_for_graph, dimensions_length)

    for (i in 1:metrics_length) {
      metrics_name <- colnames(data_for_graph)[(dimensions_length + i)]
      tmp_data_for_plot <- data.frame(metrics = data_for_graph[, (dimensions_length + i)],
                                      dimension1 = paste_dimension[[1]],
                                      dimension2 = paste_dimension[[2]],
                                      dimension3 = paste_dimension[[3]])

      g <- ggplot(tmp_data_for_plot, aes(x = dimension1, y = metrics, colour = dimension2))
      g <- g + geom_point(aes(colour = dimension2, shape = dimension3)) +
            labs(title = metrics_name)
      g <- g + theme(plot.title = element_text(size = 25, face = "bold"))
      g <- g + scale_color_brewer(palette = input$color_type)

      plots[[i]] <- g
    }
    return(plots)
  }
 })

 output$plot <- renderPlot({
   multiplot(plotlist = plot_list(), cols = 2)
 })
})
```

以上のコードを実行してみましょう。

◉データ取得部分

RStudio　Shiny - Google アナリティクス

localhost

Shiny - Google アナリティクス API　Google アカウント連携　メトリクスとディメンション

データを取得

メトリクスを選択

Users

ディメンションを選択

User Type

日付を選択

2018-08-01 to 2018-08-23

表出力

データを取得！

Show 10 entries　Search:

	userType	users
1	New Visitor	10992
2	Returning Visitor	3135

Showing 1 to 2 of 2 entries　Previous 1 Next

グラフ出力

出力したいグラフの種類を選んでください。

円グラフ

出力する色のタイプを選んでください。

Set1

グラフを出力

◉グラフ生成部分

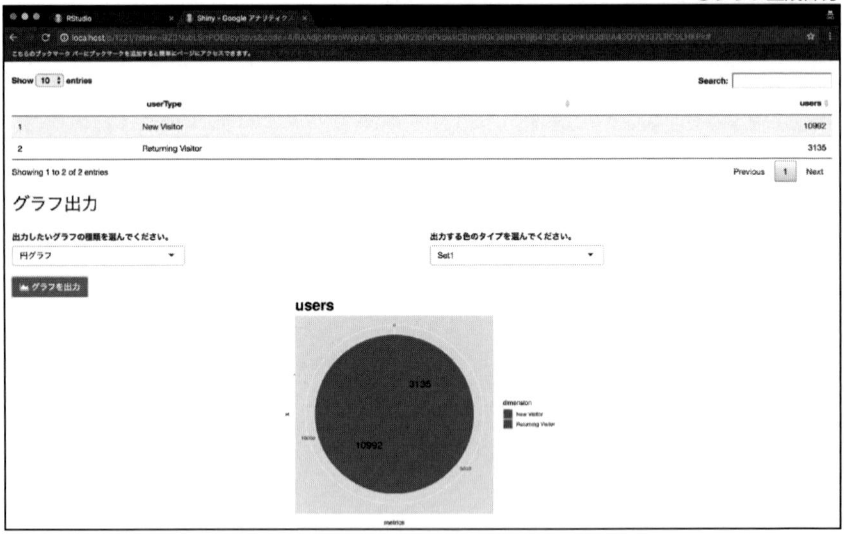

RStudio　Shiny - Google アナリティクス

localhost

Show 10 entries　Search:

	userType	users
1	New Visitor	10992
2	Returning Visitor	3135

Showing 1 to 2 of 2 entries　Previous 1 Next

グラフ出力

出力したいグラフの種類を選んでください。

円グラフ

出力する色のタイプを選んでください。

Set1

グラフを出力

users

3135

10992

dimension

New Visitor

Returning Visitor

metrics

データを取得後、グラフの形式と色パレットを選択し、「グラフを出力」ボタンをクリックするとグラフが生成されます。グラフは次の種類を準備しています。

- 円グラフ
- 棒グラフ1(積み上げタイプ)
- 棒グラフ2(横並びタイプ)
- 折れ線グラフ
- 散布図
- 面グラフ

また、色パレットは、RColorBrewerライブラリが提供するものから選べるようにしています。グラフと色を変えながら出力してみてください。

ui.R側は非常に簡単です。グラフ出力するためのトリガーであるactionButtonと、server.R側から送られたグラフをplotOutputを使って出力する処理を書くだけです。

それに対し、ディメンションの数をどれだけユーザーが入力してくるかわからないため、sever.R側は工夫が必要です。

円グラフを出力することを考えましょう。User Type(新規ユーザーかリピートユーザー)とDevice Category(PCかスマホかタブレット)という2つのディメンションを指定した場合は、次の2×3で計6つのラベルを持つ円グラフが出力されるべきです。

- 新規ユーザーでPC
- 新規ユーザーでスマホ
- 新規ユーザーでタブレット
- リピートユーザーでPC
- リピートユーザーでスマホ
- リピートユーザーでタブレット

3つディメンションを指定したら、さらにラベルは増えていきます。

```
# 円グラフ
if (input_graph_type == "円グラフ") {
  paste_dimension <- modify_dimensions_length_to_1(data_for_graph, dimensions_length)
  ...
```

global.Rで定義したmodify_dimensions_length_to_1()によって、複数のディメンションから円グラフに用いるラベルを作成しています。他のグラフでも同様の処理を行っているので、確認しておいてください。ソースコードは一気に長くなっていますが、1つひとつグラフ生成処理を書いているだけです。もし不要なグラフがあれば該当処理を削除したり、他に必要なグラフがあれば追加をしてください。

複数のグラフを作成するための、前述したmultiplotの使い方ですが、引数にグラフをlist形式で渡した上で、何列表示にするのかを「cols=2」のように指定するだけです。

パワーポイントファイルを生成する

Shinyで色や形式を柔軟に変更しながら作成したグラフをPowerPointにてダウンロードできたら、さらに便利です。CHAPTER 03で説明した、downloadHandler関数を使って実現してみましょう。

Rからパワーポイントファイルを作成する場合、次の2つのライブラリをインストールする必要があります。

- rJava
- ReporteRsjars

なお、rJavaという名前の通り、お使いのパソコンにJava環境がある必要があります。64bitなら64bit用のJavaを事前に導入しておきましょう。

コンソールで、次のコマンドを入力し、インストールしてください。以前は、ReporteRsライブラリはCRANに登録されていたのですが、現在削除されているので、Githubからインストールします。

```
> install.packages("rJava", dependencies = T)
> devtools::install_github('davidgohel/ReporteRsjars')
> devtools::install_github('davidgohel/ReporteRs')
```

rJavaのインストール時は、Javaへのパス設定などでエラーが起こることがあるので、注意してください。

ReporteRsの使い方

まずはReporteRsとdownloadHandlerを使った簡単なアプリケーションを作り、イメージをつかみましょう。

SAMPLE CODE 06-ReporteRs/ui.R

```
library(shiny)
library(rJava)
library(ReporteRs)

shinyUI(

  fluidPage(
    selectInput("select", label = "col", choices = colnames(iris)[2:4]),
    selectInput("color", label = "col", choices = c("red", "black", "blue", "green")),
    plotOutput("plot"),
    downloadButton('downloadData', 'Download')
  )
)
```

SAMPLE CODE 06-ReporteRs/server.R

```
library(shiny)
library(DT)
library(ReporteRs)
library(rJava)
library(ggplot2)

shinyServer(function(input, output, session) {

  output_plot_fun <- reactive({
    data <- data.frame(x = iris[, input$select], y = iris$Sepal.Length)
    ggplot(data, aes(x = x, y = y)) + geom_point(colour = input$color)
  })

  output$plot <- renderPlot({
    print(output_plot_fun())
  })

  output$downloadData <- downloadHandler(filename = "testfile.pptx",
                                         content <- function(file) {
                                           doc <- pptx()

                                           # Slide 1
                                           doc <- addSlide(doc, "Title Slide")
                                           doc <- addTitle(doc, "Rから作ったパワポです")
                                           doc <- addSubtitle(doc, "皆さん使ってください")

                                           # Slide 2
                                           doc <- addSlide(doc, "Title and Content")
                                           doc <- addTitle(doc, "2ページ目")
                                           doc <- addPlot(doc, fun = print,
                                                          x = output_plot_fun())
                                           writeDoc(doc, file)
                                         })
})
```

アプリケーションを実行すると、次ページのような画面が表示されます。

irisのデータをもとに散布図をプロットし、「Download」ボタンをクリックするとpptxファイルが作成されることを確認してください。次のような2枚のパワーポイントスライドが完成しているはずです。

Rから作ったパワポです
皆さん使ってください

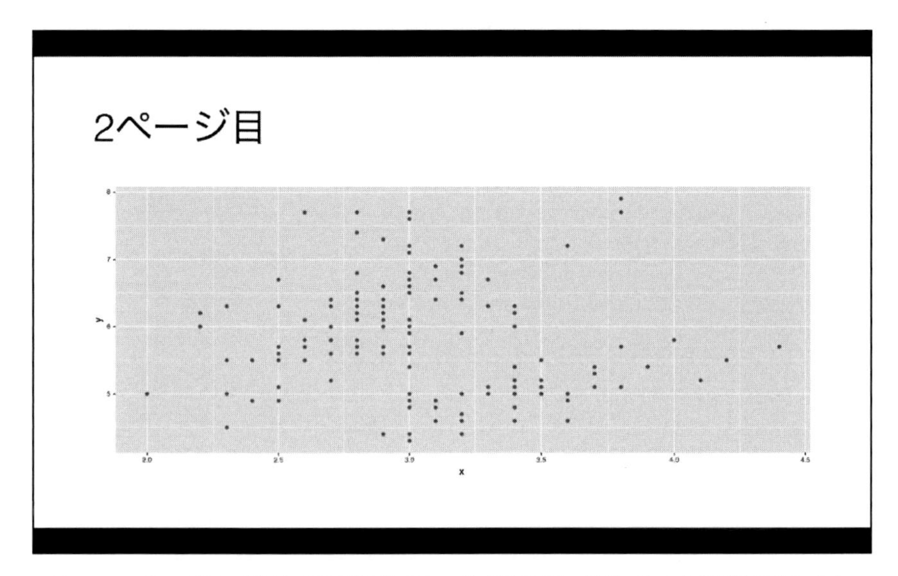

ReporteRsの使い方はとても直感的です。基本的には、まず、次のように呼び出します。

```
doc <- pptx( )
```

その後は、addSlide()、addTitle()、addSubtitle()、addPlot()のように追加していくことでスライドを作ることができます。addPlot()でggplot2グラフを出力する際は、fun引数に"print"、x引数に作成したggplot2オブジェクトを与えてあげます。

Googleアナリティクスデータをパワーポイント出力

前項でReporteRsライブラリの使い方を紹介したところで、Googleアナリティクス連携アプリケーションに、パワーポイント生成機能を追加しましょう。version 3.0に少し追加するだけです。

まず、global.Rには、次のように2文を追加してください。

SAMPLE CODE 07-app-versin4.0/global.R

```
library(shiny)
library(googleAuthR)
library(googleAnalyticsR)
library(DT)
library(ggplot2)
library(Rmisc)
library(RColorBrewer)
# 以下追加箇所
library(rJava)
library(ReporteRs)
# 省略
```

続いてui.Rは、グラフのタイトルを入力するtextInput()、h2()、ダウンロードボタンdownloadButton()を追加してください。

SAMPLE CODE 07-app-versin4.0/ui.R

```
shinyUI(
  navbarPage("Shiny - Google アナリティクス API",
             tabPanel("Google アカウント連携", tabName = "setup", icon = icon("cogs"),
                      h1("Setup"),
                      googleAuthUI("Google_login"),
                      authDropdownUI("viewId_select")),

             tabPanel("メトリクスとディメンション", tabName = "calc_metrics",
                      icon = icon("bar-chart-o"),
                      h1("データを取得"),

                      # ...
                      # 省略

                      actionButton("get_plot", "グラフを出力", icon = icon("area-chart"),
                                   class = "btn-success"),
                      plotOutput("plot"),

                      # 以下追加箇所
                      textInput("graph_title", label = "グラフのタイトルを入力",
                                value = "グラフ1"),
                      h2("パワーポイントダウンロード"),
                      downloadButton('download_data', 'Download')
             )
  )
)
```

最後にserver.Rは、次のdownloadHandler関数を追加してください。

SAMPLE CODE 07-app-versin4.0/server.R

```
shinyServer(function(input, output, session) {
  token <- callModule(googleAuth, "Google_login")

  ga_accounts <- reactive({
    validate(need(token(), "Googleアカウントと連携してください"))
    with_shiny(ga_account_list, shiny_access_token = token())
  })

  # ...
  # 省略

  output$plot <- renderPlot({
    multiplot(plotlist = plot_list(), cols = 2)
```

```
})

output$download_data <- downloadHandler(
  filename <- "shiny.pptx",
  content <- function(file){
    doc <- pptx()
    doc <- addSlide(doc, "Title Slide")
    doc <- addTitle(doc,"Shinyで作ったパワーポイントです")
    doc <- addSubtitle(doc, "Google アナリティクスのデータを可視化")

    for (i in 1:length(plot_list())){
      doc <- addSlide(doc, "Title and Content")
      doc <- addTitle(doc, input$graph_title)
      doc <- addPlot(doc, fun = print, x = plot_list()[[i]])
    }

    writeDoc(doc, file)
  }
)
})
```

実行すると、次のような画面が表示されます。

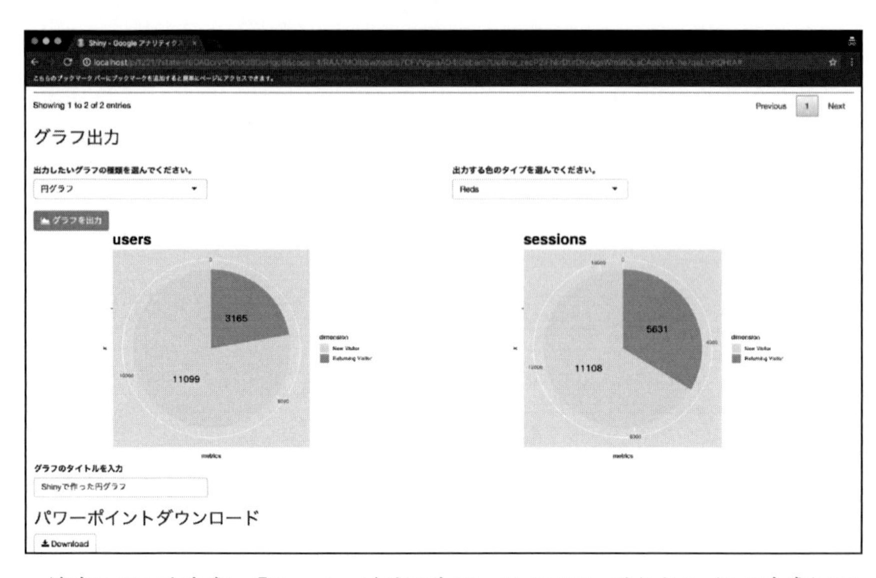

適当にグラフを生成し、「Download」ボタンをクリックしてパワーポイントファイルが生成されることを確認してください。

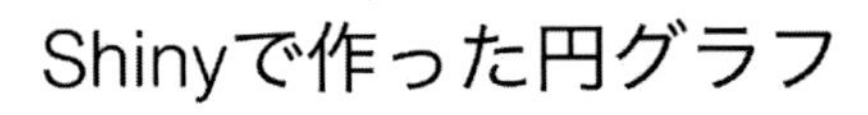

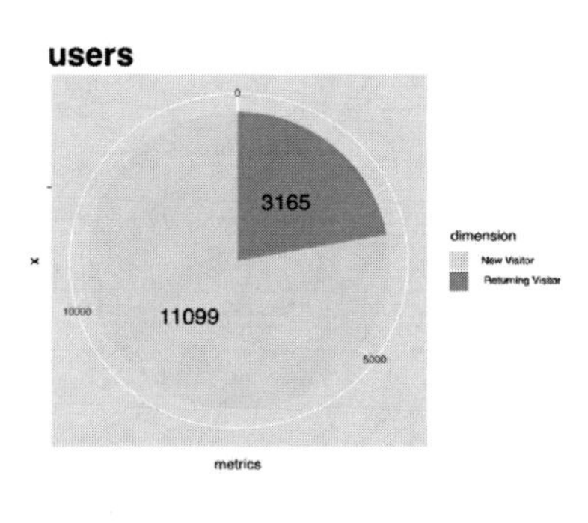

Shinyで作った円グラフ

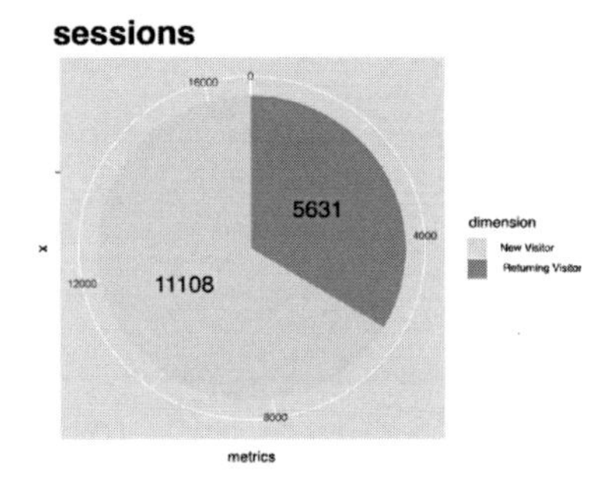

おわりに

本章では、多くのWebサイトに導入されているGoogleアナリティクスと連携させて、次の機能を持つShinyアプリケーションを作成しました。

- データ取得
- グラフ生成
- パワーポイントファイル生成

Googleアナリティクス以外にも、多機能なAPIは世の中にたくさんあります。ぜひ、さまざまなAPIとShinyの特性を組み合わせて、素敵なオリジナルアプリケーション制作に挑戦してみてください。

CHAPTER 06

Shinyアプリケーションを公開する

CHAPTER 03ではShinyの基本的な関数について学び、CHAPTER 04とCHAPTER 05では応用として地図アプリとGoogleアナリティクスのデータ可視化ツールを作成しました。

本章では、Shinyアプリケーションの公開方法を紹介します。

これまでの内容で、十分オリジナルのShinyアプリケーションを作れる力は身に付いているはずです。ただし、RStudioでShinyアプリケーションを作成しても、当然それを確認できるのは作成したあなただけです。せっかくオリジナルのアプリケーションを作成できたのなら、同僚や上司など身近な人、さらにいえば全世界の人々に使ってもらえるように公開しましょう。

SECTION-032

RとShiny環境がPCに整っている相手への共有方法

使ってもらいたい相手のPCにRとShiny環境が整っている場合は、共有方法はとても簡単です。最もシンプルなのは、ui.Rとserver.R（必要があればglobal.RやCSS・JavaScript・画像ファイルなど）を直接、相手に渡し、RStudioで「Run APP」ボタンをクリックしてもらうことです。

しかし、それでは相手の労力も大きいため、もう少し負担の少ない方法を選択しましょう。

次の3つの関数を使うと、負担が少なく共有ができます。

- runGitHub()
- runGist()
- runUrl()

ただし、これらを行うためにはGitHubアカウントが必要なので、まずアカウント作成方法から紹介します。すでにアカウントを持っている場合は、228ページまでスキップしてください。

GitHubアカウントの取得方法

まずは、GitHubのページにアクセスしてください。「https://github.com/」にアクセスすると、登録画面が表示されるので、次の情報を入力して先に進みましょう。

- ユーザー名
- 登録メールアドレス
- パスワード

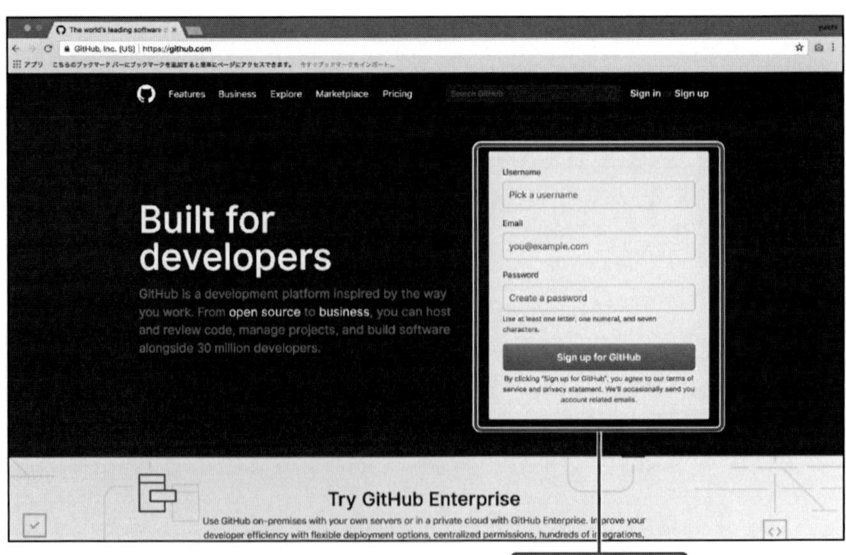

すると、プランの選択画面が表示されます。特にプライベートリポジトリ(外部の人から閲覧できない)を利用する予定がなければ、無料のプランを選択しましょう。Shinyアプリケーションを公開する用途では、無料プランでまったく問題ありません。プランを選択したら、「Continue」ボタンをクリックします。

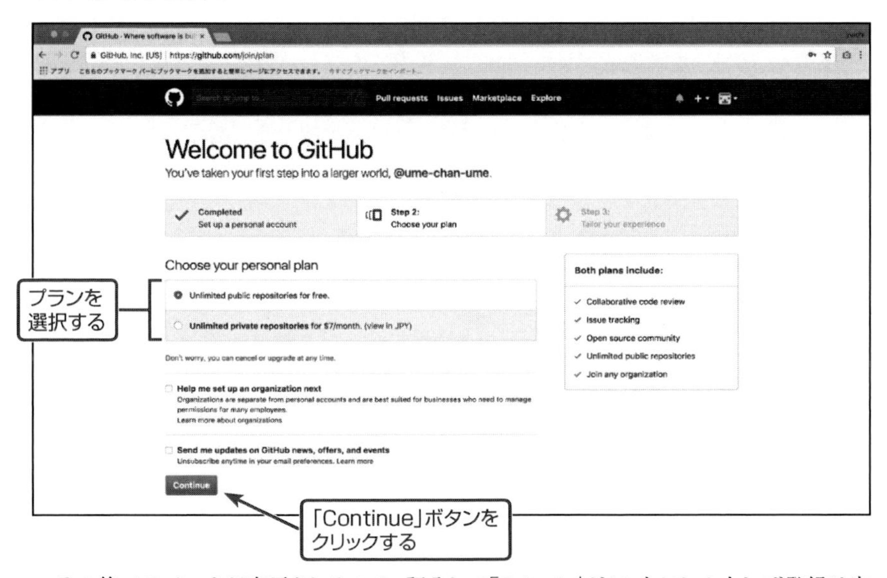

その後、アンケートが表示されるので、記入して「Submit」ボタンをクリックすれば登録は完了です。

「Submit」ボタンを
クリックする

runGitHub()で共有する

`runGitHub()`を用いて共有するためには、GitHubに専用のリポジトリを作成する必要があります。

GitHubにログインした状態で「https://github.com/」にアクセスすると、左サイドバーに「New repository」ボタンが表示されるので、そのボタンをクリックしてください。

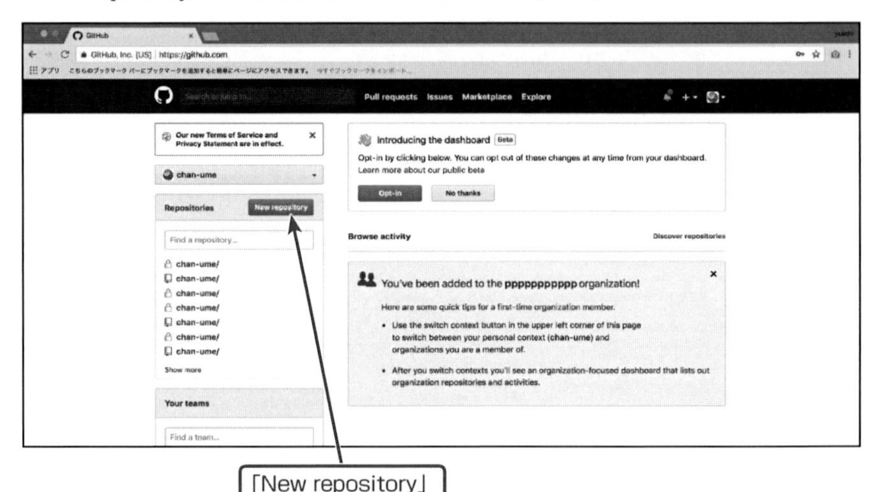

適当なリポジトリ名を入力し、「Create repository」ボタンをクリックしましょう。

これでリポジトリが作成されました。このリポジトリにソースコードを置いていくのですが、大きく分けて2つの方法があります。

1 ローカルPCのGit環境から、「git push」コマンドを実行する

2 GitHubのブラウザ上からファイルをアップロードする

今回は、2の方法を紹介します。作成されたリポジトリから、「Upload files」をクリックして、対象ファイル(ui.Rやserver.R)をアップロードしましょう。

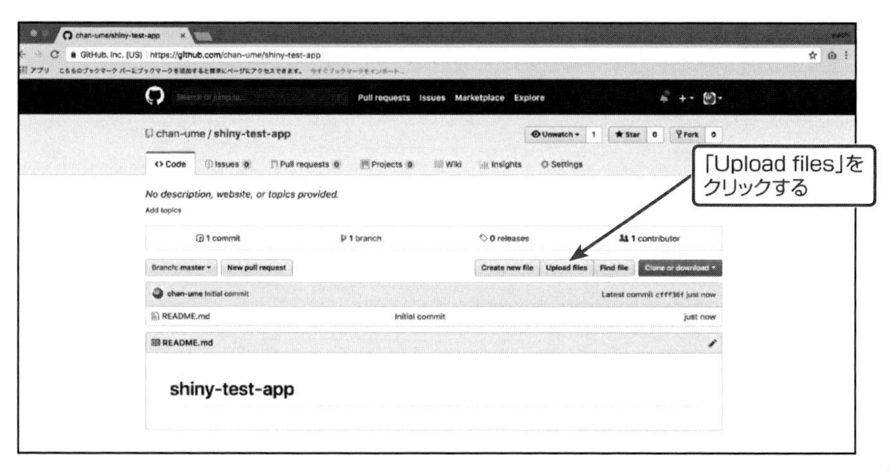

適当なコミットメッセージ(どんな修正を加えたかなど)を記入し、「Commit changes」ボタンをクリックしてください。

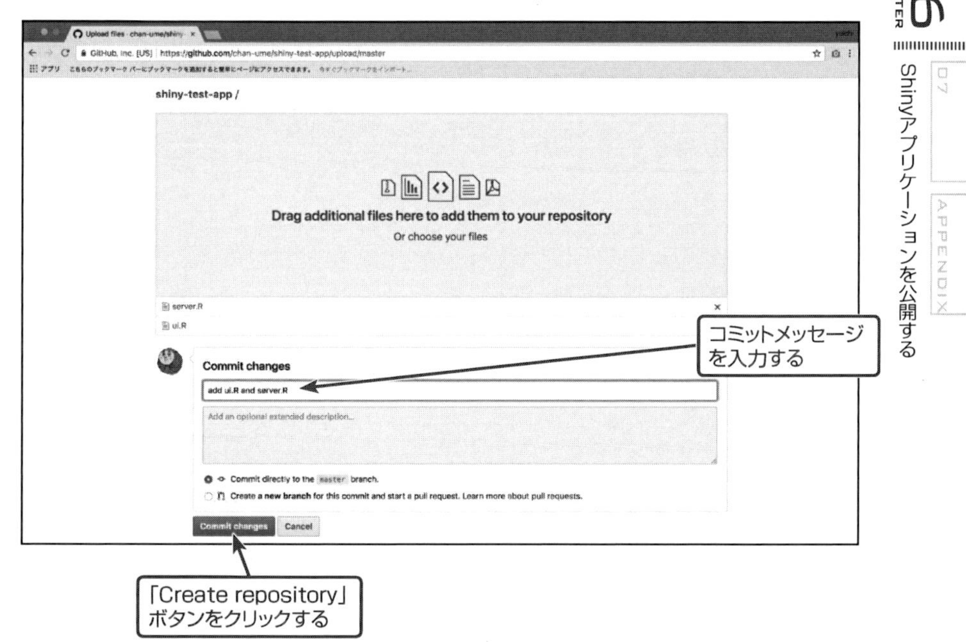

リポジトリページに戻り、ファイルがアップロードされていることを確認してください。

これで、runGitHub()で共有する準備ができました。

Rコンソールを開き、"ユーザー名/リポジトリ名"を引数に与えて実行すると、GitHub上のソースコードをもとにShinyアプリケーションが開かれます。

```
> runGitHub("chan-ume/shiny-example")
```

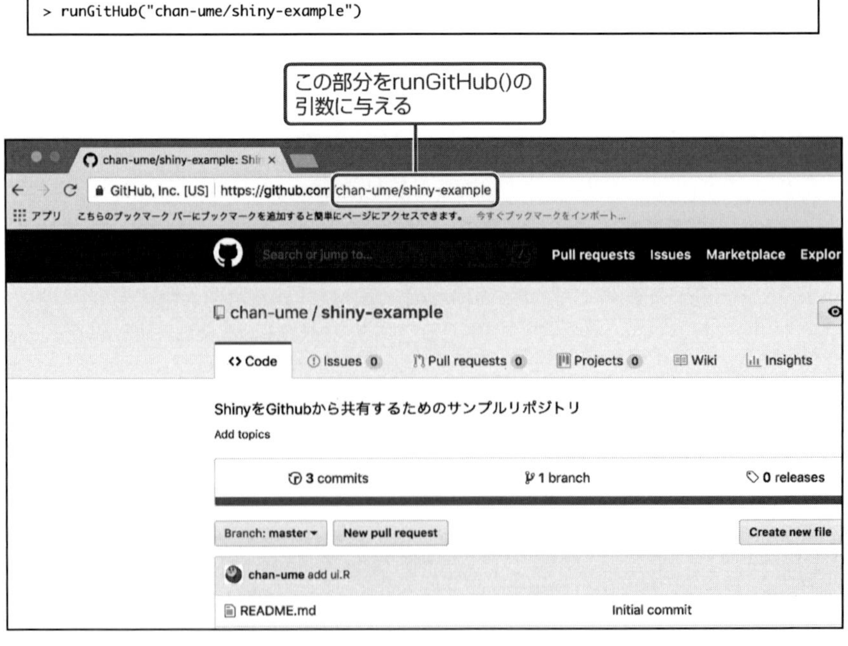

このように、GitHubの公開リポジトリにソースコードをアップロードできれば、R環境が整っている相手にユーザー名とリポジトリ名だけ教えるだけで共有ができます。

runGist()で共有する

続いて、**runGist()**を用いて共有する方法です。Gistとは、GitHubのサービスの1つで、ソースコードを管理したりWebサイトで共有するための埋め込みコードが取得できたりします。

GitHubにログインした状態で、「https://gist.github.com/」にアクセスします。もしくは、ページ上部のプラスアイコンをクリックして、「New gist」を選択します。

ui.Rとserver.Rのソースコードをそれぞれコピー&ペーストし、「Create public gist」ボタンをクリックしてください。

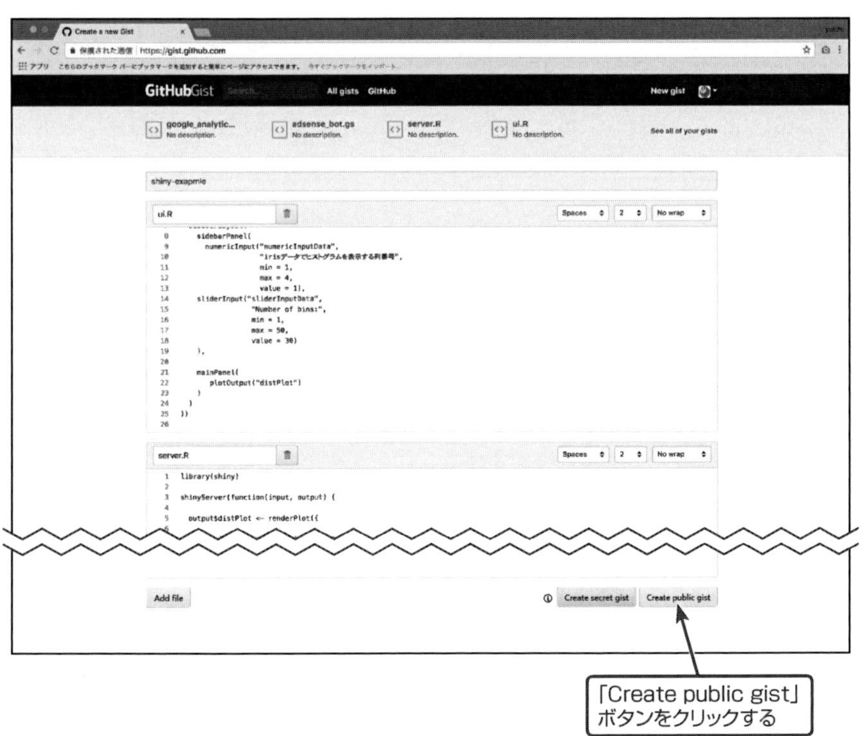

作成できると、gistの新規ページに飛びます。URLの後半部分がgistのIDとなり、これを使って共有することができます。

Rコンソールを開き、"gistのID"を引数に与えて実行すると、gist上のソースコードをもとにShinyアプリケーションが開かれます。

```
> runGist("d6b70b2b28e1f2227c385edc3e51f1df")
```

`runGitHub()`と同様に、R環境が整っている相手には、gistのIDだけ教えるだけで共有ができます。

runUrl()で共有する

最後に、`runUrl()`を用いて共有する方法です。`runUrl()`を使う場合には、GitHubは必要なく、Web上で「.zip」形式（もしくは「.tar」と「.tar.gz」）でソースコードを置いていれば実行できます。

Rコンソールを開き、"zipファイルのURL"を引数に与えて実行すると、解凍後のソースコードをもとにShinyアプリケーションが開かれます。

```
> runGist("https://xxxxxx.zip")
```

`runGitHub()`や`runGist()`と同様に、R環境が整っている相手へファイルURLを送るだけで共有ができます。

SECTION-033

RとShiny環境がPCに整っていない相手への共有方法

前節までは、RとShiny環境がすでに用意されている相手への共有方法を紹介しました。続いてはターゲットを広げ、そのような環境がない場合にも共有できる方法を紹介します。

大きく分けて2通りの方法があります。

- shinyapps.io
- Shiny Server

shinyapps.ioは、RStudioが提供してくれているホスティングサービスで、サーバー周りの知識がなくても非常に簡単に公開ができます。対してShiny Serverの方は少し公開が難しいですが、自身の管理しているサーバーにソースコードを置くことができます。

shinyapps.ioで公開する

アプリケーションが完成したら、RStudioにて公開したいソースコードを開いている状態で、エディタの右上の「Run App」ボタンの右側にある青色のアイコンをクリックして「Publish Application」を選択します。

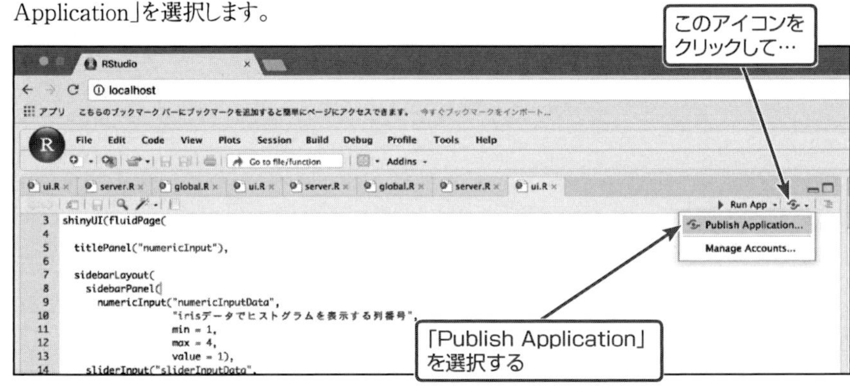

すると、必要なライブラリが表示されるので、「Yes」ボタンをクリックし、インストールしましょう。

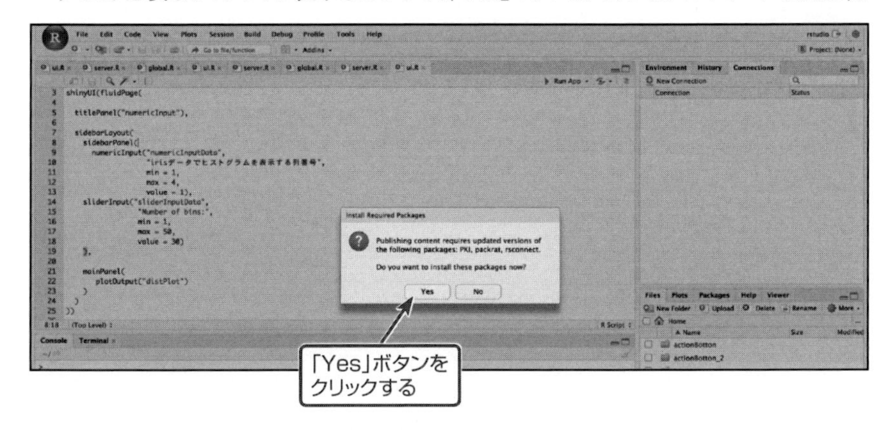

続いてRStudioとshinyapps.ioを連携します。「Next」ボタンをクリックしてください。

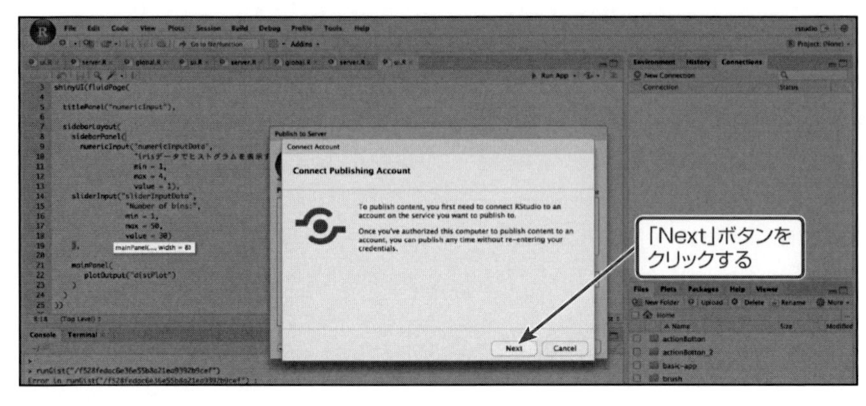

「ShinyApps.io」を選択します。

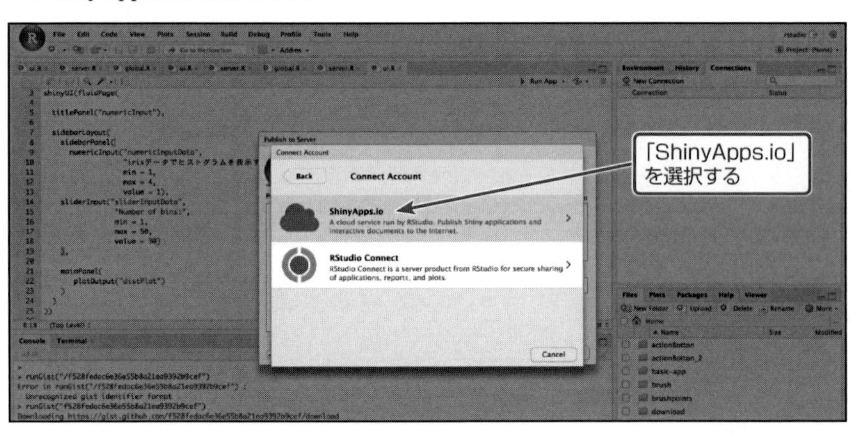

まだshinyapps.ioにアカウント登録をしたことがない場合は、下部リンクの「Get started here」をクリックし、登録に進みましょう。

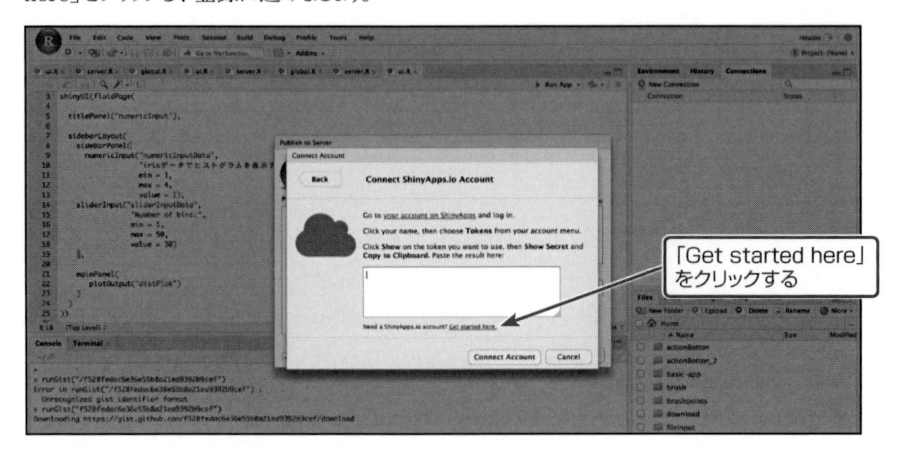

下図が、shinyapps.ioのトップページです。「Sign Up」ボタンをクリックし、メールアドレスとパスワードを入力して登録を完了させてください。

次に、アプリケーションを公開する際のURLを設定します。shinyapps.ioでは複数のアプリケーションを管理することができます。ここで設定したURLの末尾に、各Shinyアプリケーションの名前が入った形でURLが公開されます。

たとえば、ここで、「np-ur-test」と設定したとします。その場合にアプリケーション名が「first」だとすると次のURLで公開されます。

```
https://np-ur-test.shinyapps.io/first/
```

アプリケーション名が「second」だとすると次のURLになります。

```
https://np-ur-test.shinyapps.io/second/
```

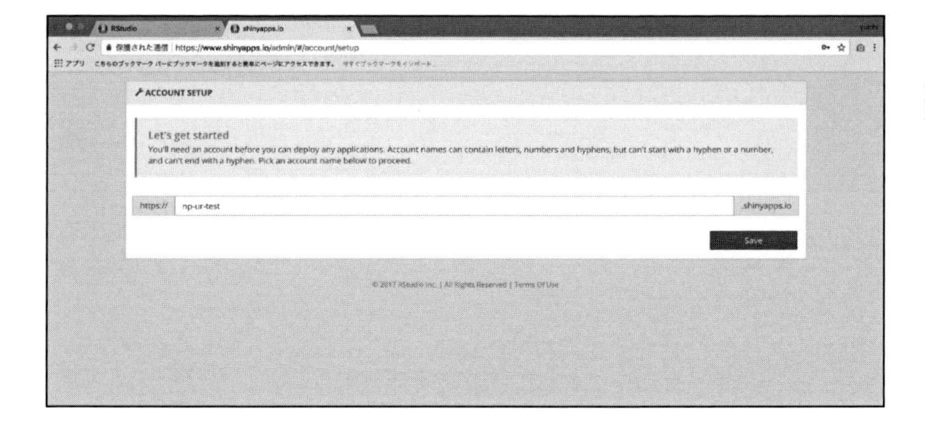

続いて、RStudioとの連携認証に必要な情報を取得します。「Show Secret」ボタンをクリックして必要情報を表示させた後に、「Copy to clipboard」ボタンをクリックしてコピーしてください。

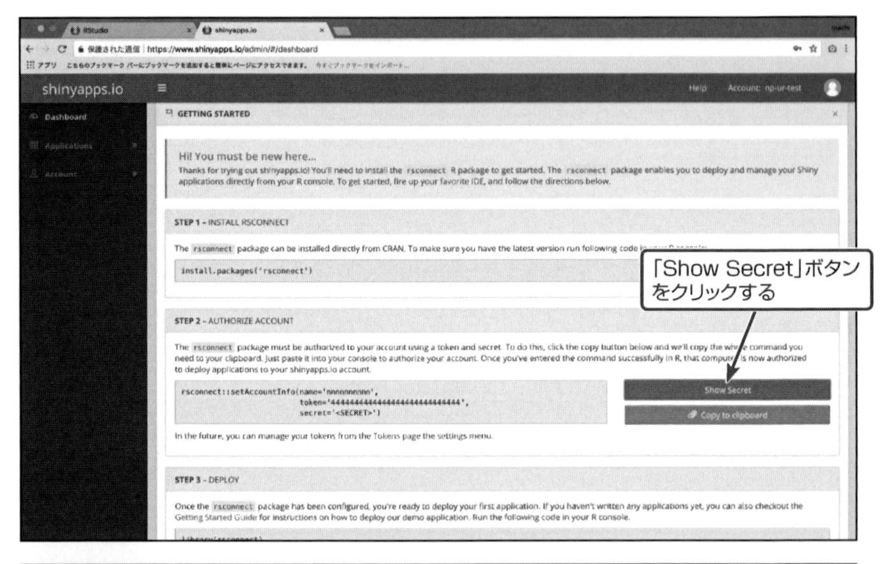

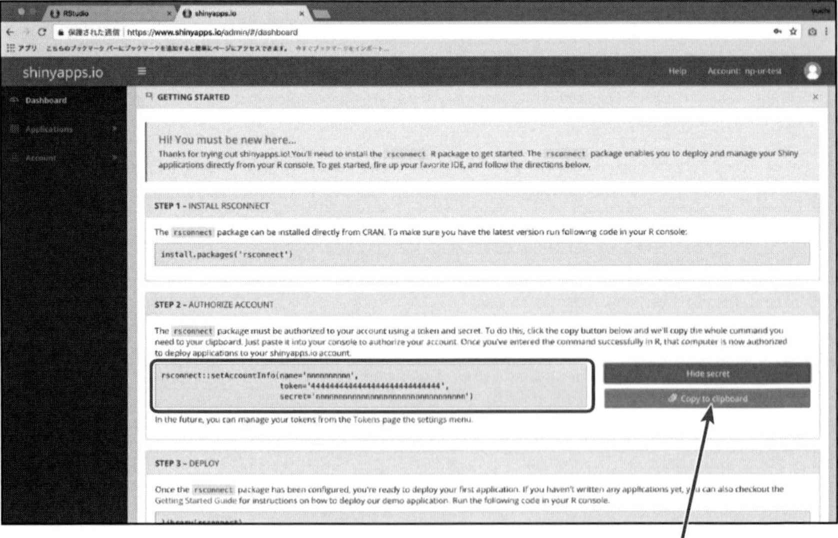

ここでRStudioに戻り、入力画面に先ほどコピーした内容を貼り付けて「Connect Account」ボタンをクリックします。

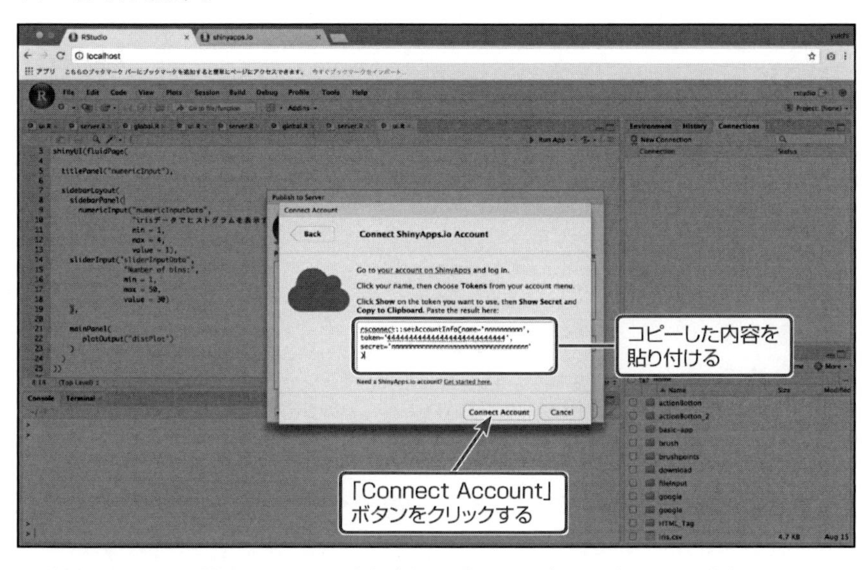

必要なファイルが選択されていることを確認し、「Publish」ボタンをクリックします。

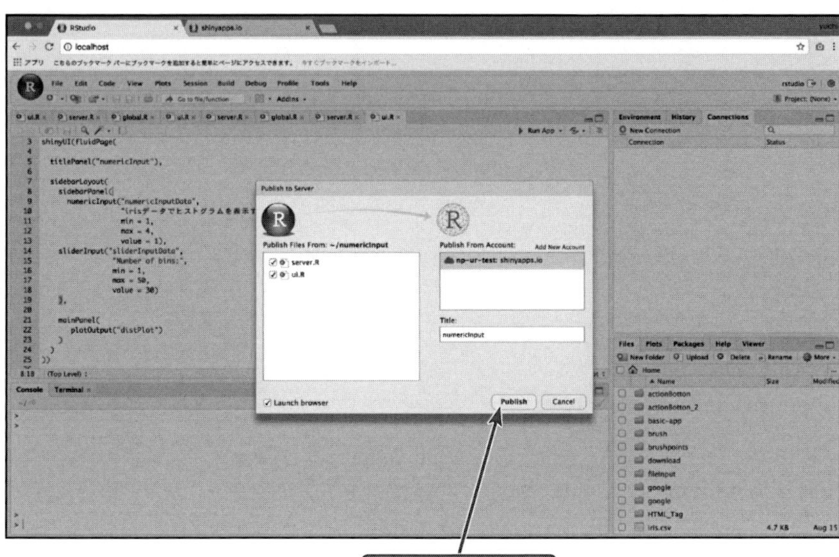

手続きが終了すると、shinyapps.ioのダッシュボードページにて、公開されているアプリケーションが表示されます。

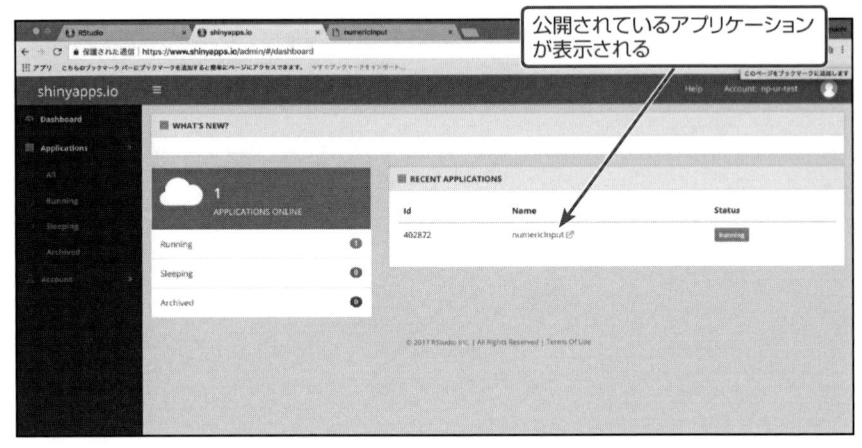

リンクをクリックして、ちゃんと公開されていることを確認してください。

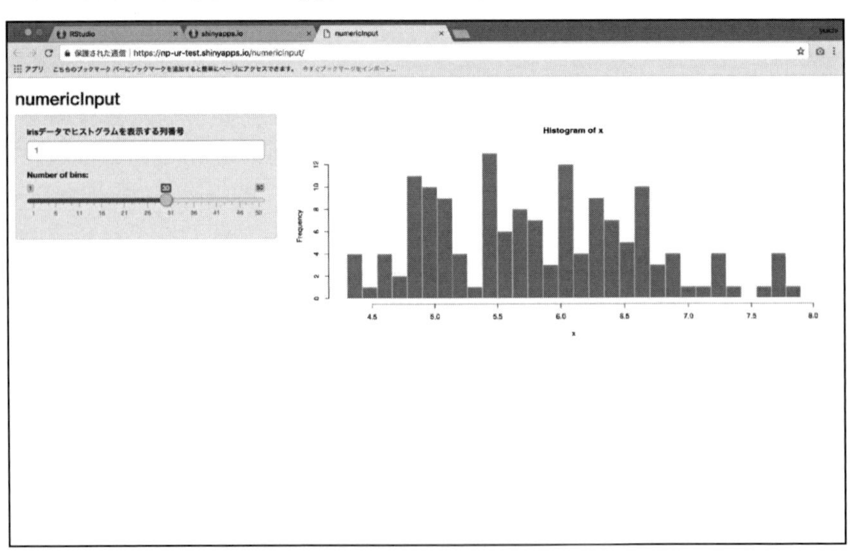

以上で公開手続きは終了です。前半のshinyapps.io登録部分は今後は必要ないので、次回からとてもスピーディに公開することができます。

なお、shinyapps.ioは無料で始められますが、無料アカウントでは次の制約があります。

- 公開できるアプリケーションは5つまで
- 待機状態ではなく動かせる時間が、月25時間まで

まずは無料プランを試してみて、物足りなくなってきたら有料アカウントのアップグレードを検討しましょう。

Shiny Serverで公開する

Shiny Serverとは、作成したアプリケーションを公開するためのサーバープログラムで、Linux環境に導入することができます。

社内のサーバーに導入してチームメンバーから閲覧できるように公開したり、外部サーバーに置いてその他大勢の人に向けて公開することもできます。

今回はその一例として、AWSの仮想サーバーにShiny Serverを導入する方法を紹介します。

AWSとは、クラウド上で次のようなことができるサービスです。

- 仮想サーバーを立てる
- データベースとして使う
- コンテンツ配信

▶仮想サーバー立ち上げ

まずはAWSへの登録と、仮想サーバーの立ち上げまでを説明します。

「https://aws.amazon.com/jp/」から、「まずは無料で始める」ボタンをクリックしましょう。ただし、AWSは頻繁にUIが変わります。本書の画像と実際の画面が異なる可能性があります。あらかじめ、ご了承ください。

「まずは無料で始める」ボタンをクリックする

今すぐ AWS で構築を始めましょう

コンピューティング、データベースストレージ、コンテンツ配信や他の機能が必要な際も、AWS は柔軟性、スケーラビリティー、信頼性の高い洗練されたアプリケーション構築を実現するサービスを提供します。

製品を調べる

まずはメールアドレスとパスワードを入力し、その後、住所やクレジットカード情報の入力が求められます。

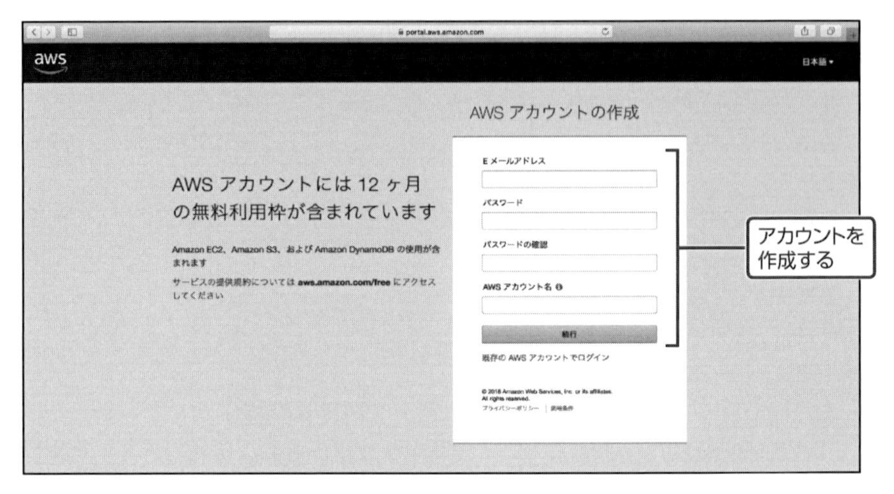

登録が完了したら、次は仮想サーバーを立ち上げましょう。AWSでは、EC2というサービスを使って仮想サーバーを立ち上げることができます。

ページ上部のサービスから「EC2」をクリックしてください。

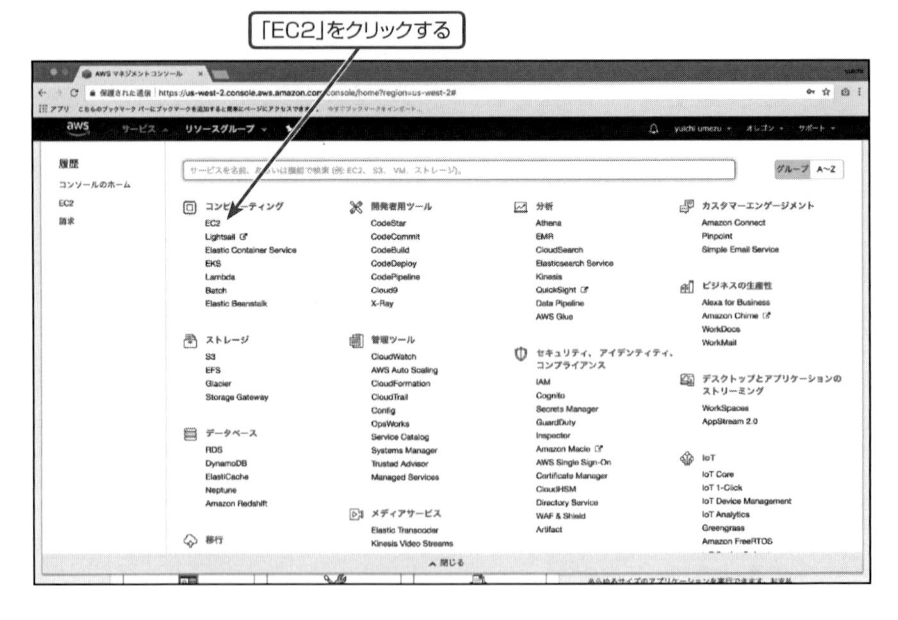

EC2のサービス画面に進んだら、「インスタンスの作成」ボタンをクリックします。

さまざまな環境が選べますが、最も一般的な「Amazon Linux」を選択するのがよいでしょう。

次はインスタンスタイプを選ぶフローとなります。メモリやストレージの大きさから最適なプランを選ぶことができます。それぞれの詳しいプランや料金については、公式サイトをご覧ください。

もし新規でAWSにユーザー登録した場合、「t2.micro」が750時間無料で使えます。メモリは小さいので、大規模な計算をさせたい場合は適切ではありませんが、お試しという場合はこちらで十分でしょう。

次にいろいろと細かい設定をすることができますが、まずはセキュリティーグループだけ設定します。

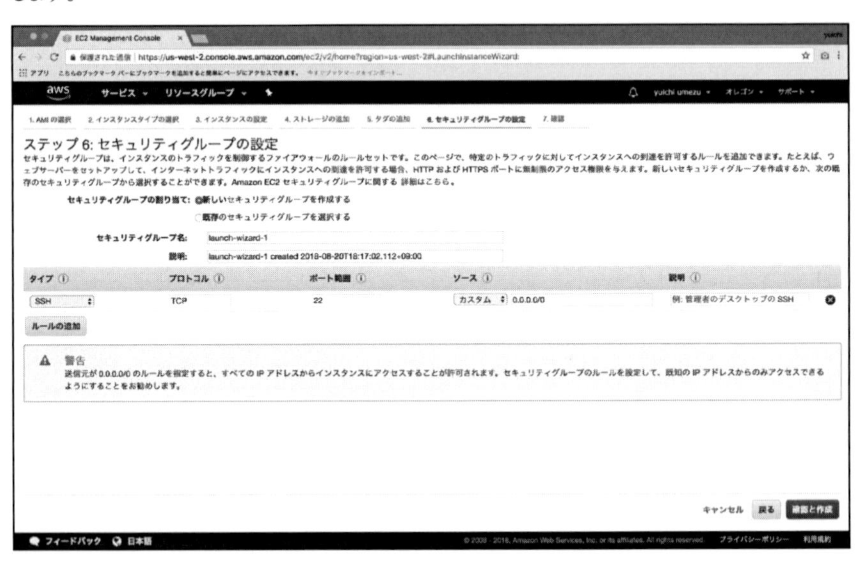

左のタイプから「SSH」を選択し、右のソースの部分を「マイIP」にして自分のパソコンからのみSSHログインできるようにしましょう。サーバー起動後、SSHでログインしてRやRStudioを導入しますが、その際に必要な設定です。

また、続いて、左のタイプから「カスタムTCPルール」を選択、そしてポート範囲を「8787」と入力し、ソースを「マイIP」にしてください。これは、RStudioを使えるようにするための設定です。

最後に、Shinyアプリケーションを立ち上げるためのポートを設定します。同じくカスタムTCPを選択し「3838」を追加してください。ソースは「任意の場所」としてください。もし、特定のIPアドレスのユーザーにのみ公開する場合は、「任意の場所」ではなく「カスタム」にしてください。

ここまでできたら右下の「確認と作成」ボタンをクリックし、その後、「起動」をクリックしてください。

最後にキーペアを作成します。キーペアとは、サーバーにログインするためのパスワードのようなものです。任意の名前を設定して、「キーペアのダウンロード」ボタンをクリックします。このファイルはとても大事なのでなくさないように保存してください。

ダウンロード後に、「インスタンスの作成」ボタンをクリックすれば完了です。

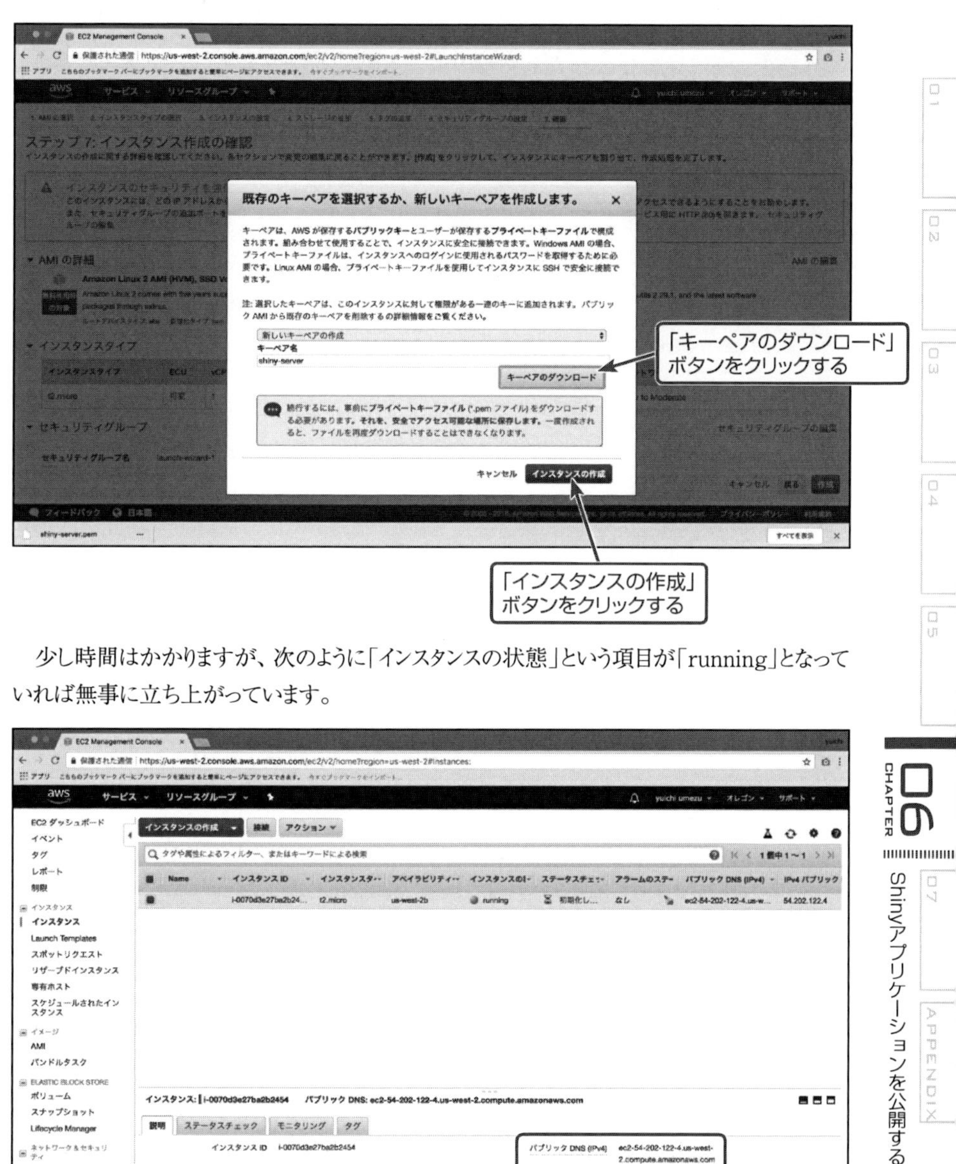

少し時間はかかりますが、次のように「インスタンスの状態」という項目が「running」となっていれば無事に立ち上がっています。

上記の画面の下部に表示されている、「パブリックDNS」と「IPv4 パブリック IP」は後ほど使うのでどこかにメモをするなりコピーしておいてください。

▶ AWSにログイン

インスタンスが立ち上がったらAWSにログインしましょう。Macユーザーの場合はターミナルからのログインがとても簡単です。Windowsユーザーの場合少し厄介で、Cmderなどのsshコマンドが使えるエミュレータや、Puttyなどのssh接続ツールを別途インストールするのが簡単です。

ここでは、Macユーザーに向けて説明します。ターミナルを開き、先ほどダウンロードしたキーペアがある場所まで移動し、次のように入力してください(testtest.pemの部分はpemファイルの名前で適宜、書き換えてください)。

```
$ chmod 600 testtest.pem
```

これはtesttest.pemを用いるための権限を書き換えて、接続できるようにしています。

次に、同じくターミナル上で次のように入力すればSSHログインできます。

```
$ ssh -i "キーペアがあるディレクトリ/testtest.pem" ec2-user@[パブリックDNS]
```

なお、「パブリックDNS」はインスタンス立ち上げに表示されていたものを入力してください。たとえば、次のようになります。

```
$ ssh -i ./shiny-server.pem ec2-user@ec2-00-000-000-0.us-west-2.compute.amazonaws.com
```

▶ R環境をインストール

ログインできたら、RとRStudioをインストールします。次のコマンドを実行してください。

```
$ sudo yum update
$ sudo yum install R
$ wget https://download2.rstudio.org/rstudio-server-rhel-1.1.456-x86_64.rpm
$ sudo yum install --nogpgcheck rstudio-server-rhel-1.1.456-x86_64.rpm
```

ただし、上記のコマンドの3行目と4行目については下記のURLにある最新バージョンのRStudioに適宜、置き換えてください。

URL https://www.rstudio.com/products/rstudio/download-server/

RとRStudioが入ったら、Shiny ServerとShinyライブラリをインストールしましょう。

```
$ sudo su - -c "R -e \"install.packages('shiny', repos='https://cran.rstudio.com/')\""
$ wget https://download3.rstudio.org/centos6.3/x86_64/shiny-server-1.5.7.907-rh6-x86_64.rpm
$ sudo yum install --nogpgcheck shiny-server-1.5.7.907-rh6-x86_64.rpm
```

先ほどと同様に、上記のコマンドも2行目と3行目については下記のURLにある最新バージョンに適宜、置き換えてください。

URL https://www.rstudio.com/products/shiny/download-server/

次に下記のコマンドを実行します。

```
$ sudo /opt/shiny-server/bin/deploy-example user-dirs
$ mkdir ~/ShinyApps
```

これは、インスタンスにアクセスできる各ユーザーがそれぞれShinyアプリケーションを作れるための設定です。

インストールが終わったら、パスワードを設定してRStudioを立ち上げてみましょう。

次のコマンドでパスワードを設定します。

```
$ sudo passwd ec2-user
```

パスワードの設定後、次のコマンドを実行すると、RStudioが立ち上がります。

```
$ sudo rstudio-server start
```

実行後、「http://[IPv4 パブリック IP]:8787」にブラウザでアクセスしてください。

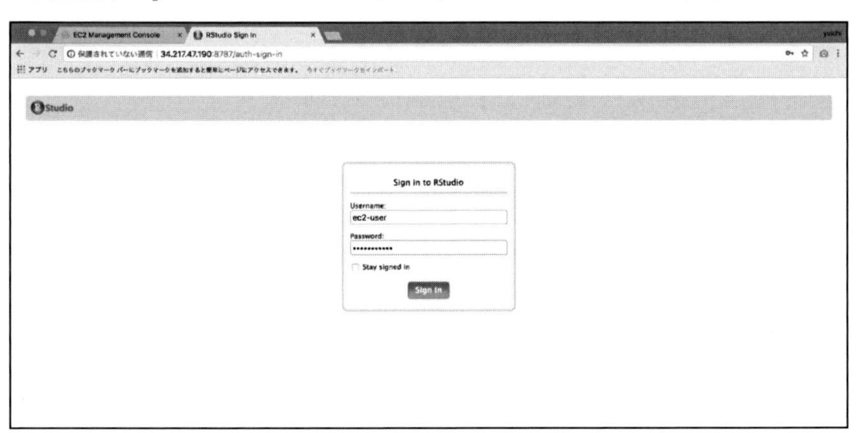

RStudioがAWS上で立ち上がっていることが確認できます。なお、「IPv4 パブリック IP」は、インスタンス立ち上げに表示されていたものを入力してください。

事前にShinyライブラリを入れているので、PC上で行っていたのと同じようにShinyアプリケーションを作ることができます。

おそらくRStudio立ち上げ時は、ホームディレクトリにいると思います。そこで、先ほど作った「ShinyApps」ディレクトリに移動してください。

ShinyAppsディレクトリに移動し、「clustering」という名前のShinyアプリケーションを作ったとしましょう。つまり、次のような構成になっている状態です。

```
ShinyApps/
 └clustering/
   ├server.R
   └ui.R
```

この状態で「http://[IPv4 パブリック IP]:3838/ec2-user/clustering」にアクセスしてみてください。

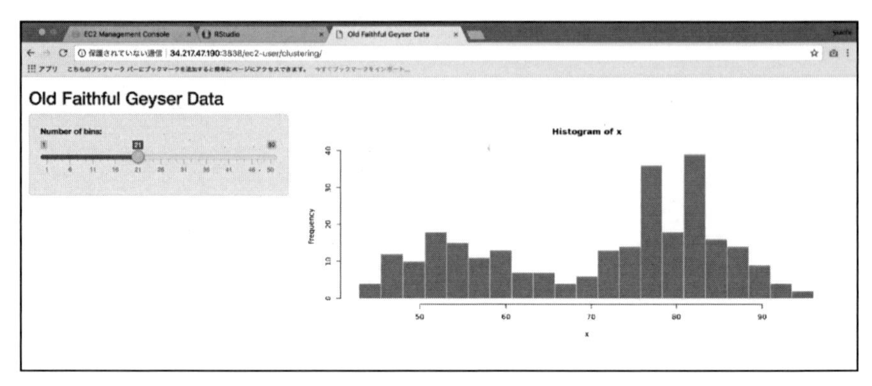

Shinyアプリケーションが公開されています。

なお、現在はec2-userというユーザー名でログインしていますが、もし、別ユーザーでShinyアプリケーションを作った場合は、「http://[IPv4 パブリック IP]:3838/ユーザー名/アプリケーション名」と、アクセス先のURLを変更すれば同じように公開されます。

公開が完了したら、このURLを共有するだけで誰でも閲覧することができます。

shinyapps.ioよりも大変とはいえ、一度、AWSにて環境が作れてしまえば、次回からはとても簡単です。ぜひ、良いアプリケーションが完成したら全世界に公開してみてください。

最後に注意点ですが、使わなくなったインスタンスは必ず停止しておいてください。従量課金のため、無料枠を除き、使った分だけ請求が来てしまいます。

EC2のページから、インスタンスを削除してください。

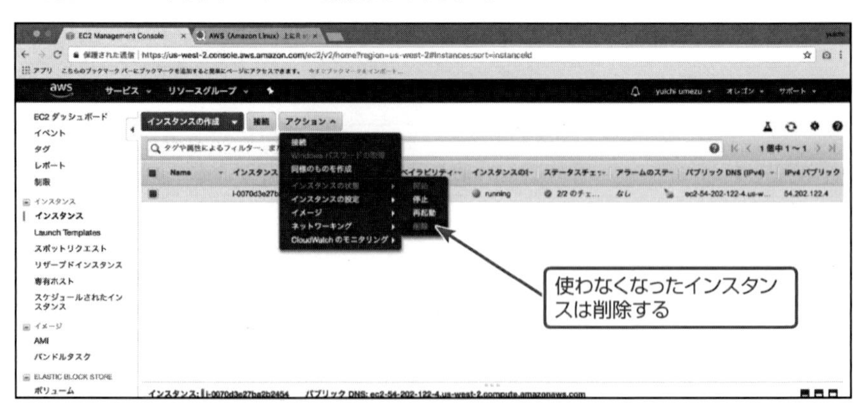

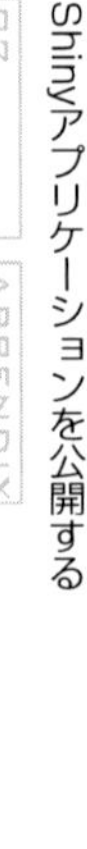

おわりに

本章ではShinyアプリケーションの公開方法について紹介しました。アプリケーションを共有したい相手の環境や用途に応じて、公開する方法は選んでください。

オリジナルのアプリケーションを作ったら、ぜひ公開して多くの人に使ってもらいましょう。

CHAPTER 07

Shiny Tips

本章では、これまでの章で紹介しきれなかったライブラリや、便利な小技を紹介していきます。

SECTION-034

実行処理中であることをユーザーに伝える

Shiny上で重い処理を行っていると、画面がなかなか切り替わらないことがあります。そうすると、ユーザーとしては処理が本当に動いているのか、もしくはアプリが止まってしまっているのか把握しにくいでしょう。

外部パッケージのshinycssloadersライブラリを使うと、実行処理中であることを簡単にユーザーに伝えることができます。

インストールは、コンソール上で下記コマンドで実行してください。

```
> install.packages("shinycssloaders")
```

使い方はとても簡単で、ui.R内でOutputをwithSpinner()関数の引数として利用するだけです。

SAMPLE CODE 01-processing/shinycssloaders/ui.R

```
library(shiny)
library(shinycssloaders)

shinyUI(fluidPage(

  titlePanel("shinycssloaders を使った例"),

  sidebarLayout(
    sidebarPanel(
       sliderInput("bins",
                   "Number of bins:",
                   min = 1, max = 50, value = 30)
    ),

    mainPanel(
       withSpinner(plotOutput("distPlot"), type = 1, color.background = "white")
    )
  )
))
```

SAMPLE CODE 01-processing/shinycssloaders/server.R

```
library(shiny)

shinyServer(function(input, output) {

  output$distPlot <- renderPlot({

    x    <- faithful[, 2]
```

```
    bins <- seq(min(x), max(x), length.out = input$bins + 1)

    hist(x, breaks = bins, col = 'darkgray', border = 'white')
  })
})
```

サンプルのヒストグラムアプリケーションに、withSpinner()を加えて実際に動かしてみた画面は次のようになります。

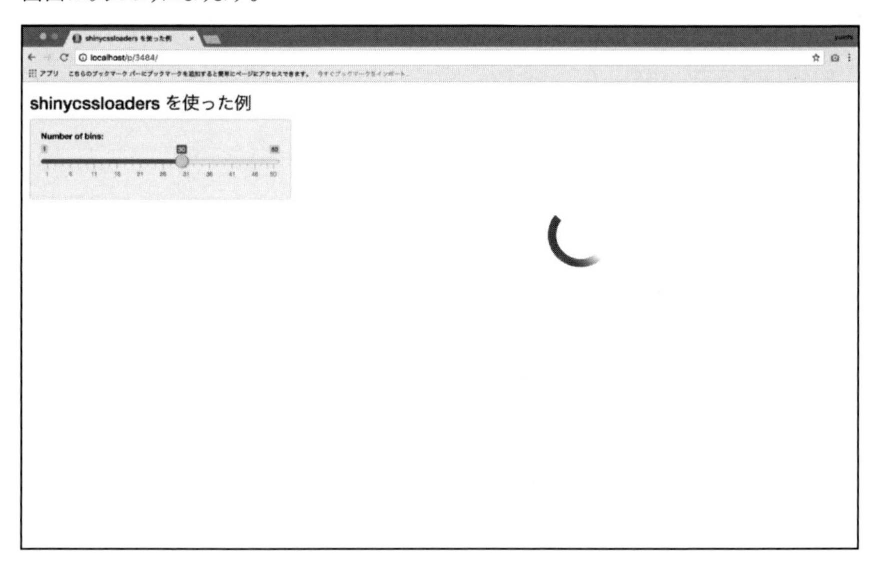

処理中には、画面右側のグラフ表示部分に青いサークルが回るアニメーションが表示されます。そのため、処理が本当に実行されているのかどうか、ユーザーは確認することができます。

なお、このアニメーションの種類は、オプションのtypeを変えることで変更できます。1から8まで指定できるので、いろいろと試してお好きなアニメーションを選択してください。

その他には、withProgressというShinyに含まれる関数を利用することも可能です。

SAMPLE CODE 01-processing/withprogress/ui.R

```
library(shiny)
library(shinycssloaders)

shinyUI(fluidPage(

  titlePanel("withProgress を使った例"),

  sidebarLayout(
    sidebarPanel(
      sliderInput("bins",
                  "Number of bins:",
```

```
                min = 1, max = 50, value = 30)
    ),

    mainPanel(
      plotOutput("distPlot")
    )
  )
))
```

SAMPLE CODE 01-processing/withprogress/server.R

```
library(shiny)

shinyServer(function(input, output) {

  output$distPlot <- renderPlot({
    withProgress(message = "実行中です", {

      x    <- faithful[, 2]
      bins <- seq(min(x), max(x), length.out = input$bins + 1)

      for(i in 1:6){
        incProgress(1/6)
        Sys.sleep(1.0)
      }

      hist(x, breaks = bins, col = 'darkgray', border = 'blue')
    })
  })
})
```

次の画面のように、画面右下の赤枠部分にインジケータを作って、どのくらい処理が進んでいるのかを表示することができます。

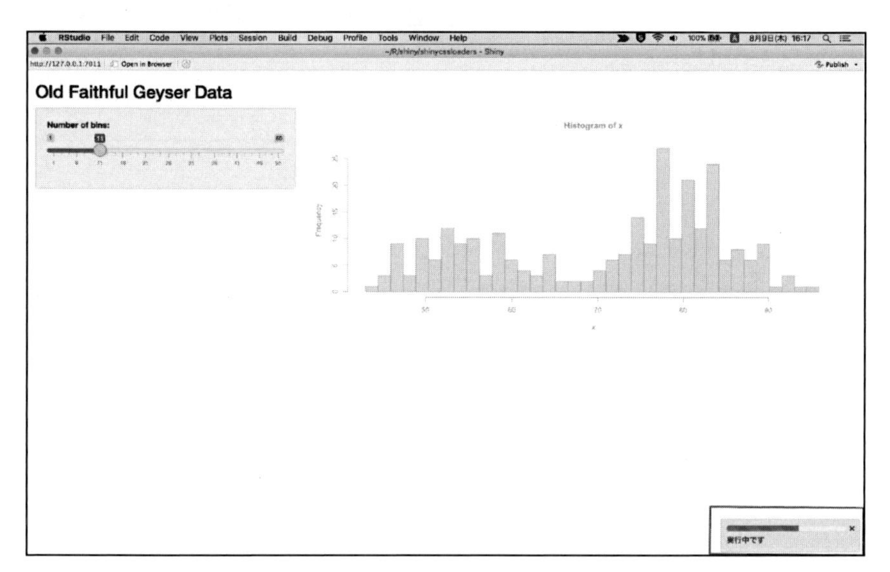

withProgress()内のmessageで、表示するメッセージの設定ができます。

また、incProgress()は、インジケータの進み具合をコントロールするもので、ここでは、簡略化のため、for文が回るたびに全体の1/6ゲージ進むように設定しています。ある処理Aが終わったら全体の1/4ゲージ進めて、処理Bが終わったら全体の2/4進めるなど、処理内容に合わせて適宜、変えてみてください。

SECTION-035

デバックのテクニック

本節では、デバック関連のテクニックについて紹介していきます。

Shinyアプリの開発を進めていく中で、さまざまなエラーに対応していく必要がありますが、その際にどこでエラーが起きているのか特定するのが案外、難しかったりします。

本節で紹介するデバックテクニックを身に付けておくことで、開発の効率性を上げることができるでしょう。

browser()

まずは、browser()を使ったデバックテクニックです。

browser()をコード内に挿入することによって、その箇所でいったんブレイクすることができます。ブレイクした後は、1行ずつコードを実行して、エラーがないかどうか確かめることができます。

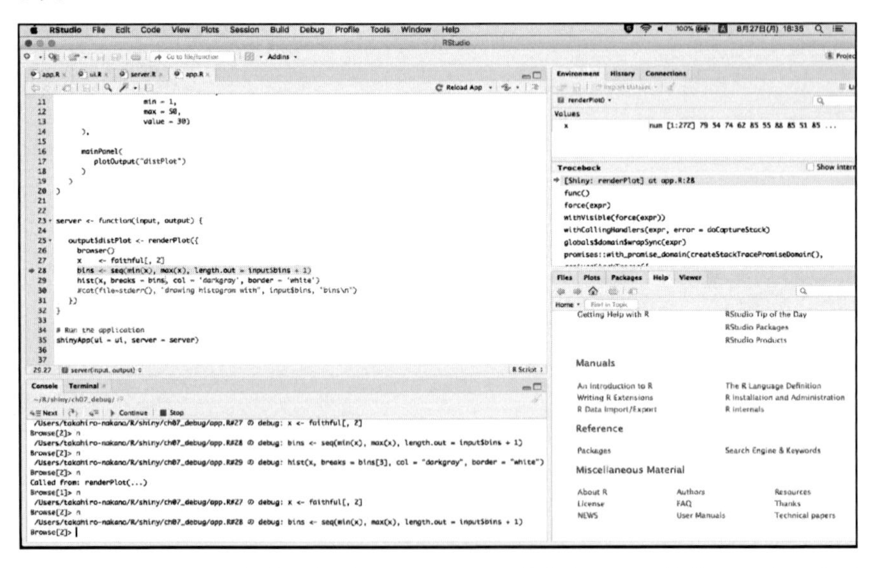

renderPlot()内の処理が走ると、browser()が挿入されている部分でいったんブレイクされます。この状態で、現在、使われている変数の値を確認したり、画像左下コンソール画面の「Next」ボタンをクリックして1行ずつコードを実行したりすることができます。

このように細かくコードを分けて実行することで、どこでエラーが起きているのかを特定しやすくなります。

showcaseモード

showcaseモードを使うと、アプリケーションを実行している際に、どの部分のコードが動いているのかを確認できます。

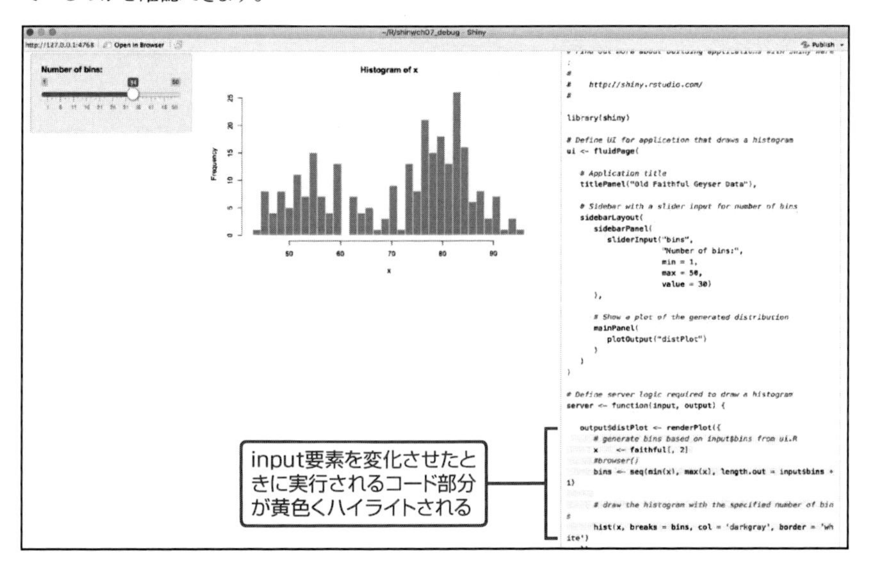

アプリ画面右側にコードを表示することができ、input要素を変化させたときに実行されるコード部分が黄色くハイライトされます（画像右下の部分）。

showcaseモードでの実行方法は、`runApp()`のオプションとして、`display.mode = "showcase"`を設定することで実行できます。

```
> runApp('path/Shinyコードのあるディレクトリ', display.mode = "showcase")
```

RStudioを使っている場合は、上記コードをコンソール上で打ち込んで実行すると、showcaseモードが立ち上がります。

たとえば、次のようなディレクトリ構成だったとします。

```
sample
├ui.R
└server.R
```

その場合、次のようにするとshowcaseモードで実行されます。

```
> runApp('sample', display.mode = "showcase")
```

Googleスプレッドシートを活用する

本節では、GoogleスプレッドシートをShiny上で利用する方法について紹介します。Googleスプレッドシートにアクセスできると、次のようなことがShiny上で可能になります。

- Googleスプレッドシートのデータを直接、読み込んで分析する
- Googleスプレッドシート上に集計結果を表示させ、ファイルを保存する

今回は、サンプルアプリケーションとして次の機能を実装していきます。

- Googleドライブ内のスプレッドシートの一覧を表示する
- ファイル名を指定して、そのファイル内のデータを表示させせる

また、Googleアカウント認証に関して、Shinyアプリケーション上で認証を行う方法とローカル上で事前認証する2通りの方法を紹介します。

下準備

GoogleスプレッドシートにアクセスするためにはGoogleのAPI(`Google Drive API`と`Google Sheets API`)を有効にし、クライアントIDとシークレットキーを取得する必要があります。

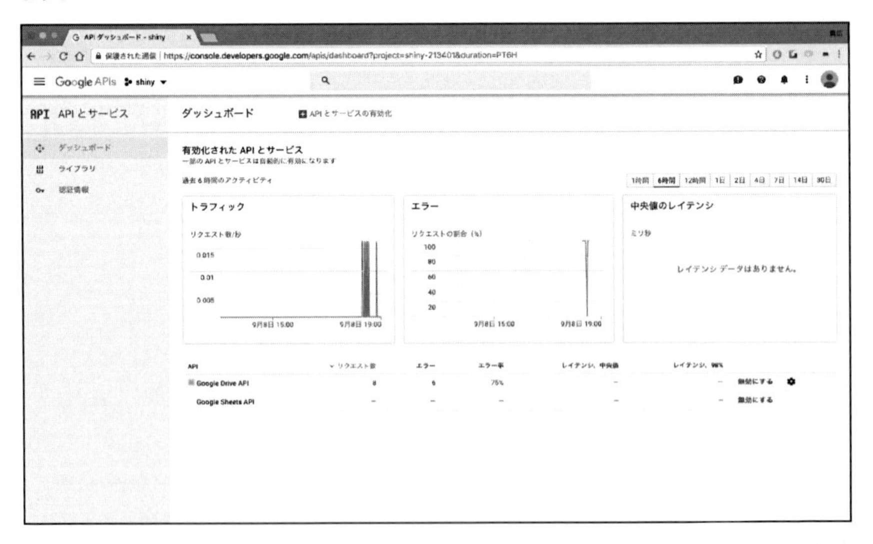

上記のように`Google Drive API`と`Google Sheets API`が有効になっているかを確認しておきましょう。APIの有効化、キーの取得方法に関しては、CHAPTER 05で詳しく説明しているのでそちらを参照ください。クライアントIDとシークレットキーが取得できたら、どこかにメモしておきましょう。

Shinyアプリケーション上でアカウント認証する方法

まずは、完成したアプリを紹介します。

上記画面がアプリ起動画面になります。左上に「Authorize App」というボタンがあり、これをクリックすることでGoogleアカウントの認証を行うことができます。

今回はサンプルとして、testという名前のGoogleスプレッドシートを作成しておきます。

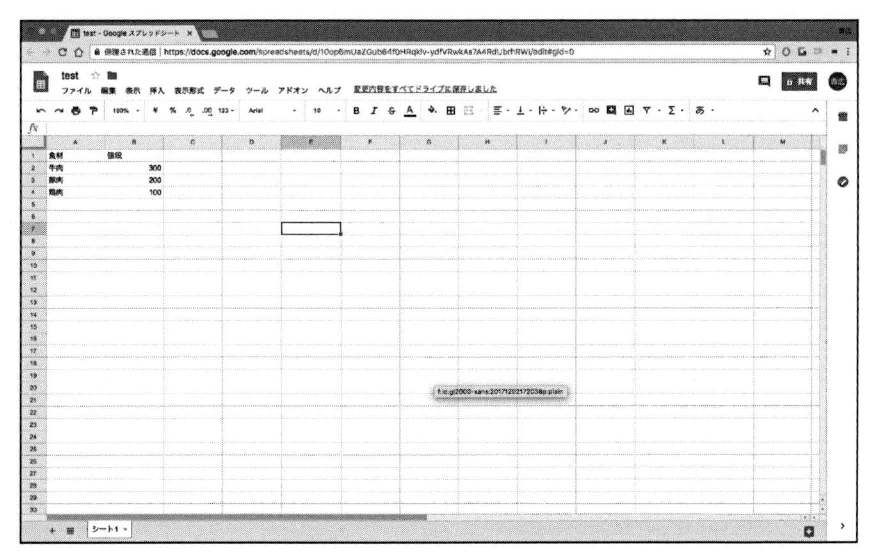

アカウント認証がうまくいけば、file一覧でGoogleドライブ内のスプレッドシートの一覧を表示することができます。そして、ファイル名を指定することで、スプレッドシートを読み取りテーブル表示することが可能です。

サンプルとして作成したデータの中身と同じものが表示されていることを確認してください。

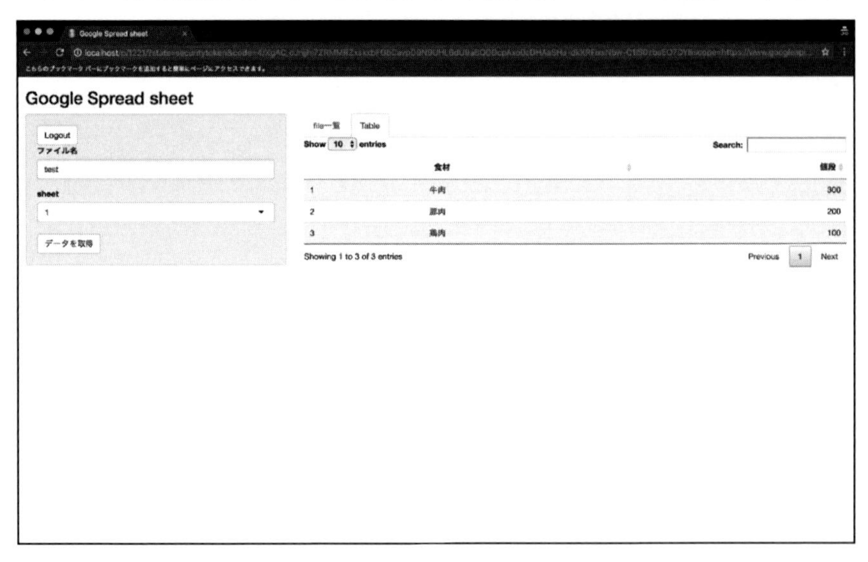

さて、ここからはソースコードについて見ていきましょう。まず全体コードは次のようになります。

SAMPLE CODE 03-googlesheet/googlesheet/ui.R

```
library(shiny)
library(DT)

shinyUI(fluidPage(
  titlePanel("Google Spread sheet"),

  sidebarLayout(
    sidebarPanel(
      uiOutput("login_button"),
      uiOutput("logout_button"),
      textInput('file_name','ファイル名'),
      numericInput('sheet_id','sheet', value = 1, min = 1, max = 26),
      actionButton("get_data", "データを取得")
    ),
    mainPanel(
      tabsetPanel(
        tabPanel("file一覧", DT::dataTableOutput("all_files")),
        tabPanel("Table", DT::dataTableOutput("table"))
        )
      )
```

```
    )
  )
)
```

SAMPLE CODE 03-googlesheet/googlesheet/server.R

```
library(shiny)
library(googleAuthR)
library(googlesheets)
library(DT)

options(shiny.port = 1221)
options("googlesheets.webapp.client_id" = "クライアントID")
options("googlesheets.webapp.client_secret" = "シークレットキー")
options("googlesheets.webapp.redirect_uri" = "http://127.0.0.1:1221")

shinyServer(function(input, output, session) {
  gs_deauth(clear_cache = TRUE)

  # ログインボタン
  output$login_button <- renderUI({
    if (!is.null(access_token())) {
      return()
    }
    tags$a("Authorize App",
           href = gs_webapp_auth_url(),
           class = "btn btn-default")
  })

  # ログアウトボタン
  output$logout_button <- renderUI({
    if (is.null(access_token())) {
      return()
    }
    tags$a("Logout",
           href = getOption("googlesheets.webapp.redirect_uri"),
           class = "btn btn-default")
  })

  # token取得部分
  access_token  <- reactive({
    pars <- parseQueryString(session$clientData$url_search)

    if (length(pars$code) > 0) {
      gs_webapp_get_token(auth_code = pars$code)
    } else {
      NULL
```

```
    }
  })

  output$all_files <- DT::renderDataTable({
    if (is.null(access_token())) {
      return()
    }

    files <- with_shiny(f = gs_ls,
                        shiny_access_token = access_token())
    return(files)
  })

  output$table <- DT::renderDataTable({
    if (is.null(access_token())) {
      return()
    }

    input$get_data
    selected_data <- with_shiny(f = gs_read,
                                shiny_access_token = access_token(),
                                gs_title(isolate(input$file_name)),
                                ws = as.integer(isolate(input$sheet_id)))
    return(selected_data)
  })
})
```

ui.Rに関しては、Googleアカウント連携が済んでいない状態ではログインボタンを表示し、連携済みであればログアウトボタンを表示するという設計にしています。

ログインボタンをクリックすると、どのGoogleアカウントと連携するかの選択画面に飛びます。

アカウント連携が成功すると、もとのShinyアプリケーション画面にリダイレクトします。

textInputでファイル名を入力し、numericInputでシート番号を選択してactionButtonがクリックされると、指定したファイルの中身を表示します。

次にserver.Rについて見ていきましょう。

```
options(shiny.port = 1221)
options("googlesheets.webapp.client_id" = "クライアントID")
options("googlesheets.webapp.client_secret" = "シークレットキー")
options("googlesheets.webapp.redirect_uri" = "http://127.0.0.1:1221")
```

まず、client_idとclient_secretに先ほどメモしておいたクライアントIDとシークレットキーを入力してください。portとredirect_uriの部分は、ローカルで起動させる場合はこちらの内容をそのまま用いましょう。外部に公開する場合は、そのURLに合わせて適宜、書き換えてください。

```
  # ログインボタン
  output$login_button <- renderUI({
    if (!is.null(access_token())) {
      return()
    }
    tags$a("Authorize App",
           href = gs_webapp_auth_url(),
           class = "btn btn-default")
  })

  # ログアウトボタン
  output$logout_button <- renderUI({
    if (is.null(access_token())) {
      return()
    }
    tags$a("Logout",
           href = getOption("googlesheets.webapp.redirect_uri"),
           class = "btn btn-default")
  })
```

ログインボタンとログアウトボタンの切り替えは、access_token()を取得済みかどうかで表示を切り替えています。

ログインする際は、href = gs_webapp_auth_url()で認証画面に飛び、ログアウトする際は、href = getOption("googlesheets.webapp.redirect_uri")のところで、リダイレクトURIに指定したURLにリダイレクトするようになっています。

下記はtoken取得部分のコードになります。

```
# token取得部分
access_token  <- reactive({
  pars <- parseQueryString(session$clientData$url_search)

  if (length(pars$code) > 0) {
    gs_webapp_get_token(auth_code = pars$code)
  } else {
    NULL
  }
})
```

Googleアカウントとの認証が成功すると、もとのShiny画面にリダイレクトされますが、その際にURLにいろいろなパラメータが付与された状態で戻ってきます。それを**parseQueryString()**でパースし、codeパラメータをもとに**gs_webapp_get_token**メソッドを使ってトークン情報を取得してきます。

以上の部分がShinyからGoogleスプレッドシートを扱うための基本構造です。これをベースにいろいろな機能を追記してみましょう。

今回はGoogleスプレッドシートによるアプリ例として、**textInput()**で指定したファイルをテーブル表示するようにしています。

```
output$table <- DT::renderDataTable({
  if (is.null(access_token())) {
    return()
  }

  input$get_data
  selected_data <- with_shiny(f = gs_read,
                              shiny_access_token = access_token(),
                              gs_title(isolate(input$file_name)),
                              ws = as.integer(isolate(input$sheet_id)))
  return(selected_data)
})
```

with_shiny(f = '関数', shiny_access_token = '取得したtoken', ~使用関数のオプション)で、access_tokenを読み込んで、**googlesheets**ライブラリの関数を使用しています。この辺りの書き方は、CHAPTER 05と同様です。

※ローカルでいじるのではなく、サーバーにアップロードして複数人数で同時アクセスする場合、Googleアカウント認証がうまくいかないケースがあるので注意してください。

ローカル上でアカウント認証する方法

前項で紹介した、アプリケーション上でアカウント認証する方法は、何人かでアプリケーションを共有する際に、各ユーザーごとにそれぞれのGoogleアカウントを使えた方が便利ですが、たとえば、共有のGoogleアカウント内のファイルから操作できればいい、ということもあります。

そのときは、Shinyを立ち上げる前にローカル上で、ShinyからGoogleスプレッドシートにアクセスするための認証情報を取得しておき、それを全員が用いるようにすると実装が楽になります。

そこで、今回はローカル上で一度、Google連携を認証しておき、その認証情報をもとにserver.R内で連携を行うアプリケーションを作ってみます。

まずは事前に次のコードをコンソール上で実行してください。

```
> library(googlesheets)
> shiny_token <- gs_auth()
```

すると、Googleアカウントとの連携画面に飛ぶので、連携したいアカウントを選択してください。選択すると、認証用のコードが生成されるので、コピーしてRコンソール画面に戻ります。

コンソールに、先ほどのコードを貼り付けると認証に成功します。その後、次のように取得した認証情報を保存しておきます。

```
> saveRDS(shiny_token, "shiny_app_token.rds")
```

なお、この保存先は、これから作成するui.Rとserver.Rと同じディレクトリにしてください。

下記が全体のコードになりますが、前項のアプリケーション上で認証するコードと比べて、記述量が少なく、かなり簡単になっていることがわかります。

SAMPLE CODE 03-googlesheet/googlesheet-local/ui.R

```
library(shiny)
library(DT)

shinyUI(fluidPage(
  titlePanel("Google Spread sheet"),

  sidebarLayout(
    sidebarPanel(
      textInput('file_name','ファイル名'),
      numericInput('sheet_id','sheet', value = 1, min = 1, max = 26),
      actionButton("get_data", "データを取得")
    ),
    mainPanel(
      tabsetPanel(
        tabPanel("file一覧", DT::dataTableOutput("all_files")),
        tabPanel("Table", DT::dataTableOutput("table"))
        )
      )
    )
  )
)
```

SAMPLE CODE 03-googlesheet/googlesheet-local/server.R

```
library(shiny)
library(googleAuthR)
library(googlesheets)
library(DT)

googlesheets::gs_auth(token = "shiny_app_token.rds")

shinyServer(function(input, output, session) {

  output$all_files <- DT::renderDataTable({
    return(gs_ls())
  })

  output$table <- DT::renderDataTable({
    input$get_data
    selected_data <- gs_read(gs_title(isolate(input$file_name)),
                             ws = as.integer(isolate(input$sheet_id)))
    return(selected_data)
  })
})
```

ui.Rに関しては、ログインボタン・ログアウトボタンがごっそりなくなりました。

server.Rに関しては、次の箇所で先ほどローカルで取得した認証情報を読み込んで、googlesheetsライブラリに渡しています。

```
googlesheets::gs_auth(token = "shiny_app_token.rds")
```

前項では、with_shiny()関数に認証情報と一緒にgooglesheetsライブラリによるリクエスト文を書いていましたが、ここも必要なくなり、次のようにスッキリすることができました。

```
output$table <- DT::renderDataTable({
  tmp_data = gs_read(gs_title(input$file_name),
                     ws = as.integer(input$sheet_id))
  return(tmp_data)
})
```

ローカルでの事前認証は、汎用性は低くなりますが、設計がスッキリし書くべきプログラムの量がグンと減るメリットがあります。

SECTION-037

DT::renderDataTableのオプションと拡張機能

本節では、本書でも何回も登場した`DT::renderDataTable()`の便利なオプションと拡張機能について紹介します。

基本的な使い方

irisデータを`DT::renderDataTable()`で表示するコードは次のようになります。

ui側で`DT::dataTableOutput()`、server側で`DT::renderDataTable({})`を使い、"table"という変数を介してデータのやり取りを行います。

SAMPLE CODE 04-DT/1-basic/app.R

```
library(shiny)
library(DT)

ui <- fluidPage(
  titlePanel("DT::renderDataTable"),
  DT::dataTableOutput("table")
)

server <- function(input, output) {
  output$table <- DT::renderDataTable(iris)
}

shinyApp(ui = ui, server = server)
```

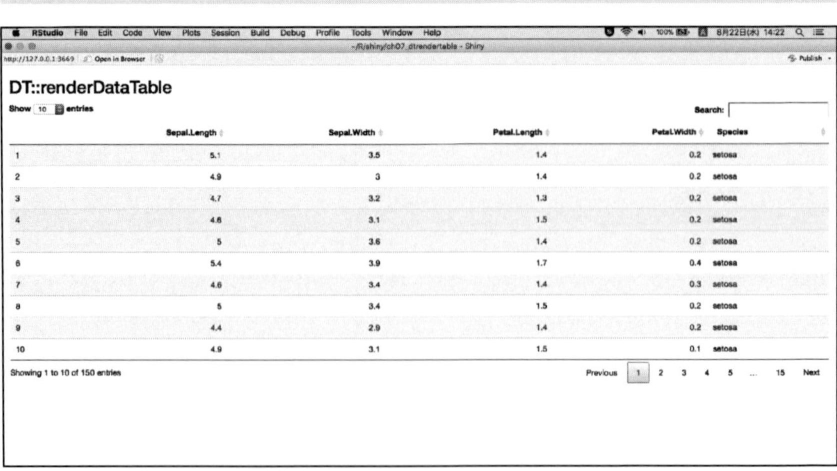

	Sepal.Length	Sepal.Width	Petal.Length	Petal.Width	Species
1	5.1	3.5	1.4	0.2	setosa
2	4.9	3	1.4	0.2	setosa
3	4.7	3.2	1.3	0.2	setosa
4	4.6	3.1	1.5	0.2	setosa
5	5	3.6	1.4	0.2	setosa
6	5.4	3.9	1.7	0.4	setosa
7	4.6	3.4	1.4	0.3	setosa
8	5	3.4	1.5	0.2	setosa
9	4.4	2.9	1.4	0.2	setosa
10	4.9	3.1	1.5	0.1	setosa

デフォルトの状態でも、検索窓から検索ができますし、表示する件数も変えられます。また、ある列に沿って昇順・降順といった表示に変更することもできます。

この時点ですでに便利ですが、もう少し凝った使い方を紹介します。

表示する件数を変更する

デフォルトでは、表示する件数は「10・25・50・100」から選ぶことができます。しかし、この件数をデータによっては「5・10・20」などに柔軟に変えたいという場合もあるでしょう。

その場合は、opitions引数にlengthMenuとpageLengthを指定してあげます。

SAMPLE CODE 04-DT/2-lengthMenu/app.R

```
library(shiny)
library(DT)

ui <- fluidPage(
  titlePanel("DT::renderDataTable"),
  DT::dataTableOutput("table")
)

server <- function(input, output) {
  output$table <- DT::renderDataTable(
    iris,
    options = list(lengthMenu = c(5, 10, 20), pageLength = 5))
}

shinyApp(ui = ui, server = server)
```

lengthMenuで選択できる件数、またpageLengthで最初に表示される件数を指定します。

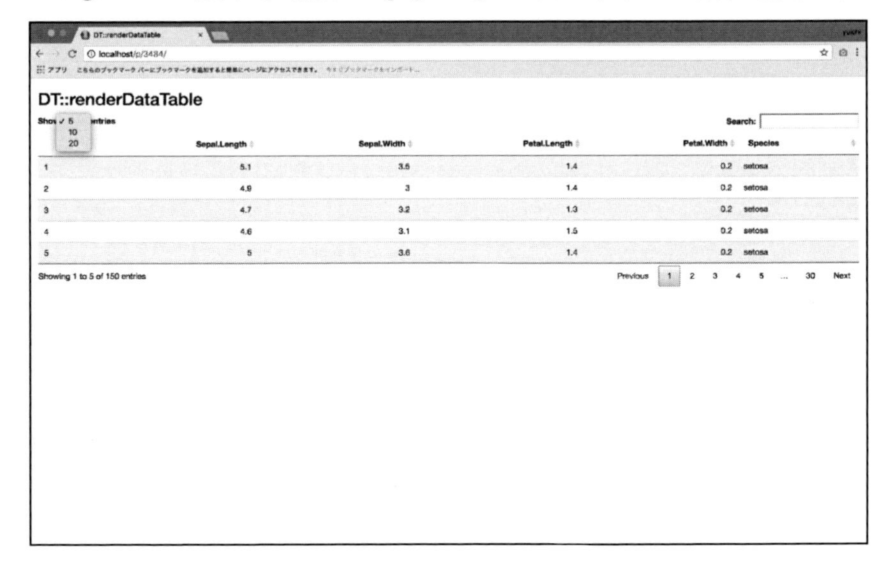

テーブルをスクロールできるようにする

一度に表示できる件数は増やしたいが、画面幅の都合上、表示が難しいという場合はテーブル自体をスクロールできるようにしましょう。

先ほどと同様に、optionsに設定を追加します。

SAMPLE CODE 04-DT/3-scroll/app.R

```
library(shiny)
library(DT)

ui <- fluidPage(
  titlePanel("DT::renderDataTable"),
  DT::dataTableOutput("table")
)

server <- function(input, output) {

  output$table <- DT::renderDataTable(
    iris,
    options = list(lengthMenu = c(20, 50, 80),
                   pageLength = 20,
                   scrollY = "200px",
                   scrollCollapse = TRUE))
}

shinyApp(ui = ui, server = server)
```

縦方向にスクロールする場合は、scrollCollapseにTRUEを与え、表示する幅をscrollYに与えます。

実際に上記を実装したものが次の画面になります。テーブルの右側にスクロールバーが出現していることを確認してください。

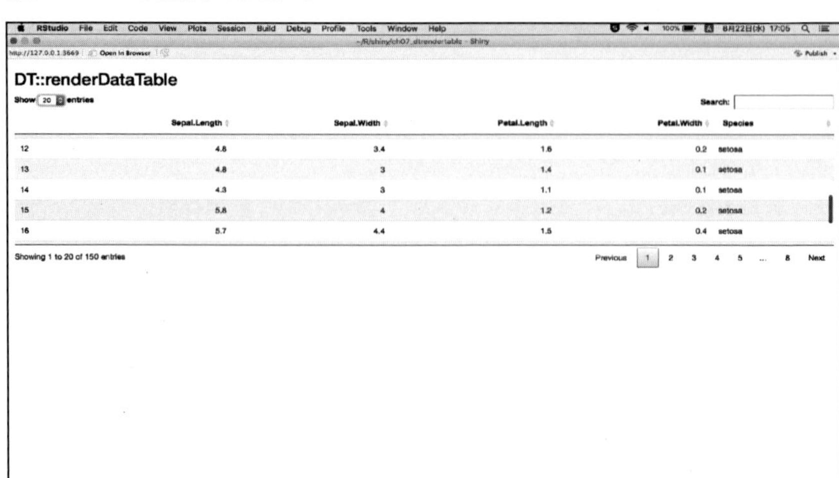

横方向にスクロールする場合は、次のようにscrollXにTRUEを与えます。

```
server <- function(input, output) {

  output$table <- DT::renderDataTable(
    iris,
    options = list(lengthMenu = c(20, 50, 80),
                   pageLength = 20,
                   scrollX = TRUE,
                   scrollCollapse = TRUE))
}
```

ダウンロードボタンの設置

Shiny上でいろいろと操作したテーブルを、手元にダウンロードしたい場合は、ダウンロードボタンを設置しましょう。拡張機能の1つのButtonsにて設定可能です。

SAMPLE CODE 04-DT/4-download/app.R

```
library(shiny)
library(DT)

ui <- fluidPage(
  titlePanel("DT::renderDataTable"),
  DT::dataTableOutput("table")
)

server <- function(input, output) {
  output$table <- DT::renderDataTable(
    iris,
    extensions = c('Buttons'),
    options = list(lengthMenu = c(5, 10, 20),
                   dom = 'Blfrtip',
                   pageLength = 5,
                   buttons = c('csv', 'excel', 'pdf'))
  )
}

shinyApp(ui = ui, server = server)
```

extensionsに'Buttons'を指定し、ボタンが表示されるように同時にdomも指定します。domはJavaScriptでhtmlの要素を操作するための仕組みです。

buttonsにはダウンロード形式を用意します。ここでは次の3つを指定しています。

- csv
- excel
- pdf

他に設定できる形式には、copy（クリップボードにコピー）、print（印刷プレビュー画面に移動）があります。

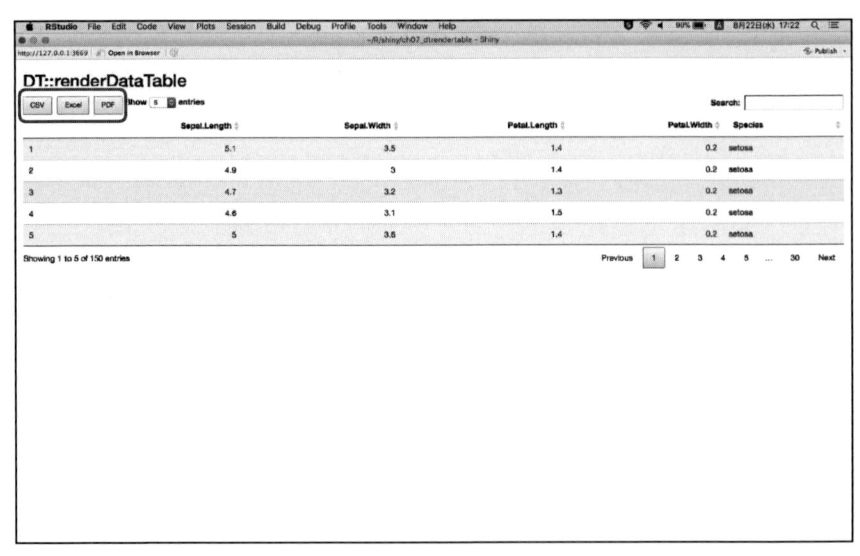

	Sepal.Length	Sepal.Width	Petal.Length	Petal.Width	Species
1	5.1	3.5	1.4	0.2	setosa
2	4.9	3	1.4	0.2	setosa
3	4.7	3.2	1.3	0.2	setosa
4	4.6	3.1	1.5	0.2	setosa
5	5	3.6	1.4	0.2	setosa

画面上部に、上記のボタンが出現していることを確認してください。このボタンをクリックすることで、指定したフォーマットでダウンロードが可能です。

ドラッグ&ドロップ機能の追加

Shinyでは、CHAPTER 03で紹介した`fileInput()`にてファイルのアップロードができます。本節では、ドラッグ&ドロップでファイルをアップロードする方法について紹介します。

まず、完成形イメージは次のようになります。

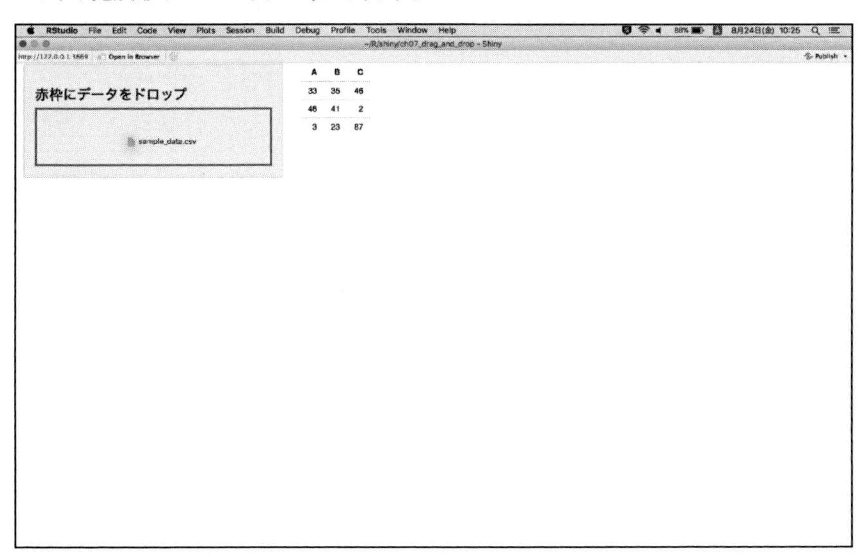

ファイルを選んで左の赤枠にドラッグ&ドロップをすると、server.Rでデータが読み込まれ、右側に表示されるアプリケーションです。ブラウザにドラッグしたデータを読み込むために、JavaScriptでの実装が必要になります。

今回のファイル構成は次のようになっています。

```
ui.R
server.R
www/
 ├styles.css
 └drag.js
```

ui.Rの構成

fluidPageとsidebarLayoutを使った基本的なUI構造に加えて、今回はJavaScriptファイルを読み込むための記述が必要になります。

SAMPLE CODE 05-drag_and_drop/ui.R

```
library(shiny)
library(DT)

shinyUI(
  fluidPage(
    tags$head(tags$link(rel = "stylesheet", href = "styles.css", type = "text/css"),
              tags$script(src = "drag.js")),
    sidebarLayout(
      sidebarPanel(
        h3("赤枠にデータをドロップ"),
        div(id="drop-area", ondragover = "f1(event)", ondrop = "f2(event)")
      ),
      mainPanel(
        DT::dataTableOutput('table')
      )
    )
  )
)
```

まず、tag$head〜という部分でCSSファイルとJavaScriptファイルを読み込んでいます。この辺りは、CHAPTER 02で解説しているので復習しておきましょう。

下記はドラッグ&ドロップを行う箇所です。

```
div(id="drop-area", ondragover = "f1(event)", ondrop = "f2(event)")
```

ドラッグ&ドロップが行われたときの挙動を、「f1」という関数と「f2」という関数を呼んで制御しています。f1とf2が何をやっているかについては、次項で説明します。

www/drag.jsの構成

JavaScriptファイルでは、ブラウザ上でドラッグ&ドロップしてファイルを読み込む部分に関して記述していきます。

SAMPLE CODE 05-drag_and_drop/www/drag.js

```
var datasets = {};
var f1 = function(e) {
  e.preventDefault(); // ドラッグを許可するための定型文
};
var f2 = function(e) {
    e.preventDefault(); // ドラッグを許可するための定型文

    var file = e.dataTransfer.files[0];
```

```
    var reader = new FileReader(); // ファイルを読み込むためのオブジェクト
    reader.name = file.name; // onload処理で名前を取り出すために追加

    reader.onload = function(e) {
        datasets[e.target.name] = e.target.result;
        Shiny.onInputChange("mydata", datasets);
    };
    reader.readAsText(file); // この読み込みが終わってから上のonload処理が始まる
};
```

先ほどui.Rで書いた`ondragover = "f1(event)"`の部分は、次の箇所で定義しています。

```
var f1 = function(e) {
  e.preventDefault();
};
```

これを書かないとブラウザがドラッグを拒否してしまうので、定型文として書くようにしましょう。

また、ui.Rで`ondrop = "f2(event)"`と書いたところは、次のように処理をしています。

```
var f2 = function(e) {
   e.preventDefault();
   var file = e.dataTransfer.files[0];
...
}
```

f1と同じように、`e.preventDefault()`でドラッグ&ドロップを許可しています。

ドラッグしたファイルは、`e.dataTransfer.files`で取り出すことができます。

なお、`e.dataTransfer.files[0]`としていることでわかるかもしれませんが、複数ファイルのアップロードも可能です。

次に、下記の箇所にてFile APIからFileReaderというオブジェクトを使って、ファイル内のデータをShinyに渡すという処理を書いています。

```
var reader = new FileReader();
```

```
reader.onload = function(e) { // reader.readAsText(file)が終わってからこちらの処理が走る
  datasets[e.target.name] = e.target.result;
  Shiny.onInputChange("mydata", datasets);
};
reader.readAsText(file);
```

まず、ファイル中のテキスト情報を読み込むためには、`reader.readAsText()`と書きます。そして、テキストが読み終わった段階で、`reader.onload`の処理が走ります。

ここが一番重要なところですが、ブラウザ上で受け取ったデータをShinyのinputとして渡すためには`Shiny.onInputChange()`を使います。最初の引数にはidを与え、これを使ってserver.R側で処理を行います。

server.Rの構成

server.Rでは、ドラッグ&ドロップされたファイルを受け取ったら、ファイルを読み込んでテーブルに表示するという簡単な機能のみ今回実装しています。

SAMPLE CODE 05-drag_and_drop/server.R

```
library(shiny)
library(DT)

shinyServer(function(input, output) {

  observeEvent(input$mydata, {
    name <- names(input$mydata)
    csv_file <- reactive(read.csv(text=input$mydata[[name]]))
    output$table <- DT::renderDataTable(csv_file())
  })
})
```

先ほど、JavaScriptファイルから渡ってきた"mydata"という変数をcsvファイルとして受け取っています。

www/styles.cssの構成

CSSファイルでは、ドラッグ&ドロップを行う場所がわかりやすくなるように、赤枠線で仕切りを作っています。

SAMPLE CODE 05-drag_and_drop/www/styles.css

```
#drop-area {
    border-style:solid;
    border-color:red;
    height:100px;
    overflow:auto;
}
```

JavaScriptファイルが絡むと複雑になりますが、幅が広がります。`Shiny.onInputChange()`を使った実装を、ぜひ活用してみてください。

MathJaxを使う

Texで書かれた数式をブラウザで表示する際に、MathJaxというJavaScript製のライブラリがよく使われます。本節では、Shiny上でMathJaxを使う方法を紹介します。

次のサンプルコードを実行してみましょう。

SAMPLE CODE 06-withmathjax/app.R

```
library(shiny)

ui <- fluidPage(
  withMathJax(helpText("ベイズの定理  $$p(Y|X)=\\frac{p(X|Y)p(Y)}{p(X)}$$")),
  numericInput("value", "Value", min = 0, max = 10, value = 2),
  uiOutput("test")

)

server <- function(input, output) {
  output$test <- renderUI({
    withMathJax(paste0("\\(k_",input$value ,"\\)"))
  })

}

shinyApp(ui = ui, server = server)
```

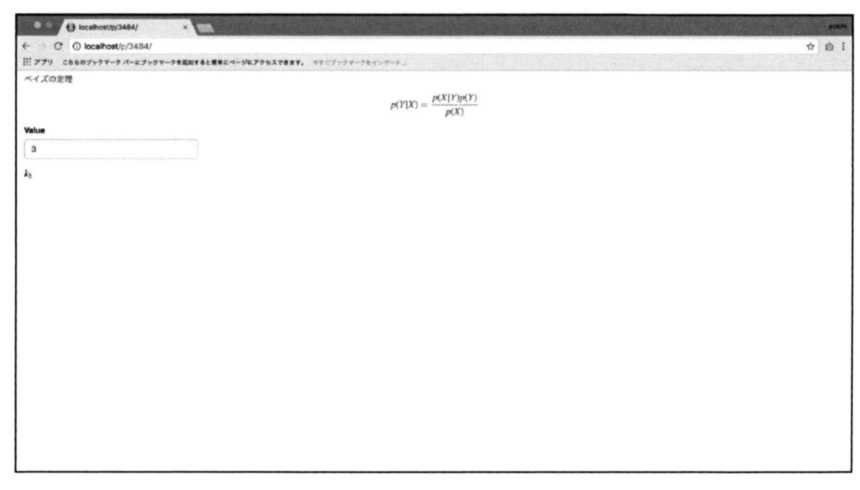

withMathJax()を使うことで、Mathjaxを表示することができます。

なお、動的にmathjax記法の数式を変更して表示させたい場合は、renderUI()およびuiOutput()を使うようにしましょう。

SECTION-040

R MarkdownとShinyを組み合わせてインタラクティブなスライド資料を作成する

Shinyは、Webアプリケーションとしてだけではなく、R Markdownで作成したドキュメントの中に組み込むこともできます。普段、R Markdownを使ってドキュメント作成をしている方にとっては、幅が広がるのではないでしょうか。

R Markdownとは

R Markdownとは、Markdown形式で書かれたテキストをベースに、Rコードを使って分析した結果やグラフを含むことができるドキュメント作成ツールです。また、作成したドキュメントを、Word、PDF、HTMLなどの形式で出力することもできます。

まずは簡単に、R Markdownの作成方法を紹介します。rmarkdownライブラリをインストールしましょう。

```
> install.packages("rmarkdown", dependencies = T)
```

RStudioの上部バーから「New File」→「R Markdown」を選択しましょう。

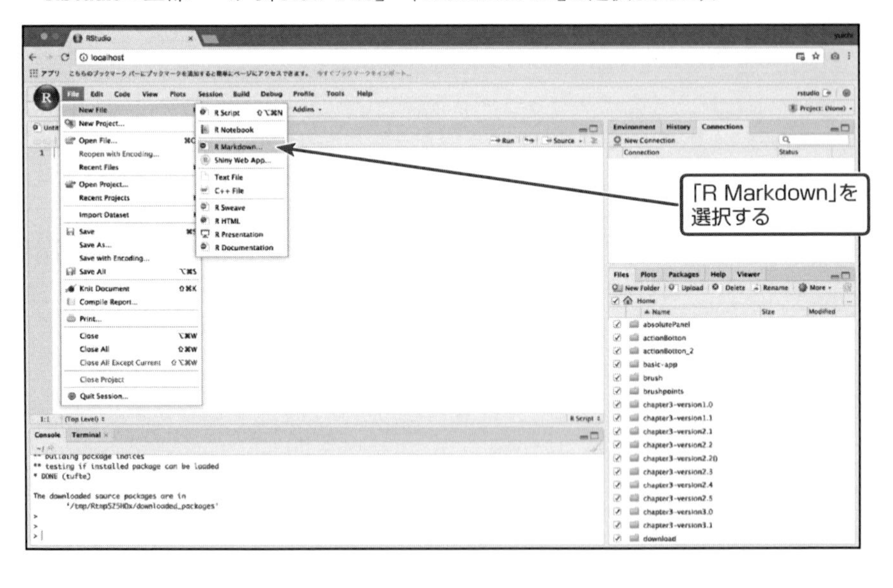

適当なタイトルと著者名を記入し、「OK」ボタンをクリックしましょう。

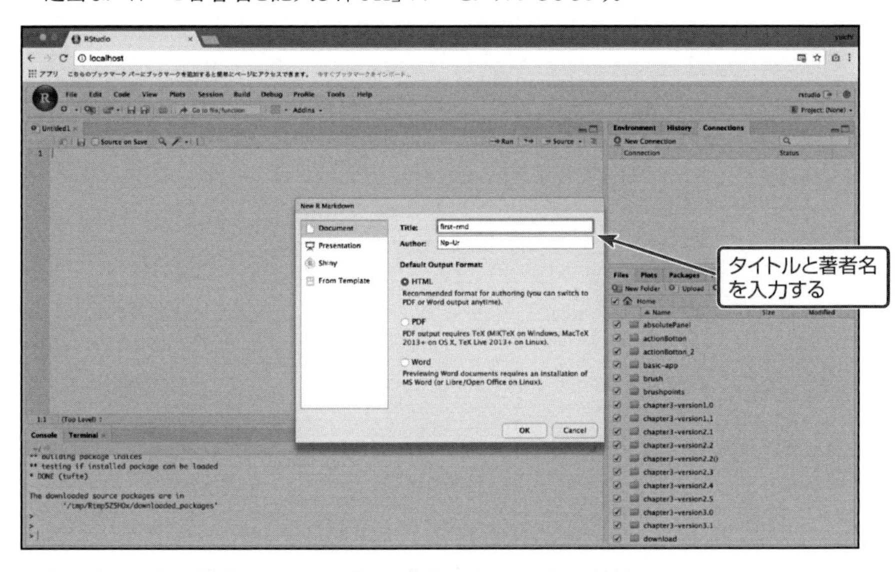

サンプルコードが作成されるので、「Knit」ボタンをクリックしてください。

HTMLファイルで出力されます。とてもきれいなドキュメントが生成されています。

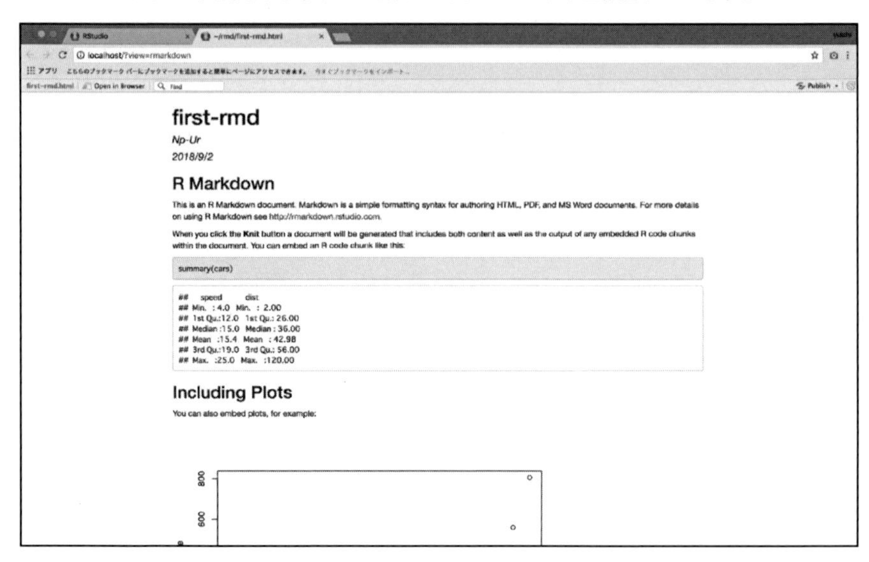

通常のMarkdownのように書きつつ、Rコードを使いたい場合は次のように記述します。

```
```{r}<br>
summary(iris)<br>
```
```

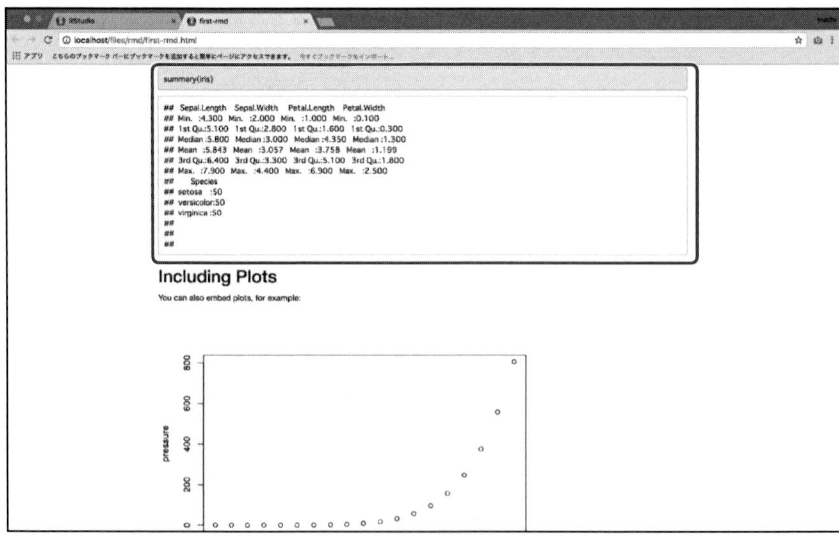

01 02 03 04 05 06 CHAPTER 07 Shiny Tips APPENDIX

この「```」で囲まれたブロックをチャンクと呼びます。

また、次のようにすると、summary(iris)という文字が表示されず、結果だけが表示されます。

```
```{r, echo=FALSE}<br>
summary(iris)<br>
```
```

次のようにすると、結果の出力は行われず、summary(iris)という文字のみ表示されます。

```
```{r, eval=FALSE}<br>
summary(iris)<br>
```
```

また、次のようにinclude=FALSEを与えると、表示はされないが内部で実行されます。ライブラリや外部データの読み込みなどを行うときに便利です。

```
```{r, include=FALSE}<br>
library(leaflet)<br>
```
```

R Markdown上にShinyを組み込む

R Markdownは非常に強力なドキュメント作成ツールですが、Shinyアプリケーションを組み込み、ユーザー側でインタラクティブに変化させられればさらに便利になります。

Shinyを組み込むのは非常に簡単で、新規でRmdファイルを作成する際に設定するだけです。

RStudioの上部バーから「New File」→「R Markdown」を選択しましょう。

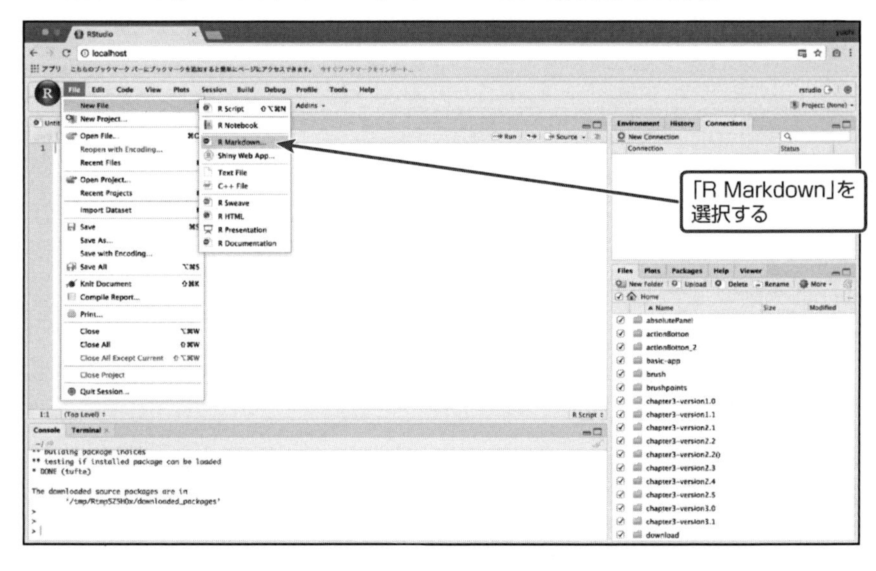

左から「Shiny」を選択したら、適当なタイトルと著者名を記入し、「OK」ボタンをクリックしましょう。

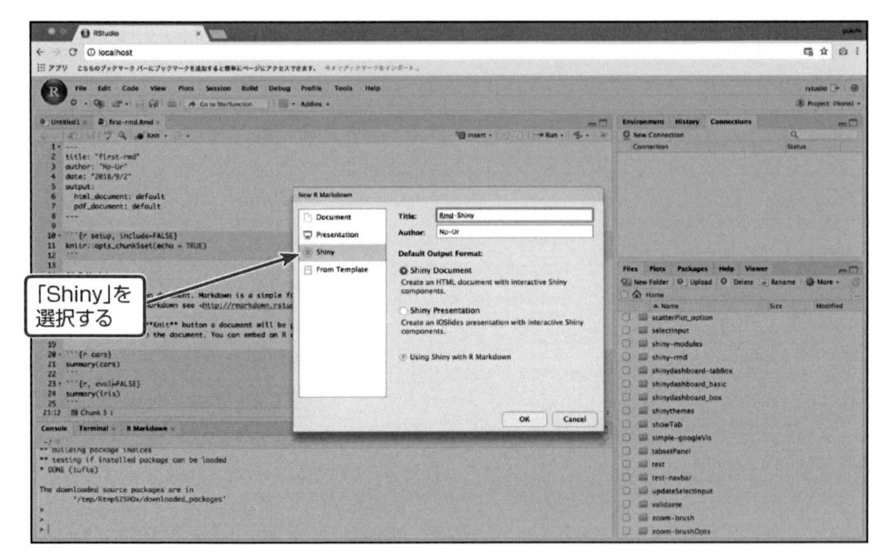

サンプルコードが作成されるので、「Run Document」ボタンをクリックしてください。

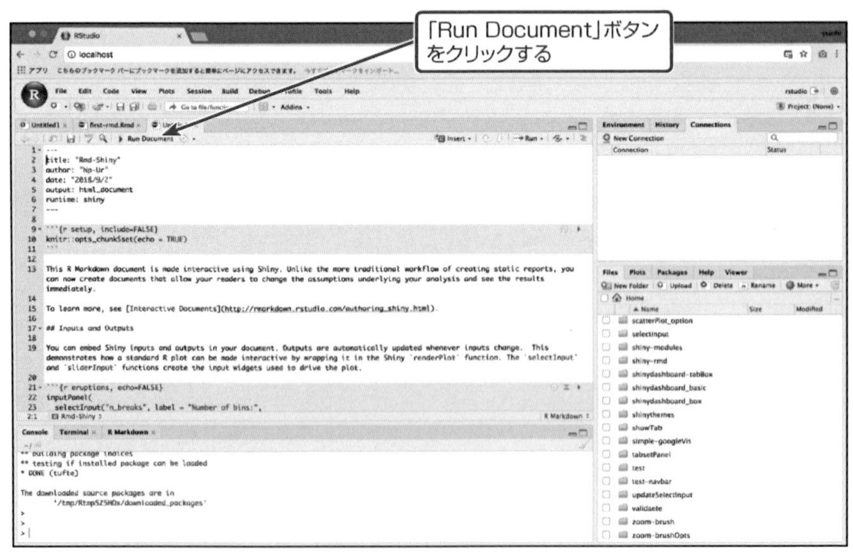

Shinyを組み込んだドキュメントが生成されています。

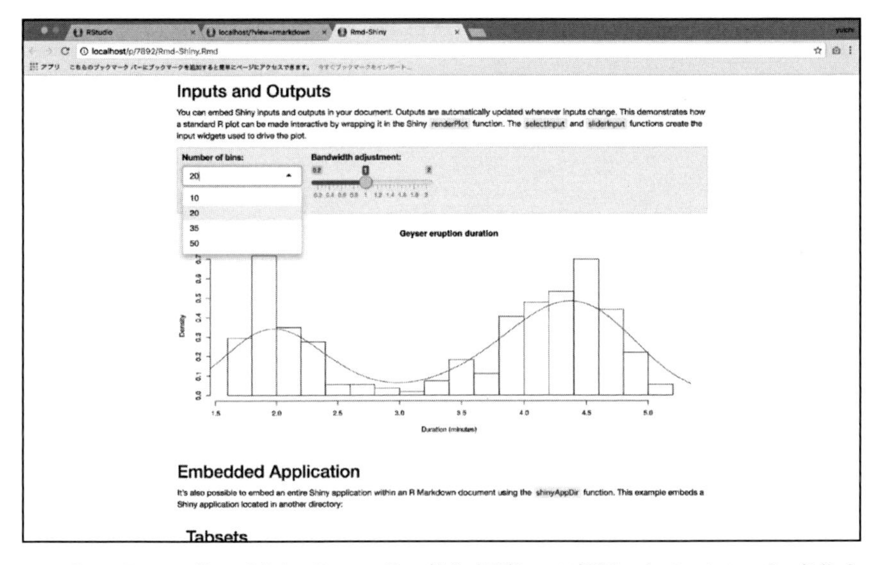

`selectInput()`や`sliderInput()`の値を変更して、実際にインタラクティブに変化するのか確認しましょう。

Shinyアプリケーションの組み込み方法はシンプルで、1つのチャンク内でui要素とserver要素を記述するだけです。普段のShinyアプリケーションとは若干、異なりますが、わかりやすい記述方法です。

```
inputPanel(
  sliderInput("bins",
              "Number of bins:",
              min = 1, max = 50, value = 30)
)

renderPlot({
    x    <- faithful[, 2]
    bins <- seq(min(x), max(x), length.out = input$bins + 1)
    hist(x, breaks = bins, col = 'darkgray', border = 'white')
})
```

また、すでに作成済みのShinyアプリケーションを読み込みたい場合は、`shinyAppDir()`関数を使ってアプリケーションのソースコードがあるディレクトリを指定することで表示できます。

```
shinyAppDir(
  "../shiny-sample-app",
  options = list(width = "100%", height = 700)
)
```

他にも、shinyApp()関数でui要素とserver要素を、通常のShinyアプリケーションのように記述することもできます。

```
shinyApp(
  ui <- fluidPage(
    sidebarLayout(
      sidebarPanel(
        sliderInput("bins",
                    "Number of bins:",
                    min = 1,
                    max = 50,
                    value = 30)
      ),
      mainPanel(
        plotOutput("distPlot")
        )
      )
    ),
  server <- function(input, output) {
    output$distPlot <- renderPlot({
      x    <- faithful[, 2]
      bins <- seq(min(x), max(x), length.out = input$bins + 1)
      hist(x, breaks = bins, col = 'darkgray', border = 'white')
      })
    }
)
```

こちらが最も慣れた書き方かもしれません。どれでも出力は変わらないため、書きやすい方法で書くようにしましょう。

R MarkdownとShinyでスライド作成

前項ではR MarkdownにShinyを組み込みましたが、さらに発展させてスライドを作成してみましょう。デフォルトの機能で作成できます。

RStudioの上部バーから「New File」→「R Markdown」を選択しましょう。

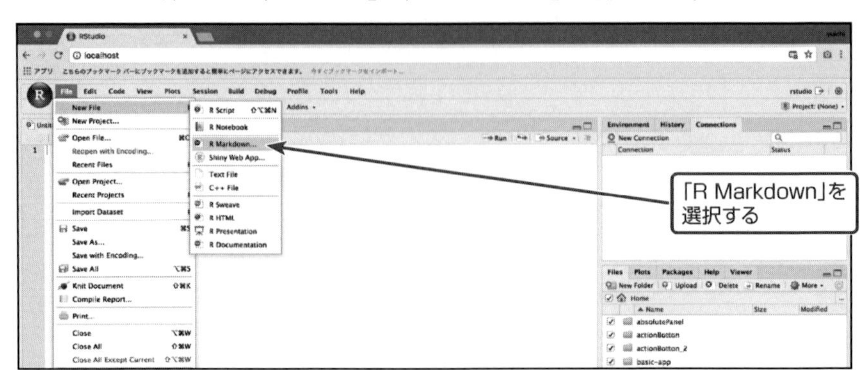

左から「Shiny」を選択し、「Shiny Presentation」をONしたら、適当なタイトルと著者名を記入し、「OK」ボタンをクリックしましょう。

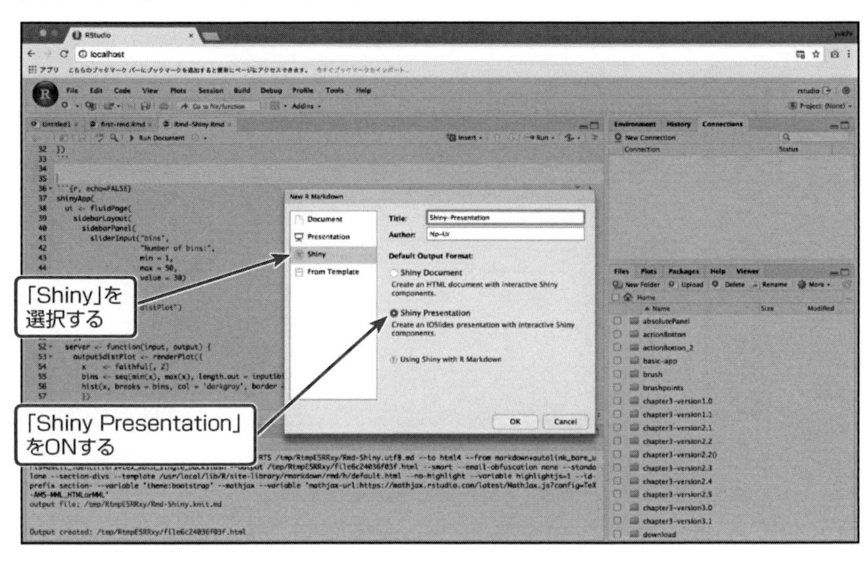

サンプルコードが作成されるので、「Run Document」ボタンをクリックしてください。

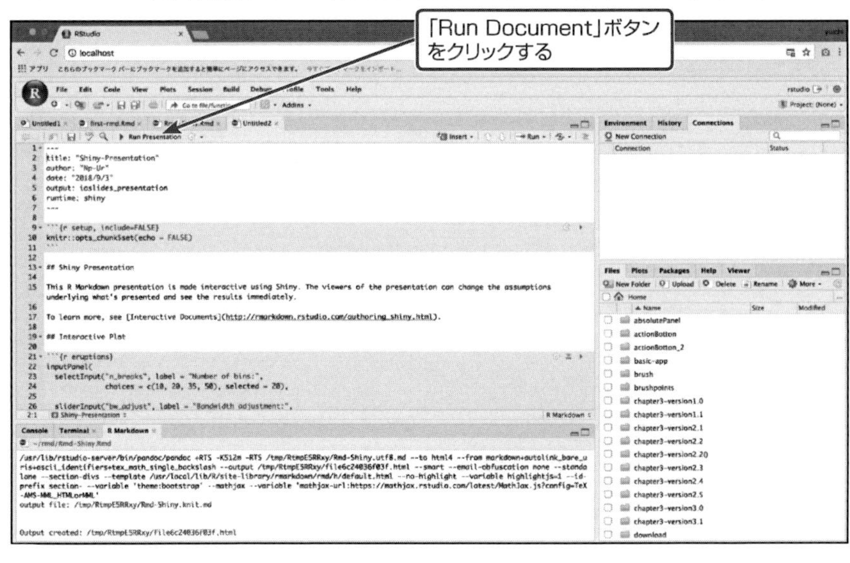

Shinyを組み込んだスライド形式のドキュメントが生成されています。

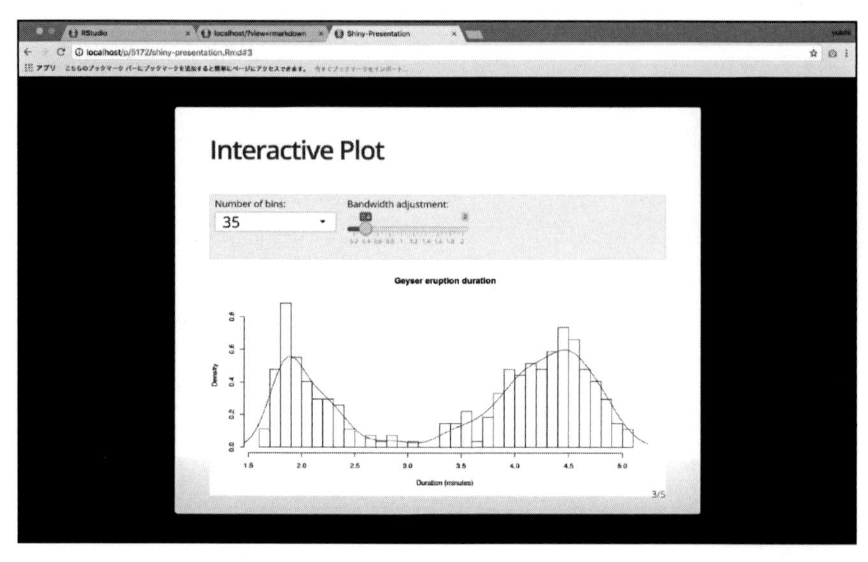

Shiny部分の書き方は前項で紹介したものと同様です。

shinytestライブラリでテストを行う

通常アプリケーションをリリースする際には、正常に動作しているのかというテストを行います。開発をしている上でよく起こる問題に、ある機能を追加したことで別の機能を壊してしまい動作しなくなった、ということがあります。いわゆるデグレーションです。

shinytestライブラリを用いると、input要素に特定の値を設定した際のスナップショットを撮影して保存しておくことができます。別の修正が入った際に、前回撮影したスナップショットからズレがないか、つまり機能を壊していないかをテストすることができます。

まずはライブラリをインストールしましょう。最新のものをCRANからではなく、GitHubから持ってきます。

```
> library(devtools)
> install_github("rstudio/shinytest")
> shinytest::installDependencies()
```

現在のディレクトリの下に「sample」ディレクトリがあり、その中でShinyアプリケーションを作成した場合、次のように実行することでテストを立ち上げることができます。

```
> library(shinytest)
> recordTest("./sample")
```

左側に「sample」ディレクトリ下のアプリケーションが表示され、右側にshinytestのテスト設定画面が表示されます。今回は、サンプルとしてヒストグラムアプリケーションを使っています。

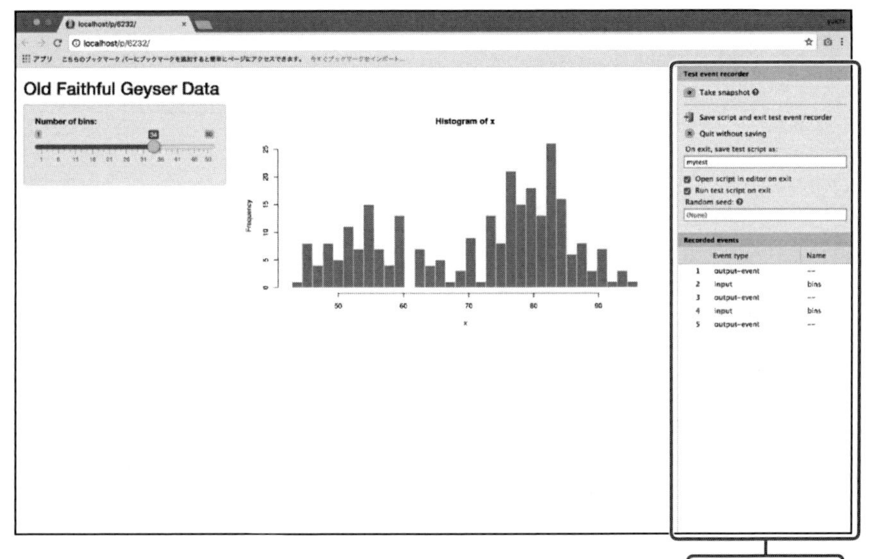

上部の「Take snapshot」ボタンをクリックすと、その状態のスナップショットを保存できます。複数の状態を保存できるので、input要素を変化させながらスナップショットを撮りたい箇所でボタンをクリックしてください。

一通りテストしたい動作を実行したら、「Save script and exit test event recorder」ボタンをクリックしてください。すると、次のように画面が灰色になり、テストが保存されます。

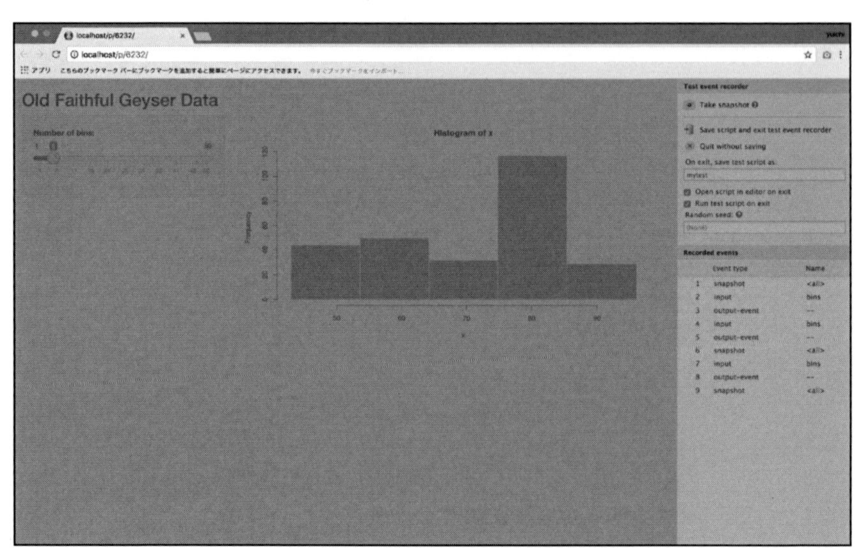

RStudioに戻ると、「sample」ディレクトリ下が次のような構成になっています。

```
sample/
 ├server.R
 ├ui.R
 └tests/
   ├mytest.R
   └mytest-expected/
     ├001.json
     ├001.jpg
     ├002.json
     └002.jpg
```

「tests」ディレクトリ以下が新規に作成されています。「mytest-expected/」ディレクトリ下には、撮影したスナップショットの数だけjsonファイルとjpgファイルが格納されています。

`mytest.R`には次のようなテスト内容が保存されています。

```
app <- ShinyDriver$new("../")
app$snapshotInit("mytest")

app$snapshot()
```

```
app$setInputs(bins = 18)
app$setInputs(bins = 41)
app$snapshot()
app$setInputs(bins = 5)
app$snapshot()
```

この内容から次のスナップショットを保存していることがわかります。

- 初期状態のスナップショット
- ビンの数を18、41と変化させた後のスナップショット
- そこからビンの数を5に変化させた後のスナップショット

保存後、testApp()関数にアプリケーションのディレクトリを指定することでテストを走らせることができます。

```
> testApp("sample")
```

何も変化がなければ、次のように表示されます。

```
> testApp("sample")
Running mytest.R
==== Comparing mytest... No changes.
```

変化があった場合には、変化の箇所を表示してくれます。次の例では、スライダー部分のラベルを変更した際のテスト結果です。

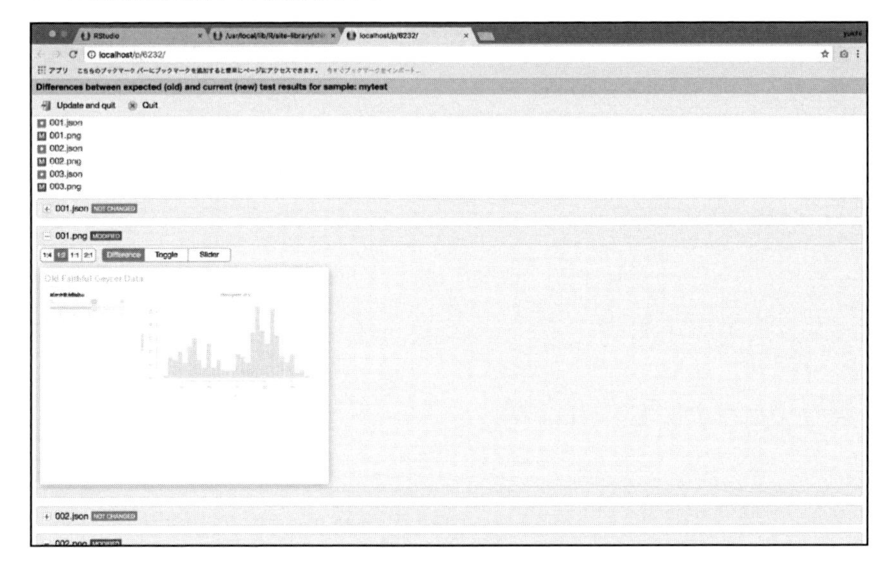

また、テキスト部分は今後、変更が起こる可能性が高いため、ヒストグラムのグラフ部分だけ動作をテストしたいという場合もあります。そのようなときは、Controlキー(もしくはCommandキー)を押しながらoutput要素をクリックすると、その部分のみスナップショットが撮影されます。

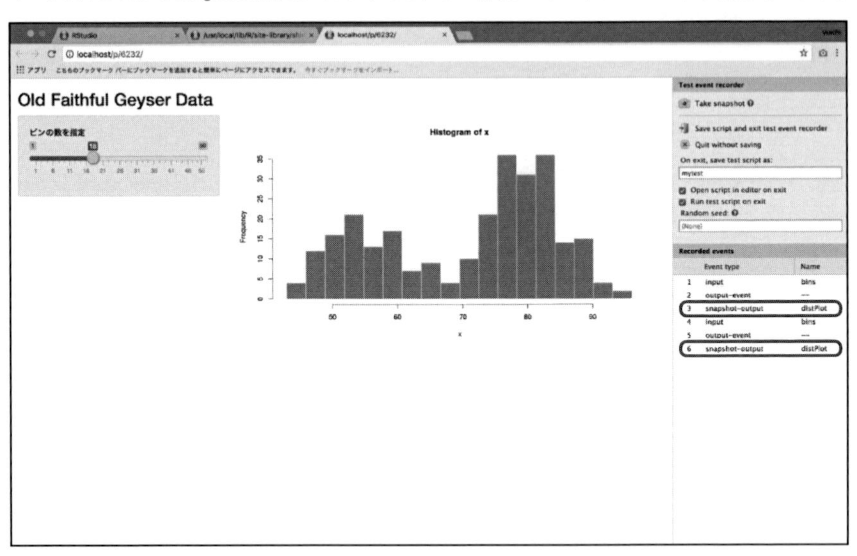

上記の画像の例では、`distPlot()`というidのoutput要素のみスナップショットとして保存されています。

この状態で、スライダー部分のラベルを変更してテストを実行すると、テストを通すことができます。テストするべき項目を選び、保守性の高いアプリケーション制作を意識しましょう。

データベースとの紐付け

CSVファイルなどではなく、データベースからデータを読み込みShiny上で可視化を行いたい場合には、poolライブラリが便利です。

有名なデータベース操作を行う、DBIライブラリがありますが、poolライブラリの使い方はそれと似ています。

DBIライブラリを使う場合、次の2つの方法が考えられます。

- 1つのアプリケーションで1回のみデータベースに接続して全体を取得し、それを使い回す
- データを取得したいタイミングで何度もデータベースに接続してクエリを投げる

前者は複数セッションを処理することができず、後者はアプリケーションが遅くなります。poolライブラリはこれらのデメリットを解決するものです。

まずは必要なライブラリをインストールします。

```
> install.packages("pool", dependencies = T)
```

インストールが完了したら、次のコードを実行しましょう。今回、データベースとの接続部分はglobal.Rに書いていますが、server.Rに書いても特に問題はありません。また、今回はデモ用に用意されているデータベースに接続していますが、もし、現在、使っているデータベースがあればそちらを使ってみてください。

SAMPLE CODE 09-pool/global.R

```
library(shiny)
library(DBI)
library(pool)

pool <- dbPool(
  drv = RMySQL::MySQL(),
  dbname = "shinydemo",
  host = "shiny-demo.csa7qlmguqrf.us-east-1.rds.amazonaws.com",
  username = "guest",
  password = "guest"
)
```

SAMPLE CODE 09-pool/ui.R

```
shinyUI(
  fluidPage(
    textInput("id", "検索したいIDを入力してください。", "5"),
    tableOutput("table")
  )
)
```

SAMPLE CODE 09-pool/server.R

```
shinyServer(function(input, output) {

  output$table <- renderTable({
    sql <- "SELECT * FROM City WHERE ID = ?id;"
    query <- sqlInterpolate(pool, sql, id = input$id)
    dbGetQuery(pool, query)
  })
})
```

実行すると、次のアプリケーションが立ち上がります。IDを入力すると、検索されたデータがテーブル表示されます。

`dbPool()`関数でデータベースとの接続を行ったら、クエリを作成し、データを取得したいタイミングで`dbGetQuery()`を実行するだけです。なお、`sqlInterpolate()`はSQLインジェクション（悪意のあるクエリを投げて不正にデータベースを操作すること）を防ぐための関数です。

reactiveTimerを使って一定の時間間隔で更新処理を行う

通常のShinyアプリケーションでは、入力が変化したり、ボタンがクリックされたりしたタイミングで出力が変化するように処理が行われます。

それに対し、reactiveTimer()を用いると、任意の時間間隔で処理が走るようにできます。

イメージをつかむため、まずはサンプルコードを紹介します。

SAMPLE CODE 10-reactiveTimer/ui.R

```
library(shiny)

shinyUI(fluidPage(
  titlePanel("1秒間隔で色を更新"),

  sliderInput("n", "生成するデータの個数", 2, 1000, 500),
  plotOutput("plot")
))
```

SAMPLE CODE 10-reactiveTimer/server.R

```
library(shiny)

shinyServer(function(input, output) {

  time_interval <- reactiveTimer(1000)

  output$plot <- renderPlot({
    time_interval()
    hist(rnorm(isolate(input$n)), col = rgb(runif(1), runif(1), runif(1)))
  })
})
```

1秒間隔で、ヒストグラムの色が更新されるアプリケーションが立ち上がります。

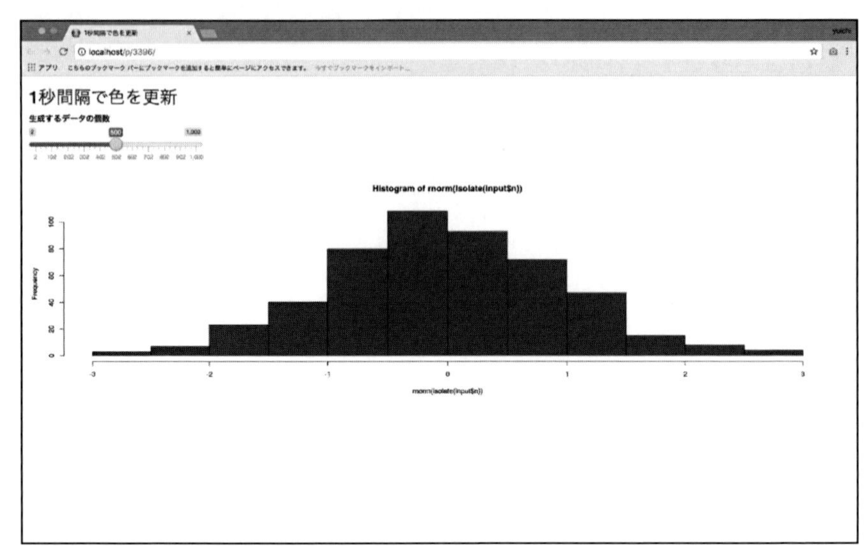

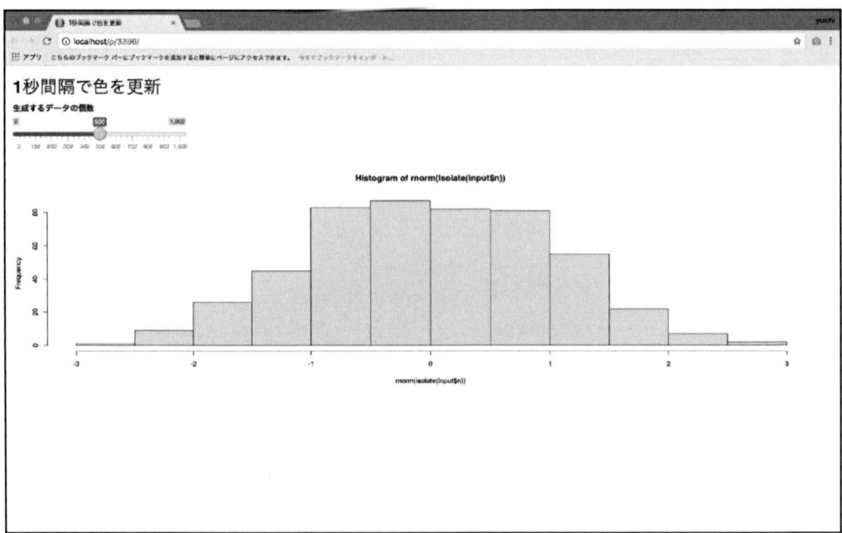

`reactiveTimer()`関数によって作られた`time_interval`は、通常のreactive変数と同様に用いられ、1秒おきに値が変化します。よってこの変数が含まれる、`renderPlot({})`の内部処理は1秒おきに再実行されることになります。

更新の時間間隔は、ミリ秒で設定することができます。今回は1秒間隔で更新するため、`reactiveTimer(1000)`と記述しています。

一定間隔でイベントを発火させるアプリケーションを作りたい場合には、`reactiveTimer()`を使ってみましょう。

ブックマークで状態を保存する

input要素が多いアプリケーションを他の人と共有したいとき、ある状態のものをそのまま送れたら非常に便利です。Shinyでは、アプリケーションの状態を保存し、また、復元するためのブックマーク機能が付いています。

サンプルコードを紹介します。

SAMPLE CODE 11-Bookmark/global.R

```
library(shiny)
enableBookmarking(store = "url")
```

SAMPLE CODE 11-Bookmark/ui.R

```
function(request) {
  fluidPage(
    titlePanel("ブックマーク機能"),

    sidebarLayout(
      sidebarPanel(
         sliderInput("bins",
                     "Number of bins:",
                     min = 1, max = 50, value = 30),
         bookmarkButton()
      ),

      mainPanel(
         plotOutput("distPlot")
      )
    )
  )
}
```

SAMPLE CODE 11-Bookmark/server.R

```
shinyServer(function(input, output) {

  output$distPlot <- renderPlot({

    x    <- faithful[, 2]
    bins <- seq(min(x), max(x), length.out = input$bins + 1)

    hist(x, breaks = bins, col = 'darkgray', border = 'white')
  })
})
```

ポイントは3つあります。

1つ目は、global.R内で`enableBookmarking(store = "url")`と宣言することです。これにより、URLを使って状態を保存することができます。

2つ目は、uiを関数化することです。通常は次のような書き方です。

```
shinyUI(
  fluidPage(...
```

ここでは次のような書き方になります。

```
function(request) {
  fluidPage(...
```

3つ目は、ui.R内で`bookmarkButton()`関数を置くことです。このボタンがクリックされると、次のような画面が表示され、状態がURLに格納されて保存されます。

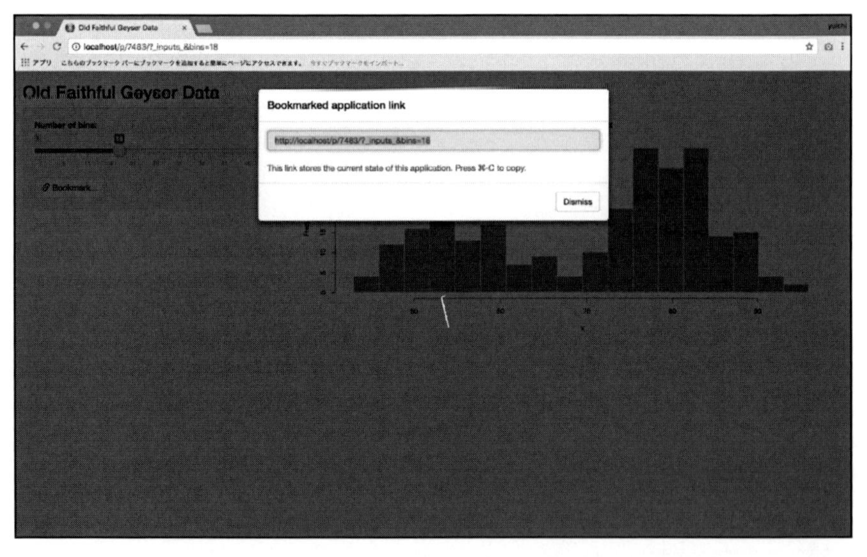

このURLをブラウザで開くと、ボタンが押された状態が復元されてアプリケーションが立ち上がります。

なお、複数のinput要素があるアプリケーションで、ブックマークによる保存を制限したい場合は、server.R内で`setBookmarkExclude()`関数を用います。

```
setBookmarkExclude("bins")
```

今回のアプリケーションでは、"bins"しかinput要素がないため、こちらを追加すると何も保存されなくなるので注意してください。

また、ブックマークの前後、復元の前後で任意の処理を走らせることができます。

関数	説明
onBookmark()	ブックマーク直前
onBookmarked()	ブックマーク直後
onRestore()	復元直前
onRestored()	復元直後

たとえば、input要素以外の値を保存しておきたい場合には、まず、次のようにstate変数に格納しておきます。

```
onBookmark(function(state) {
  state$values$currentSum <- vals$sum
})
```

そして、次のように書くことで、復元することができます。

```
onRestore(function(state) {
  vals$sum <- state$values$currentSum
})
```

このように、自分以外の人とアプリケーションを共有する場合には、ブックマークした状態のURLを渡すことで、コミュニケーションが円滑になります。CHAPTER 04で紹介した、地図アプリケーションのようなinput要素が多い場合にはなおさら有効です。

おわりに

本章では、これまで紹介しきれなかったアプリケーション制作で役立つライブラリをいくつか紹介しました。

簡単に使えて、便利であるものを厳選してありますので、ぜひ、オリジナルのアプリケーション制作で役立てていただけますと幸いです。

APPENDIX

分析手法

APPENDIXでは、CHAPTER 03で用いた分析手法について、理論面の直感的な理解を目的とした説明を行います。

線形回帰

線形回帰は、統計分析の中でも基本的かつよく使われる手法です。

回帰分析とは

回帰分析とは、ある変数xが与えられたとき、それと相関関係のあるyの値を説明・予測することです。

たとえば、xを年齢、yを年収としたときに、次のようなことが回帰分析を使うことでわかります。

- 年齢が上がると年収がどれだけ上がるのか
- ある年齢のときの年収はいくらか

線形回帰分析のイメージ

次のような年齢と年収に関するデータが与えられているとしましょう。

年齢	年収
20	300
35	500
60	750
25	450
・・・	・・・

2次元にプロットしてみると、なんとなく右上がりに点が偏っています。

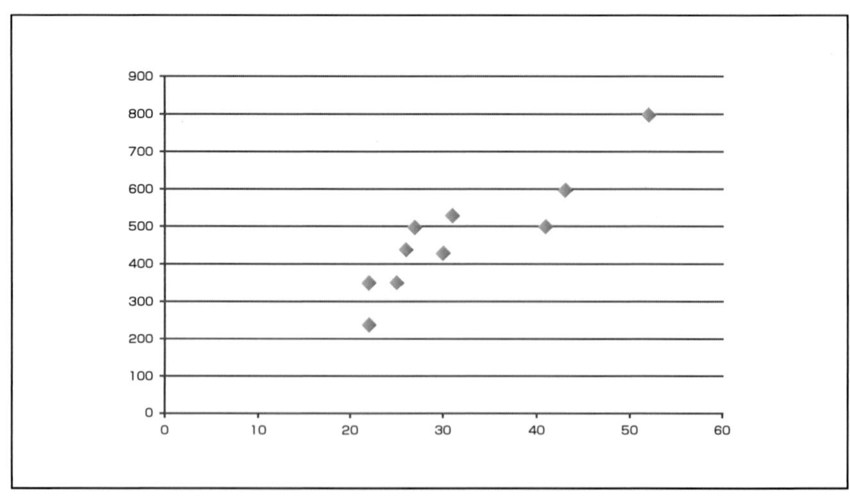

この図からだけだと、年齢と年収が相関していそうだという予想できても、年齢がどれだけ年収にインパクトを与えているかはわかりません。

そこで、先ほどの図に次のような直線を引いてみます。

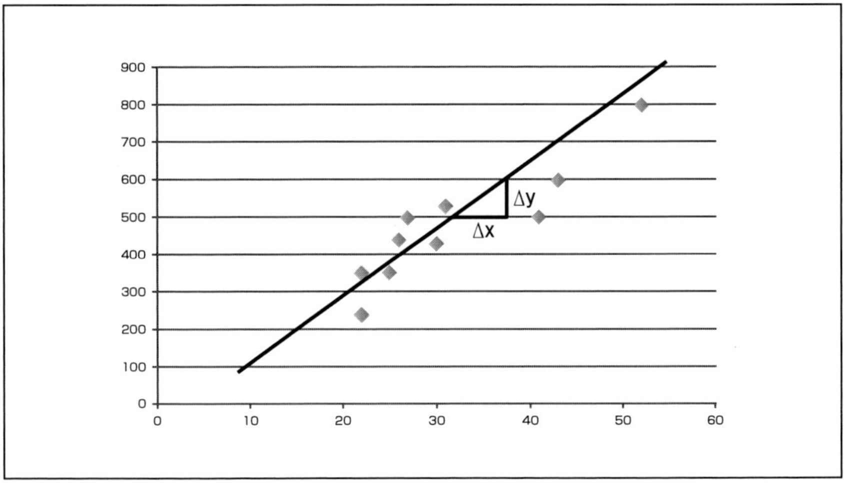

この直線から、xの変化量に対するyの変化量がわかります。中学生で習った1次関数の式を思い出してみてください。

$$y = ax + b$$

aとbはパラメータです。

線形回帰分析を行う目的は、この1次関数のパラメータを求めることです。1次関数の式が求まれば、xが1単位変化したときのyの変化量を求めることができ、「年齢が1歳上がったら年収がいくら上がる?」といった疑問への答えとなります。

たとえば、次のようにパラメータa、bが定まったとします。

$$y = 15x + 20$$

このとき、x(年齢)が1歳増えると、y(年収)は15万円上がるということになります。また、年齢○○歳のときの年収も求めることができ、たとえば、年齢が30歳のとき、予測される年収は475万円です。

このようにして、年齢が年収に対して、どのくらい影響を与えているのかを定量的に分析することが可能です。

ここで、簡単な用語の整理ですが、xを**説明変数**、yを**目的変数**といいます(目的変数yは、被説明変数、従属変数、また説明変数xは独立変数などと呼ばれたりもします)。

また、上の例のような説明変数が1つの場合には**単回帰分析**、説明変数が2つ以上である場合は**重回帰分析**と呼ばれます。

また、線形関数(1次関数)を仮定した場合には**線形回帰**、非線形関数を仮定した場合は**非線形回帰**といいます。

ランダムフォレスト

ランダムフォレストは、回帰と分類両方に用いられ、精度も出やすい非常に強力な手法です。

決定木とは

ランダムフォレストは決定木というアルゴリズムをもとにしているため、先にそちらを説明します。

決定木は、**条件分岐**によってグループを分割していき、回帰や分類を行う手法です。その際にグループがなるべく同じような属性で構成されるように分割するのがポイントです。

たとえば、次のようにデータがプロットされたとします。これは、ある2つの学校AとBの生徒の数学と国語の点数の分布です(右にいくほど数学の点が高く、上にいくほど国語の点数が高い)。

なお、Aの学生は四角、Bの学生は丸でプロットしています。

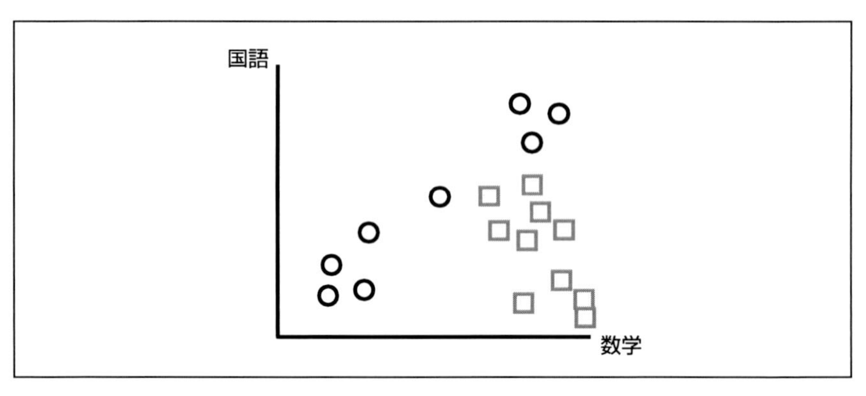

2つの学校の生徒を分類するにはどうしたらいいでしょうか。

たとえば、数学の点数(横軸)で80点(仮)を境にして区切ってみると、80点以上が学校Aと学校Bの生徒のグループ、80点未満が学校Bの生徒のグループにざっくりと分割することができます。

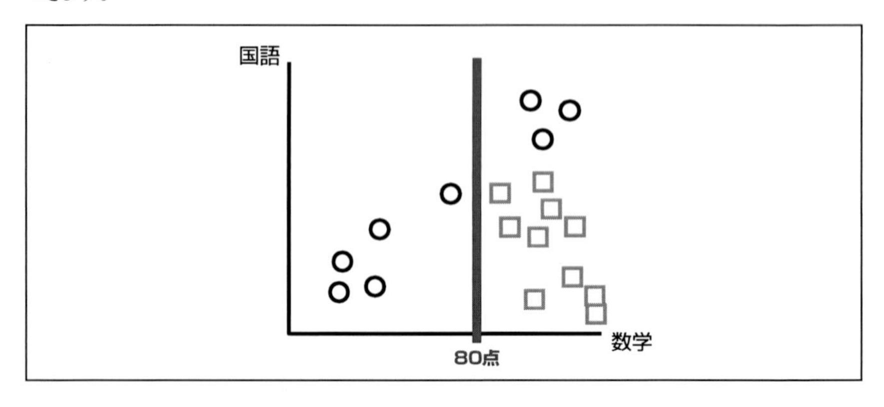

数学80点以上にAとBが混ざっているので、今度は、国語の点数に注目して、国語60点を境にしてみると、AとBを完全に分けることができます。

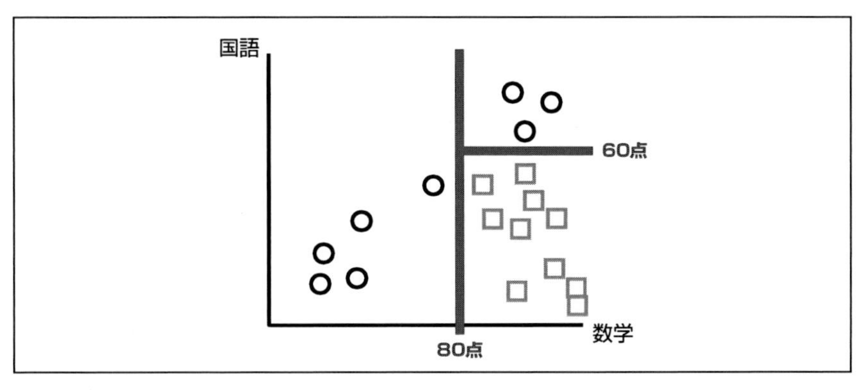

今の流れを図に表すと次のようになります。

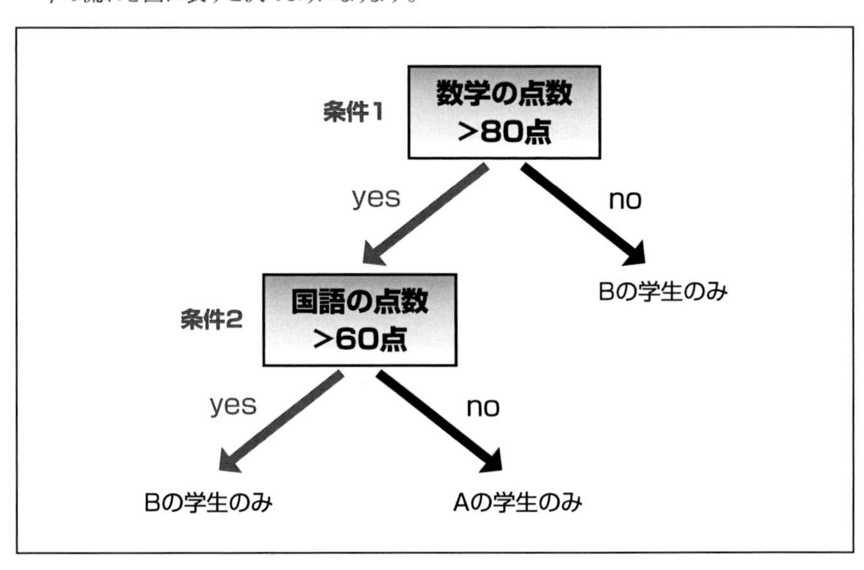

このような条件分岐を繰り返すことで、上図のようにツリー状にどんどん展開されていきます。この見た目が木のようであることが、決定木といわれるゆえんです。また、木を構成している要素をノードと呼びます。

今回の例では、最終的に次のノードからなる木が作られています。

- 数学の点数が80点以下のBの学生のみのノード
- 数学の点数が80点よりも大きく、国語の点数が60点よりも大きいBの学生のみのノード
- 数学の点数が80点よりも大きく、国語の点数が60点以下のAの学生のみのノード

不純度

また、決定木では、分割後のグループの不純度が**最も小さくなるような基準**を選んで分割していきます。**いろいろなクラスが混在するグループは不純度が高く、ある1つのクラスで構成されている、もしくはある1つのクラスの割合が大多数を占めるほど不純度は低くなります。**

不純度を表す代表的な関数として、次のものが挙げられます。

◉誤り率

$$E(t)=1-max_i P(C_i|t)$$

◉交差エントロピー

$$E(t)=-\sum_{i=1}^{K} P(C_i|t)\ln P(C_i|t)$$

◉ジニ係数

$$E(t)=1-\sum_{i=1}^{K} P^2(C_i|t)$$

※tを各ノード、$tP(C_i|t)$PをノードtにおけるあるクラスC_iの占める割合、Kをクラスの数とする
※参考書籍:『はじめてのパターン認識』(森北出版)

実際にジニ係数を計算して、不純度の違いを見ていきます。

たとえば、学校A・Bそれぞれ100人ずつ計200人いる状態から、2つのルールで分割した場合の結果が次のようになったとします。

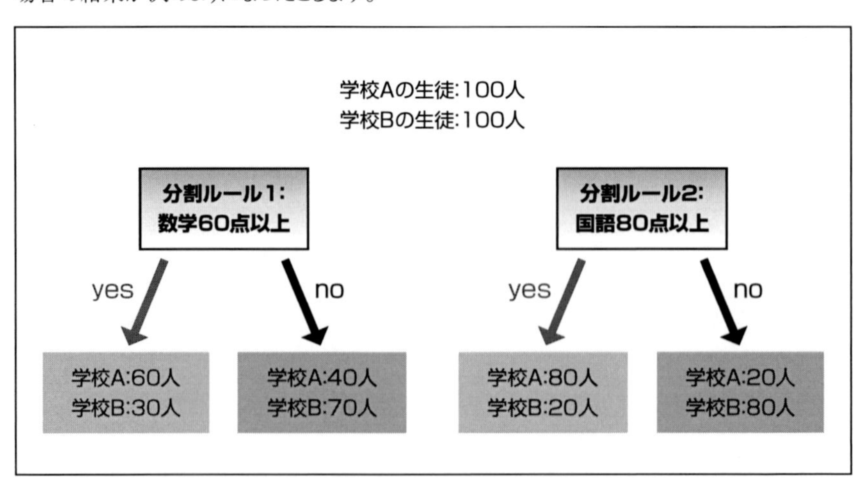

左側は数学が60点以上かどうかで分割した結果で、右側は国語が80点以上かどうかで分割した結果です。右側のルールで分割した方が情報がスッキリしていますが、実際に不純度を計算して確認してみましょう。

分割ルール1の'yes'グループのジニ係数は、次のようになります。

$$1-\left(\left(\frac{60}{90}\right)^2+\left(\frac{30}{90}\right)^2\right)=\frac{4}{9}$$

分割ルール1の'no'グループのジニ係数は、次のようになります。

$$1-\left(\left(\frac{40}{110}\right)^2+\left(\frac{70}{110}\right)^2\right)=\frac{56}{121}$$

これらをもとに、生徒の数で重み付けしてあげると、分割ルール1による不純度は、次のようになります。

$$\frac{90}{200}\text{ジニ係数}(yes)+\frac{110}{200}\text{ジニ係数}(no)$$

分割後の不純度が計算できたので、分割前の不純度との差は、次の式で表せます。

$$\text{ジニ係数}(\text{分割前})-\frac{90}{200}\text{ジニ係数}(yes)-\frac{110}{200}\text{ジニ係数}(no)$$

実際に計算してみると不純度の差分は0.0454となります。

同様に分割ルール2でも不純度の差分を計算してみると、0.18となります。

この差分をさまざまな分割ルールで計算し、差分の大きいもの、つまり最も不純度が減少したルールを適用します。今回の例では分割ルール2を採用したほうがよいということになります。

図の数値を見ただけでも分割ルール2の結果の方がよく分類できていることはすぐにわかるかので、直感的に合っている結果が出ています。

ランダムフォレスト

決定木は非常に便利な手法ですが、学習データが少し変化しただけで識別器の性能が大きく変わってしまうデメリットがあります。

ランダムフォレストでは、ブートストラップサンプリングで得られた学習データを使って、決定木識別器を複数作り、それらの識別器の多数決をとることによって1つの識別器よりも性能の高いモデルを作ることができます。

ブートストラップサンプリングは、学習データを元に復元抽出して別のデータセットを作る、という操作を繰り返し行うことで、新しいデータセットを複数作る手法です。

復元抽出とは、たとえばボールがN個が入った袋から、1個のボールを取り出し、袋に戻してから再び1個のボールを取り出す作業をN回繰り返すといったイメージです。

そうすると、もとの学習データとは少し異なるデータが手に入ります。これを仮に1000回行うと、1000個の新しいデータが手に入ります。

このようにして作られた複数の学習データセットを使って決定木識別器をたくさん作り、総合的に判断を下します。

イメージにすると下図のようになります。

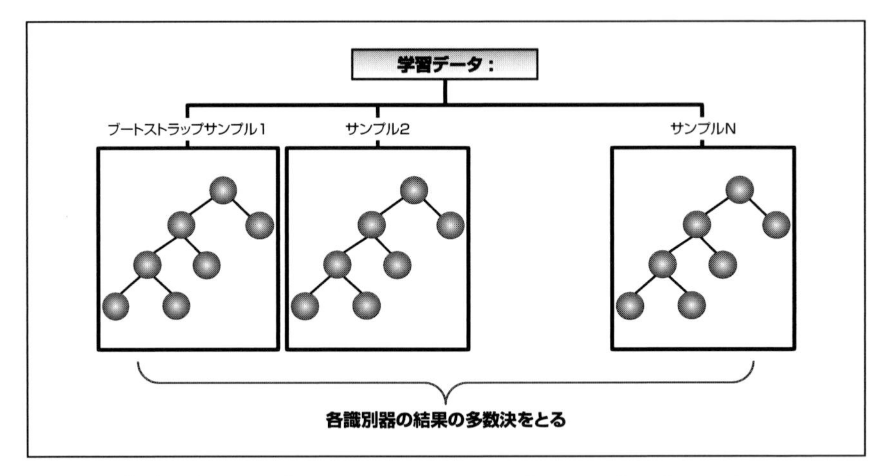

しかし、複数の識別器の違いはブートストラップサンプリングのばらつきによるものなので、似たような識別器が多く作られてしまう可能性が高く、性能の良いモデルにならないことがあります。

そこでランダムフォレストでは、**各識別器で使用する変数を、あらかじめ決められた数だけランダムに選択**するようにします。

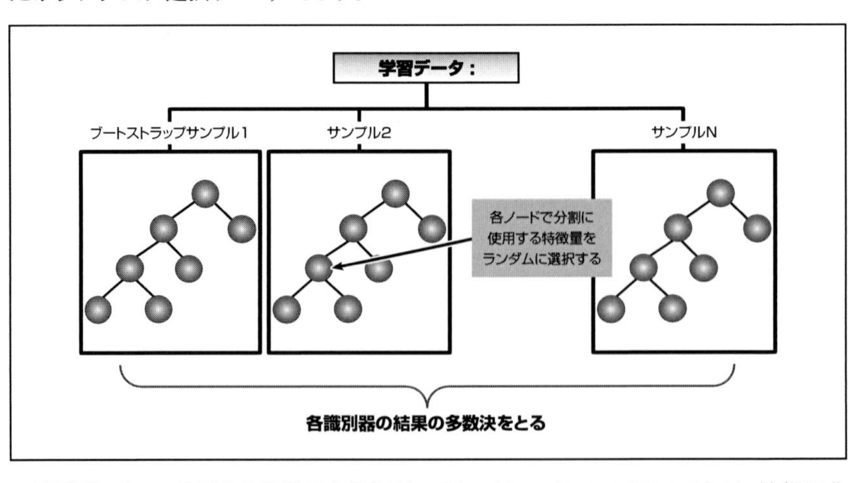

識別器によって使用する特徴量を変えるというとてもシンプルなアイデアですが、性能が非常に良くなります。

ニューラルネットワーク

ニューラルネットワークは、脳の神経伝達の働きを数理モデルとして落とし込んだものです。ニューラルネットは、次のようにいくつかに分けられます。

- 順伝播型ニューラルネットワーク
- 畳み込みニューラルネットワーク
- 再帰型ニューラルネットワーク

今回は最もオーソドックスな順伝播型ニューラルネットについて説明します。
脳は入力を受け取ると、下図のように各神経細胞が反応しながら処理が次々と行われます。

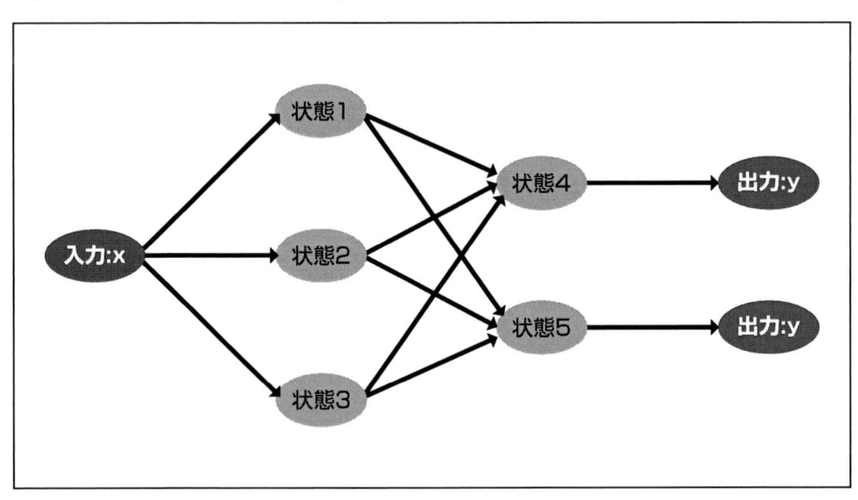

ニューラルネットワークでは、入力を受け取ると、この矢印部分でベクトル演算が行われ、最終的な計算結果が出力されます。
そして、どのようなベクトル演算をするのが最適なのかは、学習によって導きます。たとえば、CHAPTER 03で登場したBostonデータは、地域ごとの次のようなデータなどを含んでいます。

- 犯罪発生率
- 雇用施設からの距離
- 平均部屋数
- 住宅価格

住宅価格をその他のデータに何らかの計算をすることで、予測したいとしましょう。

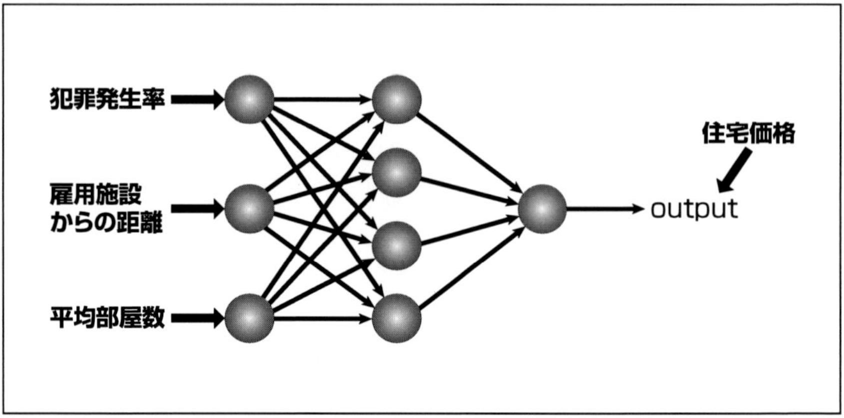

「犯罪発生率」や「雇用施設からの距離」、「平均部屋数」のような入力データに対して、矢印部分でただ適当なベクトル演算を行っても、最終的な出力は実際の住宅価格には到底、近づきません。

そこで、途中のベクトル演算で使うパラメータを少し変化させて再度計算してみます。もしかすると、住宅価格に近づくかもしれませんし逆に遠ざかるかもしれません。

もし近づけば、「このパラメータは前回よりも今回の方が良い」と考えて更新し、もし遠ざかれば「前回の方が良いパラメータだった」と考えて更新しない、という選択をします。

これを何度も何度も繰り返していくと、少しずつ、出力結果と実際の住宅価格が一致してきます。

この処理がいわゆるニューラルネットワークの学習です。

K平均法

K平均法は、特徴をもとにデータをいくつかのクラスターに分類する手法です。アルゴリズムは非常にシンプルなので、馴染みやすい手法です。

K平均法では最初にクラスター数を指定する必要があります。クラスター数を決定したら、ランダムにクラスターの中心点を決めます。たとえば、2次元データを用いて4つのクラスターを指定した場合は、2次元上でランダムに4点を選び、それをクラスターの中心点とします。

ここまでできたら、次の操作をクラスターの中心点が変わらなくなるまで繰り返し行います(実際には、閾値を設けて**ほぼ**変わらなくなるまで、もしくは繰り返し回数の上限を設けることが多い)。

- すべてのデータに対して、各クラスターの中心点までの距離を計算し、最も距離が近いクラスターに振り分ける
- 上の操作で振り分けられた各クラスターについて、新しく中心点を計算する

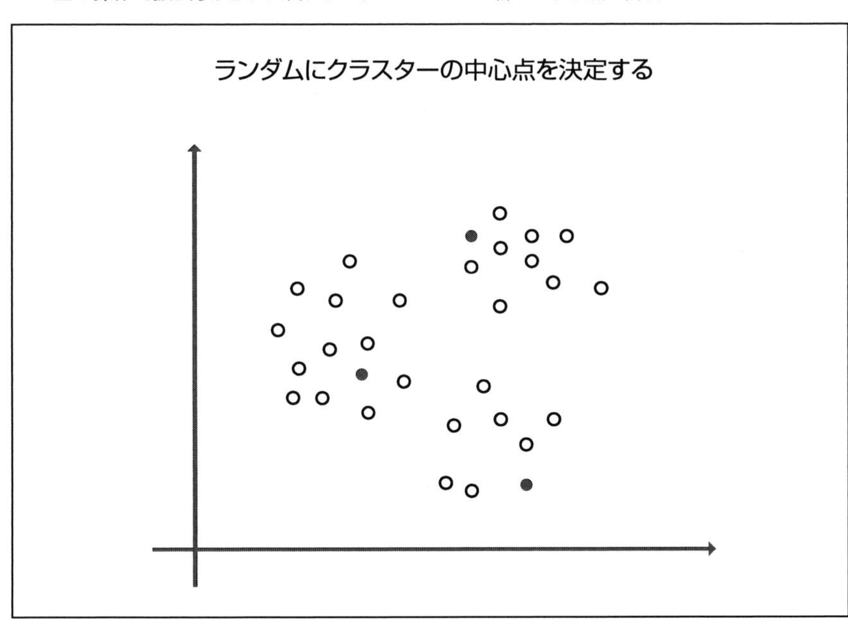

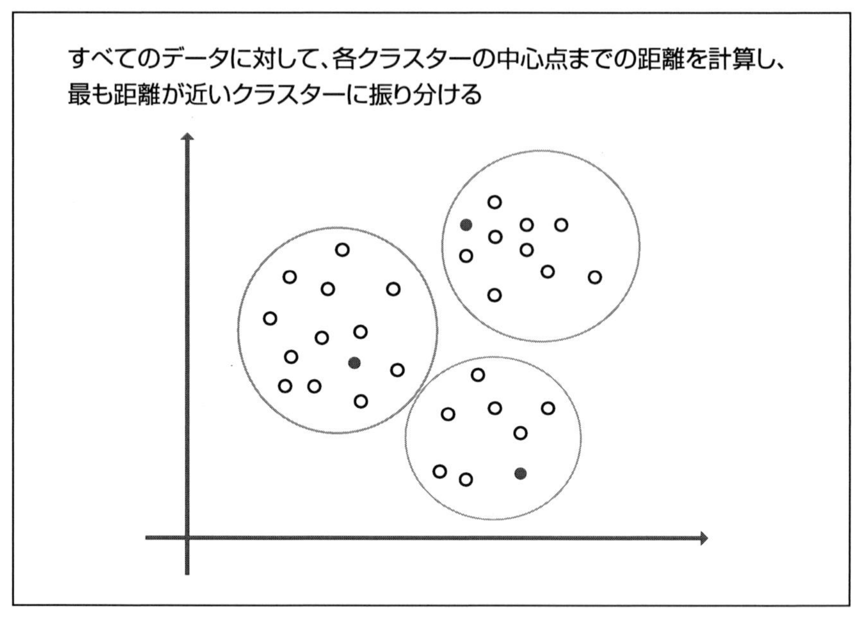

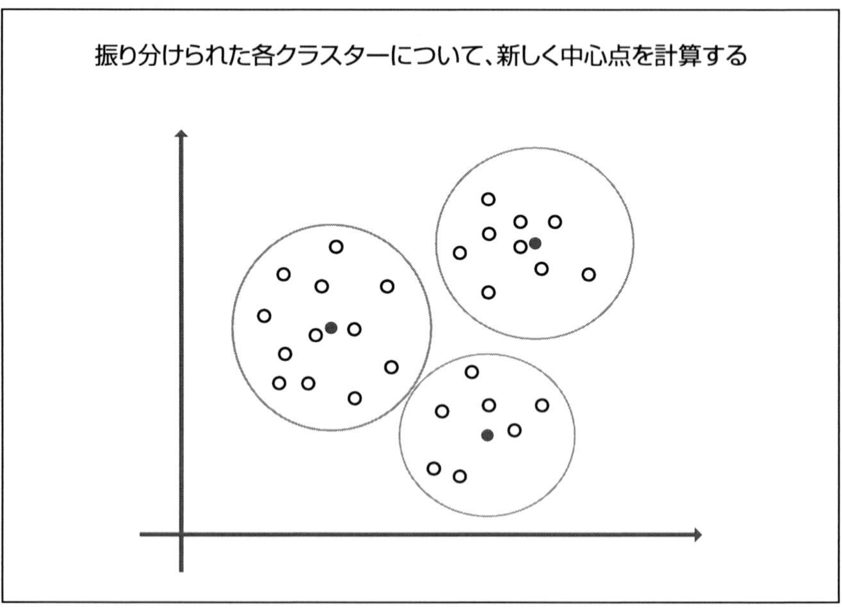

クラスター数をこちら側で決めなければならない点と、クラスター中心の初期値によって結果が変わってしまうデメリットはありますが、シンプルがゆえに拡張もしやすく、よく使われます。

EPILOGUE

私がShinyを知って勉強を始めた当初、日本語で書かれた情報がとても少なく、「Shiny」と検索をかけてもなかなか思い当たる情報がヒットしませんでした。英語ではShinyに関する書籍が数冊、発売されているため、日本語でも誰かが出版してくれないだろうかと思いながら、英語の公式リファレンスを読み、実装をしていました。

そこで、少しでも私のように苦労する人が減ればと、習得した知識をWebサイトや勉強会で情報発信することにしました。誰かが出版してくれるのを待つのではなく、私が書けばいいのだと考えたわけです。

ほんの思いつきから始めた活動でしたが、気付けば、Shinyの記事数だけならおそらく最も多く発信しているWebサイトとなっていました。

幸運にもC&R研究所から声をかけていただき、本書を発売する運びとなりました。Twitterなどでコメントをいただいたり、勉強会で声をかけてくださった方々のお陰です。誠にありがとうございます。

日本語で初めてのShinyに関する書籍です。基本事項から、応用、公開方法、そして最近のトレンドまでなるべく網羅させることを意識して執筆しました。基本事項は本書だけで十分だと自負していますが、応用としては至らない点があります。

読者の皆様には、本書を参考に作ってみたShinyアプリケーションや、気付きや指摘事項を、ぜひ個人のブログなどで発信していただきたいです。本書と、皆様のアウトプットで、Shinyに関する情報を満たしていきましょう。

また、本書を書くにあたり、多くの方にご協力いただきました。Shinyの実装面でレビューをしていただいた銭(せん) 騁(ちょう)様、岩佐(いわさ) 篤(あつし)様、統計や機械学習に関する理論についてレビューをしていただいた@InukaiR様、ありがとうございます。

そして、書籍執筆について右も左もわからない我々を導いてくださった担当編集者の吉成様、ありがとうございます。

最後に、本書を最後まで読んでくださった読者の皆様に、最大の感謝を述べさせていただきます。

これからShinyを勉強し始める人の苦労が少しでも減ることと、すでに習得しているShinyユーザーが「どうしてもっと早く出版してくれなかったのか」と嫉妬の声を上げてくれることを願って……。

INDEX

S

T

U

V

W

X

あ行

か行

さ行

た行

な行

は行

ま行

ら行

■著者紹介

梅津(うめづ) 雄一(ゆういち)　1992年生まれ。
2016年東京工業大学社会理工学研究科社会工学専攻修士課程修了。
Webサイトのマーケティング業務を経て、現在、データ解析と開発業務を行う。
使用言語は、R、Python、C++。

中野(なかの) 貴広(たかひろ)　1992年生まれ。
2016年東京工業大学情報理工学研究科情報環境学専攻修士課程終了。
現在、広告会社にてデータ解析を行い、さまざまな広告商品やサービス開発を行う。
使用言語はR、Python。

編集担当：吉成明久 / カバーデザイン：秋田勘助（オフィス・エドモント）
イラスト：©antishock - stock.foto

RとShinyで作るWebアプリケーション

2018年11月1日　初版発行

著　者　梅津雄一、中野貴広
発行者　池田武人
発行所　株式会社　シーアンドアール研究所
新潟県新潟市北区西名目所4083-6(〒950-3122)
電話　025-259-4293　FAX　025-258-2801

ISBN978-4-86354-257-0 C3055